高等学校计算机教材·信息化系列

大学信息技术基础

主　编　张　伟

副主编　陈　伟　韩改宁　欧阳宏基

电子工业出版社

Publishing House of Electronics Industry

北京·BEIJING

内 容 简 介

本书是基于新时代大学计算机课程建设要求，立足计算机新技术、新平台，围绕大学生信息素养、信息技术能力及网络安全等方面知识构建的大学信息技术通识教材。本书主要内容包括信息与信息技术、计算机基础知识、Windows 10 操作系统、Word 2016 电子文档、Excel 2016 电子表格、PowerPoint 2016 演示文稿和计算机网络。

本书可作为高等院校计算机基础课程教材，也可作为相关研究人员的参考用书。

图书在版编目（CIP）数据

大学信息技术基础 / 张伟主编. —北京：电子工业出版社，2023.8

ISBN 978-7-121-46165-1

Ⅰ．①大… Ⅱ．①张… Ⅲ．①电子计算机－高等学校－教材 Ⅳ．①TP3

中国国家版本馆 CIP 数据核字（2023）第 155861 号

责任编辑：贺志洪

印　　刷：三河市龙林印务有限公司

装　　订：三河市龙林印务有限公司

出版发行：电子工业出版社

　　　　　北京市海淀区万寿路 173 信箱　　　邮编：100036

开　　本：787×1092　　1/16　　印张：19.5　　字数：499 千字

版　　次：2023 年 8 月第 1 版

印　　次：2023 年 8 月第 1 次印刷

定　　价：59.00 元

凡所购买电子工业出版社图书有缺损问题，请向购买书店调换。若书店售缺，请与本社发行部联系，联系及邮购电话：（010）88254888，88258888。

质量投诉请发邮件至 zlts@phei.com.cn，盗版侵权举报请发邮件至 dbqq@phei.com.cn。

本书咨询联系方式：（010）88254173，qiurj@phei.com.cn。

◇ 前　言 ◇

当前，信息技术日新月异，云计算、物联网、大数据及人工智能等新一代信息技术的涌现，彻底改变了人们的生产、生活方式，信息技术已融入社会的方方面面，深刻地改变着人们的思维、生活及学习方式等。因此，能够熟练应用计算机进行信息处理已成为当代大学生需要掌握的基本能力。

本书以习近平总书记在北京大学师生座谈会上的重要讲话精神——坚持"以本为本"，推进"四个回归"，加快建设高水平本科教育，全面提高人才培养能力为指导，以地方高等院校主要培养应用型人才为目标，以计算机新技术、新知识为导向，以计算机应用能力为抓手，以《加快推进教育现代化实施方案（2018—2022）》为契机，大力推进教育信息化，着力构建基于信息技术的新型教育教学模式。

为了激发学生的学习兴趣，本书采用任务驱动式的项目化教学方式编写，意在体现"基于工作过程"的"教""学""做"一体化的教学理念。本书内容以介绍计算机基础知识和基本操作为主，并以全国计算机等级考试二级 MS Office 高级应用与设计考试大纲（2021年版）为参考，为了突出知识的新颖性和实践性，增加了计算机新技术部分（人工智能、云计算、物联网、大数据等），知识覆盖面广。为了落实立德树人的教育理念的根本任务，每个项目末尾增加了课程思政阅读材料。学生通过学习我国的先进科技，如北斗卫星导航系统、中国自主研发的超级计算机、鸿蒙操作系统等，可以激发民族自信心和自豪感，将"知识传授"与"价值引领"有机统一起来，有利于构建与学校思政教育同向同行的课程生态共同体。

本书主要内容包括信息与信息技术、计算机基础知识、Windows10 操作系统、Word 2016电子文档、Excel 2016 电子表格、PowerPoint 2016 演示文稿和计算机网络。讲授本书共需64课时（含 24 个实验），本书覆盖知识面广，各高等院校可以根据教学学时和学生的实际情况对教学内容进行适当的选取。

本书主编为张伟，副主编为陈伟、韩改宁、欧阳宏基，参编为刘淑英、李小林、刘敏娜、许青林、王维、吴粉霞、康世英、陈娟、郭新明、赵蓄、弋改珍、邹燕飞、胡学伟、段群、李红。具体分工如下：张伟负责统稿，并编写项目二，刘淑英负责编写项目一，刘敏娜负责编写项目三，欧阳宏基负责编写项目四，韩改宁负责编写项目五，陈伟负责编写项目六，李小林负责编写项目七。

本书受教育部协同育人项目（202102076084）、陕西省教育科学"十四五"规划 2021年度课题（SGH21Y0201）、咸阳师范学院计算机科学与技术省级一流专业建设项目资助。

由于编者水平有限，书中难免存在不足之处，恳请广大读者提出宝贵意见和建议，以便及时改进。

编　者
2022 年 11 月

◈ 目　　录 ◈

项目一　信息与信息技术 ……………………………………………………………… 1

　　任务一　信息与信息技术概述 …………………………………………………… 1
　　　　一、信息 ……………………………………………………………………… 2
　　　　二、信息技术 ………………………………………………………………… 4
　　　　三、信息化与信息社会 ……………………………………………………… 7
　　　　四、信息技术在现代社会中的作用和影响 ……………………………… 10

　　任务二　信息素养概述 …………………………………………………………… 10
　　　　一、信息素养的定义 ……………………………………………………… 11
　　　　二、信息素养的内容及特点 ……………………………………………… 11
　　　　三、大学生应具备的信息素养 …………………………………………… 12

　　任务三　信息的获取方式 ………………………………………………………… 14
　　　　一、搜索引擎 ……………………………………………………………… 14
　　　　二、数字图书馆 …………………………………………………………… 14
　　　　三、学科信息门户 ………………………………………………………… 15
　　　　四、RSS 技术 ……………………………………………………………… 15

　　任务四　信息安全概述 …………………………………………………………… 16
　　　　一、信息安全的内容 ……………………………………………………… 16
　　　　二、信息安全隐患 ………………………………………………………… 16
　　　　三、信息安全防护策略 …………………………………………………… 17
　　　　四、信息安全发展趋势 …………………………………………………… 18

　　课程思政阅读材料 ………………………………………………………………… 19
　　习题 ………………………………………………………………………………… 21

项目二　计算机基础知识 …………………………………………………………… 23

　　任务一　计算机的发展史 ………………………………………………………… 23
　　　　一、计算机的诞生与发展 ………………………………………………… 24
　　　　二、我国计算机的发展 …………………………………………………… 28
　　　　三、计算机的发展趋势 …………………………………………………… 30

任务二　计算机的特点、应用与分类 ……………………………………………… 31
　　一、计算机的特点 ……………………………………………………………… 31
　　二、计算机的应用 ……………………………………………………………… 32
　　三、计算机的分类 ……………………………………………………………… 34
任务三　数制与计算机编码 …………………………………………………………… 34
　　一、数制与其他术语 …………………………………………………………… 35
　　二、数制的转换 ………………………………………………………………… 36
　　三、存储信息的单位 …………………………………………………………… 37
　　四、数值数据的表示 …………………………………………………………… 38
　　五、非数值数据的表示 ………………………………………………………… 40
任务四　计算机系统的组成及工作原理 …………………………………………… 44
　　一、计算机系统的组成 ………………………………………………………… 44
　　二、计算机的基本工作原理 …………………………………………………… 48
　　三、指令和指令系统概述 ……………………………………………………… 48
　　四、微型机硬件系统的组成 …………………………………………………… 48
　　五、微型机的主要性能指标 …………………………………………………… 53
任务五　多媒体技术 …………………………………………………………………… 54
　　一、多媒体技术概述 …………………………………………………………… 54
　　二、多媒体系统的组成 ………………………………………………………… 55
任务六　计算机安全技术 …………………………………………………………… 55
　　一、计算机安全概述 …………………………………………………………… 56
　　二、计算机病毒 ………………………………………………………………… 57
　　三、计算机黑客 ………………………………………………………………… 59
任务七　计算机新技术 ……………………………………………………………… 61
　　一、人工智能 …………………………………………………………………… 61
　　二、云计算 ……………………………………………………………………… 64
　　三、物联网 ……………………………………………………………………… 66
　　四、大数据 ……………………………………………………………………… 69
课程思政阅读材料 …………………………………………………………………… 71
习题 …………………………………………………………………………………… 72

项目三　Windows 10 操作系统 …………………………………………………… 75
任务一　操作系统概述 ……………………………………………………………… 75
　　一、操作系统简介 ……………………………………………………………… 76
　　二、Windows 发展过程 ……………………………………………………… 77
　　三、Windows 10 简介 ………………………………………………………… 78
　　四、Windows10 的启动、注销和关闭 ……………………………………… 80
任务二　Windows 10 的基本设置 ………………………………………………… 81
　　一、Windows 10 桌面的组成 ………………………………………………… 81

二、窗口的组成及基本操作 ……………………………………………… 83

三、设置"开始"菜单 …………………………………………………… 84

四、设置任务栏 …………………………………………………………… 86

任务三 文件资源管理 ………………………………………………………… 87

一、文件和文件夹的概念 ………………………………………………… 88

二、"文件资源管理器"窗口 …………………………………………… 90

三、文件和文件夹的基本操作 …………………………………………… 91

四、文件和文件夹的高级操作 …………………………………………… 99

任务四 Windows 10 的个性化设置 ……………………………………… 101

一、设置系统账户 ……………………………………………………… 101

二、设置个性化的操作界面 …………………………………………… 104

三、设置系统声音 ……………………………………………………… 106

任务五 系统附带工具 ……………………………………………………… 107

一、记事本 ……………………………………………………………… 107

二、画图工具 …………………………………………………………… 107

三、截图工具 …………………………………………………………… 108

课程思政阅读材料 …………………………………………………………… 109

习题 …………………………………………………………………………… 110

项目四 Word 2016 电子文档 …………………………………………… 112

任务一 制作会议通知 ……………………………………………………… 112

一、Word 2016 窗口的组成 …………………………………………… 113

二、Word 2016 窗口的基本操作 ……………………………………… 115

三、文本的基本操作 …………………………………………………… 117

四、设置字符格式 ……………………………………………………… 119

五、设置段落格式 ……………………………………………………… 120

六、设置边框和底纹 …………………………………………………… 122

任务二 制作招聘海报 ……………………………………………………… 125

一、插入图片和设置图片格式 ………………………………………… 126

二、插入形状和设置形状格式 ………………………………………… 129

三、插入 SmartArt 图形和设置 SmartArt 图形格式 ………………… 132

四、插入艺术字和设置艺术字格式 …………………………………… 134

五、插入文本框 ………………………………………………………… 134

六、插入公式 …………………………………………………………… 135

任务三 制作选题审批表 …………………………………………………… 136

一、创建表格 …………………………………………………………… 137

二、选定表格 …………………………………………………………… 139

三、设计表格 …………………………………………………………… 140

四、调整表格布局 ……………………………………………………… 141

五、统计表格数据 143

任务四 长文档排版 145

一、样式的使用 146

二、项目符号、编号和多级列表的设置 149

三、页眉和页脚的使用 152

四、目录的使用 153

五、修订和批注的使用 154

六、脚注、尾注和题注的使用 155

任务五 页面布局与文档打印设置 158

一、页面设置 159

二、页面背景设置 162

三、文档打印 163

任务六 制作获奖证书 164

课程思政阅读材料 168

习题 169

项目五 Excel 2016 电子表格 172

任务一 制作学生成绩表 172

一、新建工作簿 173

二、操作工作表 177

三、操作单元格 178

四、输入数据 180

五、打印工作表 182

任务二 格式化学生成绩表 185

一、格式化单元格或单元格区域 185

二、格式化条件 189

三、定制工作表 189

任务三 统计分析学生成绩 193

一、公式的使用 194

二、函数的使用 196

三、图表的创建 198

四、图表的编辑 199

任务四 管理教师基本信息 202

一、数据排序 203

二、数据筛选 205

三、数据分类汇总 207

四、数据透视表 209

任务五 综合案例一 214

任务六 综合案例二 219

课程思政阅读材料 ·· 224

习题 ··· 225

项目六　PowerPoint 2016 演示文稿 ··· 228

任务一　演示文稿的创建与编辑 ·· 228
一、启动和退出 PowerPoint 2016 ·· 229
二、PowerPoint 2016 普通视图窗口的组成 ·· 230
三、创建演示文稿 ·· 233
四、保存、打开和关闭演示文稿 ··· 235
五、操作幻灯片 ··· 236
六、文本框的操作及在幻灯片中插入对象 ··· 237

任务二　演示文稿外观设置 ··· 251
一、应用设计主题 ·· 252
二、设置背景 ·· 252
三、设置配色方案 ·· 254
四、设置母版 ·· 255

任务三　幻灯片动画设计 ·· 260
一、幻灯片中的动画 ··· 260
二、幻灯片切换效果 ··· 263

任务四　幻灯片超链接和放映方式等设置 ··· 268
一、设置超链接 ··· 268
二、设置动作按钮 ·· 270
三、设置放映方式 ·· 271
四、设置幻灯片放映 ··· 273
五、设置计时与旁白 ··· 274
六、打印幻灯片 ··· 275

课程思政阅读材料 ·· 278

习题 ··· 279

项目七　计算机网络 ··· 282

任务一　计算机网络知识 ·· 282
一、计算机网络的定义 ·· 282
二、计算机网络的分类 ·· 283
三、计算机网络的功能 ·· 284
四、计算机网络的组成 ·· 284
五、网络拓扑结构 ·· 285
六、网络通信协议 ·· 286

任务二　Internet 的接入技术 ·· 288
一、Internet 简介 ·· 288

二、IP 地址与域名 ……………………………………………………… 289

三、Internet 的主流接入技术 …………………………………………… 290

任务三　Internet 的应用 …………………………………………………… 290

一、WWW 的概念 ………………………………………………………… 291

二、Chrome 浏览器 ……………………………………………………… 291

三、搜索引擎 ……………………………………………………………… 292

四、电子邮件 ……………………………………………………………… 293

五、电子商务 ……………………………………………………………… 296

课程思政阅读材料 ………………………………………………………… 296

习题 ………………………………………………………………………… 297

参考文献 …………………………………………………………………… 300

项目一

信息与信息技术

📖 项目描述

　　信息在我们的学习与生活中无处不在。随着信息化在全球的快速发展，信息技术影响着人们日常生活的方方面面，已成为支撑当今经济活动和社会活动的基石。

　　以云计算、物联网、大数据及人工智能等为代表的新一代信息技术快速发展，信息获取手段也趋向多元化发展。信息技术正在对经济社会的各领域产生革命性的影响，机遇与挑战并存，信息技术与信息安全已经成为现代社会发展不容忽视的重要课题。处于信息社会中的大学生，要利用好这些海量信息，就需要具备一定的信息素养。

　　通过学习本项目，学生可以掌握信息与信息技术概述、信息素养概述、信息的获取方式等相关知识。

📖 知识导图

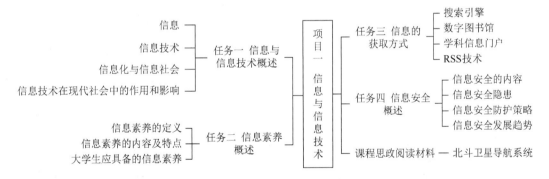

任务一　信息与信息技术概述

📖 学习目标

　　掌握信息及信息技术的定义、特征和分类，熟悉信息与数据的关系，并能了解信息技术的发展、应用，以及信息化对社会的影响。

📖 相关知识

一、信息

1. 信息的定义

信息、物质与能量是客观世界的三大构成要素。英文中的 Information 译为"信息",意思为消息或通知。信息的定义有很多。

1928 年,R.V.Hartley 在《信息的传输》中首次提出"消息是信息的载体,信息是包含在各种消息(文字、语言、图像、信号等)中的抽象量",实现了信息在概念上的突破。

1948 年,香农在《通信的数学理论》中提到"信息是人们对事物了解的不确定性的减少或消除,是两次不确定性之差,信息是创建一切宇宙万物的最基本的万能单位",并给出了信息量的数学表达式,奠定了信息的理论基础。

Winner 明确指出"信息就是信息,既不是物质,也不是能量",明确了信息是区别于物质与能量的第三类资源。

钟义信教授认为,信息是事物运动的状态和方式,是事物内部结构和外部联系的状态和方式。信息是对事物运动的状态和方式的表示,它能够消除在认识上的不确定性。

根据不同专家的研究成果可知,科学的信息概念如下:信息是客观事物在其运动、演化、相互作用等过程中呈现的现象、属性、关系与规律等。信息不是事物本身,只是消息、情报、指令、数据和信号中包含的内容,必须依靠某种媒介进行传递。而数据是信息的表现形式和载体,是符号、文字、数字、语音、图像、视频等。数据和信息是不可分离的,数据是信息的表达,信息是数据的内涵,信息加载于数据之上,是对数据的解释。在人类社会中,信息通常以行为、情感(手势、眼神等),以及图、文、声、像等形式出现。

信息是人类认识世界和改造世界的知识源泉,是推动人类文明、社会发展和科学进步的重要基础。人类社会的发展速度,在一定程度上取决于人类对物质信息获取与利用的水平。

2. 信息与数据的关系

数据是根据客观事物记录下来的、可以鉴别的符号,这些符号不仅包括数字,而且包括字符、文字、图形等。信息是经过加工以后对客观世界产生影响的数据。数据是信息的物理形式,信息是数据的内容。数据本身没有意义,具有客观性,即数据是对事物的客观记录。数据只有经过解释才有意义,才能成为信息。信息是对数据的解释,具有主观性。可以说,数据反映的是事物的表象,信息反映的是事物的本质。可以粗浅地将信息与数据的关系理解为"数据=噪声+信息",其中的噪声也是数据,只是它是无意义的数据;信息也是数据,但它是有意义的数据。信息与数据的关系如图 1-1 所示。

信息有多种表现形式,如手势、眼神、声音或图形等,由于数据能够书写,因而数据能够被记录、存储和处理,并且能够从数据中挖掘出更深层的信息。数据是信息的最佳表现形式。在计算机学科中,数据是指所有能输入计算机并被计算机程序处理的符号的总称,是能够输入计算机并进行处理,具有一定意义的字母、数字、符号和模拟量等的总称。

虽然数据不等于信息,但信息与数据是"形影不离"的。在很多情况下,信息处理也被称为数据处理。在不影响对问题理解的情况下,"信息"和"数据"这两个术语可以被不加区别地使用。可以说，整个信息社会都以数据为基础。

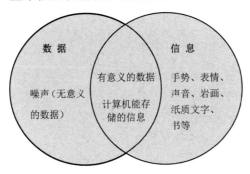

图 1-1 信息与数据的关系

3．信息的特征和分类

1）信息的特征

研究信息的目的，就是要准确把握信息的本质和特征，以便更好地利用信息。尽管从不同的角度对信息有不同的定义，但是信息的一些基本特征还是具有共识的，信息具有依附性、价值相对性、时效性、共享性、可传递性、可靠性等特征。

（1）依附性。

信息不能独立存在，必须依附一定的载体表现出来，而且同一个信息可以依附不同的载体。比如，交通信息既可以通过信号灯显示，又可以通过交通警察的手势来传递；文字信息既可以印刷在书本上，又可以利用计算机来存储和浏览。可见，信息可以依附不同的载体而被存储下来或传播出去。信息的依附性使信息同时具有可存储、可传递和可转换等特点。

（2）价值相对性。

信息能够满足人们的某些的需要，信息是有价值的。其价值主要体现在两方面：一方面，可以满足人们精神领域的需求；另一方面，可以促进物质、能量的生产和使用。比如，大学英语四、六级考试信息对大学生具有价值。又比如，通过 GPS（Global Positioning System，全球定位系统）获取准确的方位信息可以实现导弹精确制导。

（3）时效性。

信息往往只反映事物某个特定时刻的状态，会随着客观事物的变化而变化。比如，交通情况、天气预报、会议通知、求职报名、市场动态等信息都在不断变化。

（4）共享性。

信息可以被多个信息接收者接收并被多次使用和分享。在一般情况下，信息共享不会造成信息的丢失，也不会改变信息的内容，即信息可以无损使用。

（5）可传递性。

信息的可传递性打破了时间和空间的限制。信息传递是指人们通过声音、文字、图像或动作相互沟通的过程。信息传递研究的是什么人，向谁说什么，用什么方式说，通过什么途径说，达到什么目的等内容。

（6）可靠性。

信息的可靠性是指信息的准确性和可信度。可靠的信息是基于真实和可验证的数据来源，经过验证和确认，具有较高的准确性和可信度。

（7）可处理性。

在加工与使用信息的过程中，经过选择、重组、分析、统计，以及其他方式的处理，可以获得更重要的信息，使原有信息增值，如招聘信息、油价信息、高考信息等。

2）信息的分类

信息广泛存在于自然界、生物界和人类社会中，信息是多种多样、多方面、多层次的，信息的类型可以从不同的角度划分。

按性质划分，信息可以分为语法信息、语义信息和语用信息。

按地位划分，信息可以分为客观信息和主观信息。

按作用划分，信息可以分为有用信息、无用信息和干扰信息。

按携带信息的信号性质划分，信息可以分为连续信息、离散信息和半连续信息。

按事物的运动方式划分，信息可以分为概率信息、偶发信息、确定信息和模糊信息。

按内容划分，信息可以分为消息、资料和知识。

按社会性划分，信息可以分为社会信息和自然信息。

按信源类型划分，信息可以分为内源性信息和外源性信息。

按价值划分，信息可以分为有用信息、无害信息和有害信息。

按时间划分，信息可以分为历史信息、现时信息和预测信息。

按载体划分，信息可以分为文字信息、声像信息和实物信息。

按作用物划分，信息可以分为物理信息、生物信息和社会信息。

由此可知，信息是消息，是通信系统传输和处理的对象，泛指人类社会传播的一切内容。

二、信息技术

1. 信息技术的定义和分类

1）信息技术的定义

在当今信息社会中，"信息技术"是使用频率非常高的词。人们因其使用目的、范围、层次的不同对其进行不同的定义。例如，"信息技术就是获取、存储、传递、处理、分析，以及使信息标准化的技术""信息技术是人类为了认识自然和改造自然、提升信息处理能力而积累的经验，通过各种手段实现信息获取、传递、存储和处理的技术""信息技术是能够扩展人类信息器官功能的一类技术的总称"等。

信息技术是用于管理和处理信息的各种技术的总称。它主要是指利用传感器、电子计算机和现代通信手段实现获取信息、传递信息、存储信息、处理信息、显示信息、分配信息等的相关技术。"信息技术是人类为了认识自然和改造自然、扩展信息处理能力而积累的经验与知识，通过各种技术手段实现信息获取、传递、存储和处理的过程。"

2）信息技术的分类

通过上述定义，就可以在信息技术与非信息技术之间分出一条大致的界线。比如，计算机技术是一种信息技术，这是因为其可以扩展人类处理信息的功能。而原子弹、氢弹、受控热核反应或核聚变技术等不是信息技术，这是因为其不能扩展人类处理信息的功能，它扩展的是人类的力量。

传感技术、计算机技术和通信技术被统称为信息技术的三大支柱。

（1）传感技术。

传感技术是指通过传感器获取和转换物理量、化学量或其他特定信息的技术。传感器是一种能够感知和测量环境中各种物理量（温度、湿度、压力、光照强度等）的装置。传感技术通过传感器将这些物理量转化为可供计算机处理的数字信号。传感技术在各个领域（环境监测、智能家居、工业控制等）都有广泛的应用。

（2）计算机技术。

计算机技术是指计算机科学和计算机工程的相关技术。它涵盖了计算机硬件、软件、网络和算法等方面的知识。计算机技术使得信息能够被高效地处理、存储和传输。计算机技术包括计算机体系结构、操作系统、数据库管理系统、编程语言、算法设计与分析等内容。计算机技术的发展推动了信息处理和应用的快速发展。

（3）通信技术。

通信技术是指将信息从一个地方传递到另一个地方的技术。它涉及传输媒介、通信协议和通信设备等方面的知识。通信技术使得信息能够在不同设备和地点之间传输和共享。通信技术包括有线通信技术（电缆、光纤等）、无线通信技术（无线局域网、蜂窝网等），以及协议和标准等内容。通信技术的发展极大地促进了信息交流和全球化的互联互通。

这三大支柱相互依存，共同构成了现代信息技术的基础。传感技术提供了数据的获取和转换功能，计算机技术提供了数据的处理和存储功能，而通信技术提供了数据的传输和共享功能。它们的协同合作使得信息能够在全球范围内快速、高效地流动和被利用。这对于实现数字化、智能化和网络化的社会具有重要意义。

这些技术在计算机系统中虽然各司其职，但是从技术要素层面来看，又是相互包含、相互交叉、相互融合的。传感、通信、计算机都离不开控制；传感、计算机、控制也都离不开通信；传感、通信、控制更离不开计算机。由于计算机技术极大地促进了传感、通信和控制技术水平的提高，因此可以说计算机技术处于较为基础和核心的位置。

2．信息技术的发展

信息技术涉及信息的生产、获取、传输、处理和控制等相关技术。信息技术是当代高技术群中比较活跃的前导技术。信息技术的发展和社会的发展是密切相关的，在不同的历史时期，信息技术的发展处于不同的阶段，具有不同的特征。在远古时代，信息的传递方式非常简单。在中国，信息的传递可以追溯到传递外族入侵信息的烽火台。

1）语言

随着社会的发展，人与人之间进行信息交换的复杂程度大大提高，逐渐产生了语言，借助于语言，人类实现了从简单的直觉思维向复杂的抽象思维过渡。从某种意义上来说，有了语言，信息的传递和交流才得到了加强。人类历史上的第一次信息技术革命的标志是语言的产生。

2）文字

伴随着语言的产生，人类又创造出了各种文字，使用文字能够把发生的事情比较准确地记录下来，这是人类活动范围逐渐扩大的结果。毕昇发明了活字印刷术，使信息传递速度得以提高、范围急剧扩展，使信息存储能力进一步加强，并初步实现了广泛的信息共享，相应地也出现了印刷事业和邮递事业。此时，文字信息能够保存下来，并传递出去，初步突破了时间和空间的限制。人类历史上的第二次信息技术革命的标志是文字的创造。

3）电信和广播

19 世纪最大的技术成就是电能的开发和应用，以及电信技术的兴起。信息的传递依靠邮政和出版已不能满足生产的需要，于是一大批科学家和发明家开始致力于电流传递信息的研究。基于信息技术的发展和进步，电信和广播出现了，这导致了人类历史上更大的一次信息变革，信息活动的所有方面发生了根本性的变革。信息的传递逐渐从邮件向更有效的通信方式转变，传输介质由纸张变为电磁波，实现了不受距离限制的实时信息交流。照片、磁带、录像、光盘等的出现使人类的信息活动更加丰富，更加深入。人类历史上的第三次信息技术革命的标志是电信和广播的应用。

4）计算机和网络

20 世纪 60 年代，新型电子计算机出现，以及其与通信技术的结合，推动了计算机网络系统的科学研究工作，很快就形成了以计算机技术和通信技术为背景的现代信息技术。这一时期极大地提高了信息传递、存储的质量和速度，信息的处理功能超越了人类自身的能力，达到了信息存储、处理和利用的一体化和自动化，开创了一个全新的信息时代。计算机的出现，延伸了人脑的功能，拓展了人类的智力，更加深刻地改变了人类社会的面貌。目前，人类正处于第四次信息技术革命。

现代信息社会的发展依赖的是高度发展的信息科技。信息技术的发展将对我国社会经济的发展产生非常重要、深远的影响。

全球数字通信与信息技术如图 1-2 所示。

图 1-2　全球数字通信与信息技术

3. 信息技术的特征

信息技术是提高和扩展人类信息处理能力的主要方法和手段。在现代社会中，信息技术广泛应用在物质生产、科研教育、医疗保健、政府和企业管理，以及家庭等领域中，对经济和社会发展产生了巨大的影响，从根本上改变了人们的生活习惯、行为方式和价值观念。信息技术的特征如下。

1）数字化

数字化就是将许多复杂多变的信息转变为可度量的数字，建立适当的数字化模型，把它们转变为一系列二进制代码，以便计算机处理和应用。

2）高速、大容量

处理速度越来越快，存储容量越来越大。

3）智能化

信息技术的迅猛发展主要体现在人工智能理论、方法的深化和应用，智能化是信息技术的发展趋势。

4）网络化

信息社会的突出特征就是业务综合和网络综合。

5）个性化

按照独特、另类、个性特质的需要，打造一种与众不同的效果，即信息技术的个性化。

6）柔性化

运用计算机软件及自动化技术，通过系统结构、人员组织、运作方式和市场营销等方面的改革，使生产系统和管理系统快速适应市场需求变化，即信息技术的柔性化。

4. 信息技术的应用

以计算机为核心的信息技术广泛应用于人们的学习、工作、生活等各个方面，不仅深刻地影响着经济结构与经济效率，而且作为先进生产力的代表，对社会文化和精神文明产生着深刻的影响。

信息技术已使传统教育方式发生变化。计算机仿真技术、多媒体技术、虚拟现实技术和远程教育技术，以及信息载体的多样性，可以使学生克服时空障碍，更加主动地安排自己的学习时间和速度，并且开辟出通达全球的知识传播通道，实现不同地区的学生与教师之间的交流。这不仅大大提高了教育效率，而且给学生提供了一个宽松的、内容丰富的、个性化的学习环境。

Internet 已经成为科学研究和技术开发不可缺少的工具。Internet 中海量的图书、文献和其他信息资源，成为科研人员可以随时进入并从中获取最新科技动态的信息宝库，大大节约了科研人员查阅文献的时间和费用。Internet 中信息传递的快捷性和交互性，使身处世界任何地方的科研人员都可以成为研究伙伴，在 Internet 中进行实时讨论、协同研究，使用 Internet 中的主机和软件资源来完成自己的研究工作。

Internet 为各种思想文化的传播提供了更加便捷的渠道，大量的信息通过 Internet 渗入社会各个角落，成为当今文化传播的重要手段。Internet 为各民族优秀文化的继承、传播，以及各民族文化的交流、交融提供了崭新的可能性。Internet 改变着人与人之间的交往方式，也改变着人们的工作方式和生活方式，同时对文化的传播产生深远的影响。目前，一种新的适应 Internet 时代和信息经济的先进文化已逐渐形成。

三、信息化与信息社会

1. 信息化

信息化的概念起源于 20 世纪 60 年代的日本。关于信息化的表述，在中国学术界曾进行过较长时间的研讨。1997 年召开的首届全国信息化工作会议将信息化定义为"信息化是指培育、发展以智能化工具为代表的新的生产力并使之造福于社会的历史过程"。《2006—2020年国家信息化发展战略》将其进一步描述为"信息化是充分利用信息技术，开发利用信息资源，促进信息交流和知识共享，提高经济增长质量，推动经济社会发展转型的历史进程"。

信息化代表信息技术被高度应用，信息资源被高度共享，从而使得人的智能潜力和社会物质资源潜力被充分发挥，个人行为、组织决策和社会运行趋于合理化的理想状态。同时，信息化也是不断运用信息产业改造传统经济、社会结构从而通往理想状态的一段持续过程。

2. 信息产业

信息产业又称信息技术产业，是使用信息技术收集、整理、存储、传递信息情报，提供信息服务，并提供相应的信息技术等服务的产业。

信息产业的发展对整个国民经济的发展意义重大，信息产业通过它的活动使经济信息的传递更加及时、准确、全面，有利于各产业提高劳动生产率。信息产业的产生加速了科学技术的传递速度，缩短了科学技术从创制到应用于生产领域的距离。信息产业的发展推动了技术密集型产业的发展，有利于国民经济结构的调整。

信息产业主要包括以下三大行业。

1）信息处理和服务行业

信息处理和服务行业主要是利用现代电子计算机系统收集、加工、整理、存储信息，为各个行业提供各种各样的信息服务，如计算机中心、信息中心和咨询公司等。

2）信息处理设备行业

信息处理设备行业主要从事电子计算机的研究和生产（相关机器的硬件制造等）、计算机的软件开发等活动。计算机制造公司和软件开发公司都属于这一行业。

3）信息传递中介行业

信息传递中介行业主要是运用现代化的信息传递中介，将信息及时、准确、完整地传到目的地。印刷业、出版业、新闻广播业、通信邮电业、广告业都可归入其中。

3. 信息社会

信息社会也称信息化社会，是脱离工业社会以后，由信息起主要作用的社会。信息社会是以电子信息技术为基础，以信息资源为基本发展资源，以信息服务产业为基本社会产业，以数字化和网络化为基本社会交往方式的新型社会。

信息社会的特点主要体现在以下几个方面。

（1）在信息社会中，信息为重要的生产要素，信息、物质和能量一起构成社会赖以生存的三大资源。

（2）信息社会的经济是以信息经济、知识经济为主导的经济。它有别于农业社会是以农业经济为主导，工业社会是以工业经济为主导。

（3）在信息社会中，知识的创造、传播和应用成为社会发展的关键环节。高素质的人才对于社会的发展至关重要，教育和终身学习成为社会发展的重要任务。

4．信息化对社会的影响

信息技术发展和应用推动了信息化，给人类的社会生活带来了深刻的影响。在 21 世纪，信息化对社会发展的影响更加深刻。世界经济发展进程加快，信息化、全球化、多极化发展的大趋势十分明显，信息化与经济全球化，推动着全球产业分工深化和经济结构调整，改变着世界市场和世界经济竞争格局。从全球范围来看，信息化对社会的影响主要表现在以下 3 个方面。

（1）信息化促进产业结构的调整、转换和升级。电子信息产品制造业、软件业、信息服务业、通信业、金融保险业等一批新兴产业迅速崛起，传统产业如煤炭、钢铁、石油、化工、农业等在国民经济中的比重日渐降低。信息产业在国民经济中的主导地位越来越突出。国内外已有专家把信息产业从传统的产业体系中分离出来，称其为继农业、工业、服务业之后的"第四产业"。

（2）信息化成为推动经济增长的重要手段。信息经济的显著特征就是技术含量高，渗透性强，增值快，可以在很大程度上优化各种生产要素的管理及配置，从而使各种资源的配置达到最优状态，以降低生产成本，提高劳动生产率，扩大社会的总产量，推动经济的增长。在信息化的过程中，通过加大对信息资源的投入，可以在一定程度上替代各种物质资源和能源的投入，减少对物质资源和能源的消耗，改变传统的经济增长模式。

（3）信息化引起生活方式和社会结构的变化。随着信息技术的不断进步，智能化的综合网络遍布社会的各个角落，信息技术正在改变人类的学习方式、工作方式和娱乐方式。数字化的生产工具与消费终端被广泛应用，人类已经生活在一个被各种信息终端包围的社会中。信息逐渐成为现代人类生活不可或缺的重要元素之一。一些传统的就业岗位被淘汰，劳动力人口主要向信息部门集中，新就业形态和就业结构正在形成。信息化程度较高的发达国家的信息产业从业人员人数已占整个社会从业人员人数的一半以上。一大批新就业形态和就业方式被催生，如弹性工时制、家庭办公、网上求职等。此外，商业交易方式、政府管理模式、社会管理结构也在发生变化。

信息化浪潮的持续深入使人类社会日渐超越工业社会，而呈现信息社会的基本特征。

信息化在迅猛发展的同时，也给人类带来了很多消极的影响。这主要体现在信息化对全球和社会发展的影响极不平衡，信息化给人类带来的利益并没有在不同的国家、地区和社会阶层得到共享。数字化差距、数字鸿沟加大了发达国家和发展中国家的差距，也加大了一些国家的经济发达地区与经济不发达地区的差距。

信息化是当今世界经济和社会发展的大趋势，目前信息化程度已成为衡量一个国家现代化水平和综合国力的重要标志，更是我国进行产业优化升级和实现工业化、现代化的关键环节。以信息化驱动现代化，建设网络强国，是落实"四个全面"战略布局的重要举措，是实现"两个一百年"奋斗目标和中华民族伟大复兴的中国梦的必然选择。

5．我国信息化建设现状

信息化对促进国民经济快速、健康发展和社会进步具有重要意义，中国将吸取各国信息化建设的经验与教训，发挥自身优势，争取实施"跨越式"发展，缩短与发达国家的差距，使全民享受信息化带来的好处。我国信息化建设现状如下。

（1）信息化建设提高了国家对经济的宏观调控能力。以"金"字工程为代表的信息化工程初见成效。例如，金桥工程、金卡工程、金税工程、金关工程等，都产生了经济和社会效益，提高了我国现代化管理水平。

（2）信息化建设扩大了信息技术的推广和应用，提高了生产力。目前，信息技术的推广和应用正在从单项应用向集成化、综合化、网络化应用发展，在节能、降耗、减少污染、提高生产效率和产品质量方面，发挥越来越大的作用。

（3）信息化建设推动了科研教育的发展，为新闻宣传提供了新手段。大批高等院校和科研单位实现了国际联网，使计算机成为了解与交流信息的重要工具。在教育方面，计算机辅助教育和远程教育已经起步。在新闻宣传方面，一些权威新闻机构已通过计算机连接网络，把中国改革和建设的成就传向全世界。

（4）信息化建设带动电子和广播电视等行业的快速发展，成为国民经济的新增长点。事实证明，信息化在中国经济建设和社会发展中发挥着越来越大的作用，目前已经获得了巨大的经济效益和社会效益。信息化培育了新经济增长点，对中国经济体制和经济增长方式的转变具有重要的促进作用。

四、信息技术在现代社会中的作用和影响

信息技术革命是经济全球化的重要推动力量和桥梁，是促进全球经济和社会发展的主导力量，以信息技术为中心的新技术革命将成为世界经济发展史上的亮点。

Internet 的普及提供了加强各国经济联系的纽带，信息的快速搜集、加工、存储和传递，使各国政府、公司和个人能便捷地获取信息。信息的透明性（公开性）和流动性，有利于各国政府和人民的相互了解，有利于科学文化知识的传播，有利于各国政府和企业的科学决策，从而促进各国的经济合作。Internet 的发展大大促进了全球实务经济和服务业的发展，极大地改变了人类的生产、生活方式，知识将成为生产要素中的一个独立成分。哪个国家能在技术创新和制度创新方面走在世界前列，这个国家就能在国际竞争中脱颖而出。

信息产业正成为朝阳产业，而信息技术领先的国家和信息技术落后的国家在信息技术产业方面的投资悬殊。一些信息技术领先的国家在信息技术产业方面的投资相对较多，而一些信息技术落后的国家在信息技术产业方面的投资相对较少，主要原因是这些国家面临着经济、政治和社会等方面的困难。现代信息技术的飞速发展，将使不同国家之间和不同地区之间的信息化差距逐渐拉大。

📖 **任务练习**

学习和理解信息的概念，并理解信息和数据的关系，简述我国实现信息化的途径。

任务二　信息素养概述

📖 **学习目标**

掌握信息素养的定义、内容及特点；了解大学生应具备的信息素养。

📖 相关知识

一、信息素养的定义

信息素养的本质是全球信息化需要人们具备的一种基本能力。

信息素养的概念的酝酿始于美国图书检索技能的演变。1974 年，Paul.Zurkowski 率先提出了信息素养这一概念，将其解释为"利用大量的信息工具及主要信息源使问题得到解答的技能"。信息素养的概念一经提出，便得到广泛传播和使用。世界各国的研究机构纷纷围绕如何提高信息素养展开广泛的探索和深入的研究，对信息素养概念的界定、内涵和评价标准等提出了一系列新的见解。

1992 年，Doyle 在《信息素养全美论坛的终结报告》中将信息素养定义为"一个具有信息素养的人，他能够认识到精确的和完整的信息是做出合理决策的基础，确定对信息的需求，形成基于信息需求的问题，确定潜在的信息源，制定成功的检索方案，从包括基于计算机和其他信息源获取信息、评价信息、组织信息于实际的应用，将新信息与原有的知识体系进行融合以及在批判性思考和问题解决的过程中使用信息"。

二、信息素养的内容及特点

1. 信息素养的内容

信息素养的内容包括关于信息和信息技术的基本知识和基本技能，运用信息技术进行学习、合作、交流和解决问题的能力，以及信息的意识和社会伦理道德问题。具体来说，信息素养的内容应包括以下 5 个方面。

（1）热爱生活，有获取新信息的意愿，能够主动从实践中不断地查找、探究新信息。

（2）具有基本的科学和文化常识，能够较为自如地对获得的信息进行辨别和分析，正确地加以评估。

（3）可以灵活地支配信息，较好地掌握选择信息、拒绝信息的技能。

（4）能够有效地利用信息，表达个人的思想和观念，并乐意与他人分享不同的见解。

（5）无论面对何种情境，都能够充满自信地运用各类信息解决问题，有较强的创新意识和进取精神。

信息素养的 4 个要素为信息意识、信息知识、信息能力和信息道德。信息素养的 4 个要素共同构成一个不可分割的统一整体，其中信息意识是先导，信息知识是基础，信息能力是核心，信息道德是保证。

2. 信息素养的特点

信息素养的特点如下。

（1）捕捉信息的敏锐性。

（2）筛选信息的果断性。

（3）评估信息的准确性。

（4）交流信息的自如性。

（5）应用信息的独创性。

信息素养是一种综合能力，信息技术是一种工具。

三、大学生应具备的信息素养

1．大学生具备信息素养的必要性

随着信息时代的到来，信息素养已成为当代大学生应具备的素质。信息素养不仅是一种获取和利用信息的能力，更是一种综合素养和生活态度。大学生作为信息时代的重要组成部分，需要具备高水平的信息素养，以适应信息化和现代化的发展趋势。大学生具备信息素养的必要性主要包括以下 5 个方面的内容。

（1）适应时代的需求。大学生只有具备高水平的信息素养，才能更好地适应时代的需求，掌握先进的信息技术，提高学习和工作效率。

（2）提高学术研究水平。大学生只有具备高水平的信息获取、评估和处理能力，才能从海量的信息中筛选出有用、真实和可靠的信息，从而提高学术研究水平和质量。

（3）提高职业竞争力。具备高水平的信息素养可以帮助大学生提高职业竞争力，掌握先进的信息技术和应用，更好地适应职业市场需求，提高自身的核心竞争力。

（4）推动社会发展。具备高水平的信息素养的大学生可以更好地参与社会发展，为社会提供更多的创新和发展动力，推动社会信息化和现代化的发展。

（5）增强社会责任意识。大学生应该具备对信息的保护、隐私和安全等方面的意识，发扬信息共享和交流的精神，为社会的和谐、稳定做出贡献。

综上所述，大学生应具备高水平的信息素养，这是大学生适应时代的需求、提高学术研究水平、提高职业竞争力、推动社会发展和增强社会责任意识的必要条件。大学生应自觉培养信息素养意识和自主学习能力，学会利用网络资源，参与社交平台和加强信息交流，不断提高自身的信息素养水平。

2．大学生具备信息素养的核心要素

21 世纪的能力素质，包括基本学习技能（读、写、算）、信息素养、创新思维能力、人际交往与合作精神、实践能力。信息素养是其中的一个方面，涉及信息的意识、信息的能力和信息的应用。当代大学生处于信息社会的大潮中，具备信息素养是一种基本能力，是一种对信息社会的适应能力。

大学生具备信息素养的核心要素主要包括以下 9 个方面的内容。

（1）高效地获取信息。

（2）熟练地和批判地评价信息。

（3）精确地和有创造性地使用信息。

（4）探求与个人兴趣有关的信息。

（5）欣赏作品和其他对信息进行创造性表达的内容。

（6）力争在信息查询和知识创新中做到最好。

（7）对社区和社会有积极的贡献，并能够认识信息对民主化社会的重要性。

（8）践行与信息和信息技术相关的符合伦理道德的行为。

（9）积极参与小组活动，探求和创建信息。

在信息的海洋中，当代大学生面对的最大问题是如何选择和利用这些信息，这就要求当代大学生具有甄别、筛选和利用信息的能力。

3．大学生具备信息素养的要求

大学生只有全面提升自身信息素养水平，才能更好地适应信息时代的需求和挑战，更好地为自己的学习、工作和生活服务。大学生具备信息素养的要求主要包括以下两个方面的内容。

1）信息意识与情感

信息意识与情感主要包括积极面对信息技术的挑战，不畏惧信息技术；以积极的态度学习、操作各种信息工具；了解信息源并经常使用信息工具；能迅速而敏锐地捕捉各种信息，并乐于把信息技术作为基本的工作手段；相信信息技术的价值与作用，了解信息技术的局限性及负面效应，从而正确对待各种信息；认同与遵守信息交往中的各种道德规范和约定。

2）信息技能

根据教育信息专家的建议，当代大学生应该具备以下 6 个信息技能。

（1）确定信息任务：确切地判断问题所在，并确定与问题相关的具体信息。

（2）决定信息策略：在可能需要的信息范围内决定哪些是有用的信息。

（3）检索信息策略：开始实施查询策略。这个技能包括使用信息获取工具，组织安排信息材料和课本内容的各个部分，以及决定搜索网上资源的策略。

（4）选择利用信息：在查获信息后，能够通过听、看、读等行为与信息发生相互作用，以决定哪些信息有助于问题解决，并能够摘录需要的信息，拷贝和引用信息。

（5）综合信息：把信息重新组合和打包成不同形式，以满足不同的任务需求。综合信息的操作可以很简单，也可以很复杂。

（6）评价信息：对提供的信息进行分析、评估和判断。评价信息是一个重要的信息技能，它可以帮助人们更好地理解和利用信息，避免人们被误导或误解。通过提高评价信息能力，人们可以更灵活地处理信息并做出正确的决策。

4．大学生信息素养的培养

信息素养教育要以培养学生的创新精神和实践能力为核心。针对国内教育的实际情况，大学生信息素养的培养主要针对以下 5 个方面的内容。

（1）热爱生活，有获取新信息的意愿，能够主动从实践中不断查找、探究新信息。

（2）具有基本的科学和文化常识，能够较为自如地对获得的信息进行辨别和分析，并正确地对获得的信息加以评估。

（3）可以灵活地支配信息，较好地掌握选择信息、拒绝信息的技能。

（4）能够有效地利用信息表达个人的思想和观念，并乐意与他人分享不同的见解。

（5）无论面对何种情境，都能够充满自信地运用各类信息解决问题，有较强的创新意识和进取精神。

大学生信息素养的培养是一个长期而复杂的过程。大学生应自觉培养自主学习能力，不断探索和发现新信息技术，提高自身的信息素养水平。

📖 任务练习

简述信息素养的内容，以及大学生应具备的信息素养。

任务三 信息的获取方式

📖 学习目标

掌握常用的搜索引擎，了解信息的获取方式。

📖 相关知识

一、搜索引擎

Internet 提供了海量信息资源，搜索引擎可以帮助用户快速、准确、个性化地从海量信息资源中挑选出所需信息。在信息社会中，当代大学生获取信息的重要途径为通过 Internet 获取。主要通过各类搜索引擎，如百度、Google 等；通过各类手机 App 软件，如网上购物可以下载淘宝、京东等购物 App；通过网址导航或网站分类目录；通过图书馆网站，如国内知名高校的图书馆网站等。

作为网络信息组织的重要方式和网络信息检索的重要工具，搜索引擎通过在 Internet 中提取各个网站的信息建立自己的数据库，并向用户提供查询服务。它一般由信息搜索器、索引器和检索器 3 个部分组成。信息搜索器的功能是对网页信息进行识别和筛选；索引器的功能是理解信息搜索器搜索到的信息；检索器的功能是接纳用户的查询请求，根据关键字在索引库中检索相应的文档，并根据一定顺序，如字母、时间、相关度等，将符合要求的结果排序输出，反馈给用户。

二、数字图书馆

随着计算机技术和网络技术的发展，网络互联使访问分散在各处的信息资源成为可能。人们在网络中需要一种统一、高效的访问和利用信息的工具，以及高质量信息的获取途径，数字图书馆（Digital Library）正好适应人们的这种需求。

数字图书馆是一种将馆藏以数字化格式存储，可以利用计算机访问的图书馆，而传统图书馆的馆藏则以印刷、微缩胶片或其他媒体等相对格式为主体。数字化的内容可以被存储在本地端，也可以通过计算机网络远程访问。可以说，数字图书馆是一种信息检索系统。

数字图书馆的资源类型丰富多样，有些资源是外部购买所得，而有些资源则是内部建设所得；有些资源可供任何用户自由访问，而有些资源则仅可供特定用户使用；有些资源只有电子版，而有些资源则同时有印刷版和电子版。概括来说，数字图书馆的资源类型主要有：全文资源，包括电子期刊、电子图书、电子报纸、开放式著作检索、发表及存档数据库、电子论文、电子档案等；二次文献和书目信息，包括联机检索目录、文摘索引数据等；多媒体资源，包括独立静态图像（照片、图片等）、动态图像（电影、录像等）、录音资料、动画等。

　　传统的数字图书馆主要关注的是数字化的图书与文献的收集、存储、组织和检索。随着计算机和网络技术的研究和发展，数字图书馆也迎来了飞速发展。这使得数字图书馆能够更好地满足用户需求，提供更加智能化和个性化的信息服务，为用户带来更好的使用体验。

三、学科信息门户

　　搜索引擎作为目前网络上流行的信息获取工具，为人们带来了很大的便利，但对于查找某学科（专题）的学术信息，还是有许多不足。虽然 Google 现在推出了学术搜索，但其在系统性和全面性上仍需要进一步改进。在这种背景下，图书情报界开始将图书馆的传统信息采集、标引和组织优势扩展到 Web 空间，开发出学科信息门户（Subject Based Information Gateways，SBIGs），试图提高网上资源的序化程度，弥补使用搜索引擎获取信息的不足。

　　在国外，比较著名的学科信息门户有英国的社会科学信息门户（Social Science Information Gateway，SOSIG）、美国加州大学的图书馆员 Internet 索引（Librarian's Index to the Internet，LII）等。英国的社会科学信息门户包含社会科学领域的研究信息的在线平台，是英国资源发现网络（Resource Discovery Network，RDN）的组成部分，旨在为科研人员、师生免费提供社会科学领域的经过选择的高质量的网络信息资源。该门户于 2006 年 7 月更名为 Intute，由曼彻斯特大学牵头，以曼彻斯特大学、伯明翰大学、布里斯托大学、赫瑞-瓦特大学、曼彻斯特城市大学、诺丁汉大学、牛津大学为核心，众多合伙人和提供方共同协作。目前，Intute 的资源范围已由原先的社会科学扩展、覆盖农业、建筑设计、工程、地理环境、医疗、数学与计算机、物理等多类学科。其提供了多个教育和研究方面的网络链接服务，逐渐发展成一个综合型的多学科信息门户。

　　美国加州大学的图书馆员 Internet 索引（LII）是一个综合性的学科信息门户，涵盖了艺术人文、商业金融、政治法律、教育、新闻媒体、社会学专题等多个种类，主要服务于公共图书馆用户、图书馆员和图书情报领域的科研人员。

　　在我国，中国科学院国家科学数字图书馆（The Chinese Science Digital Library，CSDL）推出了学科信息门户系列，包括图书情报、物理数学学科、化学学科、生命科学、资源环境 5 个特色学科信息门户。武汉大学信息资源研究中心创建并开通了中国社会科学信息门户，这是一个专门为广大科研人员、高校师生和领域爱好者提供的有专业网络资源的华语社会科学信息门户网站和知识社区。其最大的特色是提供了大量国外社会科学领域最新的研究成果和学术新闻，而且都翻译成了中文。

四、RSS 技术

　　RSS 技术是基于 XML（可扩展标记语言）技术的 Internet 内容发布和集成技术。其英文全称是 Rich Site Summary（丰富站点摘要）或 Really Simple Syndication（真正简易聚合）。

　　RSS 技术自出现以来就受到重视，许多网站都纷纷采用 RSS 技术发布和推送信息，如新闻网站、博客网站等。此外，RSS 技术在企业知识管理领域也有相当大的发展空间，员工与客户通过阅读器订阅自己关心的企业内容（即信息源订阅），与传统电子邮件相比，信息源订阅使他们对接收的内容有更多的选择权。在电子商务领域，人们还可以利用 RSS 技术定制信息，随时掌握自己关心的产品的各种信息。RSS 技术的出现为电子商务网站提供了高效的信息发布渠道，加强了客户与电子商务公司的联系。

📖 **任务实施**

简述什么是搜索引擎，以及信息的获取方式有哪些。

任务四 信息安全概述

📖 **学习目标**

掌握信息安全的内容；了解信息安全隐患，以及信息安全防护策略；了解信息安全发展趋势。

📖 **相关知识**

信息安全（Information Security）的实质就是保护计算机系统或网络中的信息资源免受各种威胁、干扰和破坏，即保证信息的安全性。ISO（国际标准化组织）将其定义为：为数据处理系统建立和采用的技术、管理上的安全保护，为的是保护计算机软件、硬件、数据不因偶然和恶意的因素而遭到破坏、更改和泄露。

一、信息安全的内容

信息安全意味着计算机系统（硬件、软件、数据、人员、物理环境及基础设施）受到保护，不会因意外或其他因素而被破坏、更改、泄露，并且计算机系统可以连续、可靠地运行，信息服务不会中断，最终实现业务连续性。信息安全涵盖范围广，包括如何防止商业企业机密泄露，如何防止年轻人浏览不良信息，以及如何防止个人信息泄露等。

信息安全涵盖了广泛的领域和主题，主要内容包括认识威胁和风险、访问控制、数据保护、网络安全、应急响应和恢复、安全意识培训、合规性和监管、安全审计和监测等。认识威胁和风险的作用是了解计算机系统面临的威胁和潜在风险，从而采取相应的保护措施。访问控制的作用是确保只有授权用户可以访问信息。数据保护涉及加密、备份等措施，采取这些措施可以保护数据的机密性和完整性。网络安全包括防火墙、入侵检测和虚拟专用网络等技术。应急响应和恢复包括建立应急响应计划、快速响应和恢复安全事件。安全意识培训的作用是提高用户的安全意识。合规性和监管的作用是确保符合法律和监管要求。安全审计和监测的作用是定期审计和监测信息是否安全。

二、信息安全隐患

网络中的信息安全隐患主要包括运行安全隐患、交易安全隐患、内容安全隐患、个人或单位隐私安全隐患，具体表现如下。

（1）假冒。假冒是指非法用户入侵系统，通过输入用户名等信息冒充合法用户从而窃取信息的行为。

（2）身份窃取。身份窃取是指合法用户在正常通信过程中被其他非法用户拦截的行为。

（3）数据窃取。数据窃取是指非法用户截获通信网络的数据的行为。

（4）否认。否认是指通信方在参加某次活动后不承认自己参加的行为。

（5）拒绝服务。拒绝服务是指合法用户在提出正当的申请时，遭到了拒绝或延迟服务的行为。

（6）错误路由。

（7）非授权访问。

三、信息安全防护策略

随着信息化的不断发展，信息安全防护也成为当前要解决的主要问题。信息安全防护策略包括以下几个方面的内容。

1．加强数据库管理安全防护

在具体的计算机网络数据库安全管理中经常出现各类由人为因素造成的计算机网络数据库安全隐患，对数据库安全产生了不利影响。因此，现代计算机用户和管理者应能够依据不同的风险因素采取有效的防范措施，从意识上真正重视安全管理保护，加强计算机网络数据库安全管理。

2．加强安全防护意识

用户必须时刻保持警惕，提高自身安全意识，拒绝下载不明软件，禁止使用不明网址、提高密码安全等级、禁止多个账户使用同一密码等，加强自身安全防护。

3．科学采用数据加密技术

对于计算机网络数据库安全管理工作而言，数据加密技术是一种有效的手段。它能够最大限度地控制和避免计算机系统受到病毒侵害，从而保护计算机网络数据库安全，进而保障相关用户的切身利益。

4．提高硬件质量

硬件作为计算机的重要构成部分，具有随着使用时间增加而性能逐渐降低的特点，用户在日常生活中应加强对其的维护与修理。

5．改善自然环境

改善自然环境是指改善计算机的灰尘、湿度及温度等使用环境。具体来说，就是在计算机的日常使用中定期清理计算机表面灰尘，保证计算机在干净的环境下工作，以有效避免计算机硬件老化，最好不要在温度过高和比较潮湿的环境中使用计算机，注重计算机的外部维护。

6. 安装防火墙和杀毒软件

安装防火墙能够有效控制计算机网络的访问权限，增强系统的防御能力。安装杀毒软件可以拦截和中断系统中存在的病毒，对于提高计算机网络安全大有益处。

7. 其他措施

为计算机网络安全提供保障的措施还包括提高对账户的安全管理意识、扩大对网络监控技术的应用、提高计算机网络密码的安全性、安装系统漏洞补丁程序等。

四、信息安全发展趋势

随着 Internet 的发展，传统网络边界不复存在，这给未来的 Internet 应用和业务带来了巨大的改变，也给信息安全带来了新挑战。信息安全发展趋势主要包括以下 3 个方面的内容。

（1）新数据、新应用、新网络成为今后一段时期的信息安全的发展方向和热点，给未来带来了新挑战。

物联网和移动 Internet 等新网络的快速发展给信息安全带来了更大的挑战。物联网将会在智能电网、智能交通、智慧物流、金融与服务、国防军事等众多领域得到应用。物联网中的业务认证机制和加密机制是两个非常重要的保障信息安全的环节，也是信息安全产业中保障信息安全的薄弱环节。移动 Internet 的快速发展带来的是移动终端存储的隐私信息的安全风险越来越大。

（2）传统网络安全技术已经不能满足新一代信息安全产业的发展，企业对信息安全的需求不断发生变化。

随着云计算的出现，基于软件和硬件提供安全服务模式的传统安全产业开始发生变化。在云计算兴起的新形势下，简化客户端配置和维护成本，成为企业新的网络安全需求，也成为信息安全产业发展面临的新挑战。

（3）未来，信息安全产业发展的大趋势是从传统安全走向融合开放的"大安全"。

融合开放是 Internet 发展的特点之一，网络安全也因此正在向分布化、规模化、复杂化和间接化等方向发展，信息安全产业将在融合开放的大安全环境中探寻发展。网络信息涉及军事、文教等领域。因为在网络中传输的信息有很多是敏感信息，甚至是国家机密，所以难免会吸引来自世界各地出于不同目的的人为攻击，如信息窃取或泄露、数据增删或篡改、计算机病毒等。

在信息时代的今天，网络信息安全已经成为一个关系国家安全、社会稳定、民族文化继承和发扬的重要问题。它会随着全球信息化步伐的加快而越来越重要。

📖 **任务练习**

简述信息安全隐患和信息安全防护策略。

课程思政阅读材料

北斗卫星导航系统

北斗卫星导航系统（BeiDou Navigation Satellite System，BDS），简称北斗系统，是中国自行研制的全球卫星导航系统，是中国着眼于国家安全和经济社会发展需要，自主建设运行的全球卫星导航系统，是继美国的 GPS、俄罗斯的 GLONASS 之后的第 3 个成熟的卫星导航系统。北斗系统和美国的 GPS、俄罗斯的 GLONASS、欧盟的 Gaiiieo 是联合国卫星导航委员会认定的供应商。北斗系统由空间段、地面段和用户段 3 个部分组成，可以在全球范围内全天候、全天时为各类用户提供高精度和高可靠定位、导航、授时服务，并具有短报文通信能力，已经初步具备区域导航、定位和授时能力。

中国从 20 世纪 70 年代开始布局卫星导航计划，在"七五"规划中提出了"新四星"。20 世纪 80 年代初期，以成芳允为首的专家团体提出了双星定位方案。中国选择研发北斗系统，GPS 带来的军事压力是主要因素。众所周知，虽然 GPS 对全球免费开放了民用系统，但是军用系统的精度是民用系统无法比拟的。而且所谓的免费开放，事实上源于 GPS 自身特定原因——单向通信卫星。而民用领域对于技术的简单化和接收设备的便捷化要求，使得它的密码非常容易被破解。随着全球卫星定位系统在军用领域和民用领域的应用日渐广泛，中国作为发展中的大国，自然不能对此无动于衷，奋起赶超成为出路。中国立足国情国力，坚持自主创新、分步建设、渐进发展，不断完善北斗系统，走出一条从无到有、从有到优、从有源到无源、从区域到全球的中国特色卫星导航系统建设道路。

北斗系统实施"三步走"发展战略。1994 年，中国开始研制和发展独立自主的卫星导航系统。2000 年底，建成北斗一号系统，采用有源定位体制。至此，中国成为世界上第 3 个拥有卫星导航系统的国家。2012 年，建成北斗二号系统，面向亚太地区提供无源定位服务，这是北斗系统发展的新起点。2015 年 3 月，首颗北斗三号系统试验卫星成功发射。2017 年 11 月，完成北斗三号系统首批两颗中圆地球轨道卫星在轨部署，北斗系统全球组网按下快进键。2018 年 12 月，完成 19 颗卫星基本星座部署。2020 年，北斗三号系统正式建成，开通全球服务，"中国的北斗"真正成为"世界的北斗"。截至 2020 年 6 月，北斗系统共发射 55 颗卫星，标志着北斗系统"三步走"发展战略圆满完成。图 1-3 所示为北斗系统"三步走"图示。

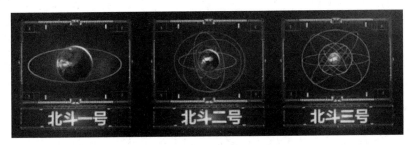

图 1-3 北斗系统"三步走"图示

2021 年 1 月 28 日，国务院新闻办公室发布《2021 中国的航天》白皮书。《2021 中国的航天》白皮书包括开启全面建设航天强国新征程、发展空间技术与系统、培育壮大空间应用产业、开展空间科学探索与研究、推进航天治理现代化、构建航天国际合作新格局 6 个部分，介绍了 2016 年以来中国航天活动主要进展、未来五年主要任务，以及中国北斗的发展成果和未来合作方向。

2022 年 11 月 4 日，《新时代的中国北斗》白皮书新闻发布会在国务院新闻办公室新闻发布厅召开。《新时代的中国北斗》白皮书全面回顾了中国北斗的发展历程，全面展示了自中国北斗进入新时代以来，形成了服务新能力，实现了产业新发展，构建了开放新格局，开启了未来新征程。

《新时代的中国北斗》白皮书首次规划了 2035 年前北斗发展蓝图。中国将建设技术更先进、功能更强大、服务更优质的新一代北斗系统，建成更加泛在、更加融合、更加智能的国家综合定位导航授时体系，为实现中国现代化奠定更加坚实的时空设施基础。

中国北斗的发展，始终锚定世界一流目标，坚持创新引领、追求卓越，不断实现自我超越。北斗系统技术先进、设计领先、功能强大，是世界一流的全球卫星导航系统。

自北斗系统提供服务以来，已在交通运输、农林渔、水文监测、气象测报、通信授时、电力调度、救灾减灾、公共安全等领域得到广泛应用，服务于国家重要基础设施，产生了显著的经济效益和社会效益。基于北斗系统的导航服务已被电子商务、移动智能终端制造、位置服务等厂商采用，广泛进入中国大众消费、共享经济和民生领域，应用的新模式、新业态、新经济不断涌现，深刻改变着人们的生产和生活方式，中国将持续推进对北斗系统的应用与产业化系统的发展，服务国家现代化建设和人民日常生活，为全球科技、经济和社会发展做出贡献。

新时代的中国北斗坚持在发展中应用、在应用中发展，不断夯实产品基础、拓展应用领域、完善产业生态，持续推广对北斗系统的规模化应用，推动将北斗系统的应用深度融入国民经济发展全局，促进北斗系统的应用产业健康发展，为经济社会发展注入强大的动力。

中国北斗秉承"中国的北斗、世界的北斗、一流的北斗"发展理念，愿与世界各国共享北斗系统建设、发展成果，促进全球卫星导航事业蓬勃发展，为服务全球、造福人类贡献中国智慧和力量。北斗系统为经济社会发展提供了重要的时空信息保障，是中国实施改革开放多年来取得的重要成就之一，是新中国成立多年来取得的重大科技成就之一，是中国贡献给世界的全球公共服务产品。中国坚持自主、开放、兼容、渐进的原则建设和发展北斗系统。新时代的中国北斗，展现了中国实现高水平科技自立自强的志气和骨气，展现了中国人民独立自主、自力更生、艰苦奋斗、攻坚克难的精神和意志，展现了中国特色社会主义集中力量办大事的制度优势，展现了胸怀天下、立己达人的中国担当。中国将一如既往地积极推动国际交流与合作，实现与世界其他卫星导航系统的兼容与相互操作，为全球用户提供更高性能、更加可靠和更加丰富的服务。

进入新时代，伴随着中国发展取得了历史性的成就，发生了历史性的变革，中国北斗走上了高质量发展之路，机制体系、速度规模等不断实现新突破，迈上新台阶，创造了"中国北斗耀苍穹"的奇迹。目前，北斗系统已成为全天候、全天时为各类用户提供高精度和高可靠定位、导航、授时服务的重要新型基础设施。探索宇宙时空，是中华民族的千年梦想。从夜观"北斗"到建用"北斗"，从仰望星空到经纬时空，中国北斗未来可期、大有可为。中国将坚定不移地走自主创新之路，以下一代北斗系统为核心，建设更加泛在、更加融合、更加智能的综合时空体系，书写人类时空文明新篇章。

宇宙广袤，容得下各国共同开发利用；星海浩瀚，需要全人类合作探索。中国愿同各国共享北斗系统建设、发展成果，共促世界卫星导航事业蓬勃发展，携手迈向更加广阔的星辰大海，构建人类命运共同体，建设更加美好的世界。

习 题

一、单项选择题

1. 具有普遍性、共享性、依附性、价值相对性、时效性等特征的是（　　）。
   A. 信息技术　　　　B. 信息　　　　　C. 信息素养　　　　D. 计算机

2. 信息无处不在，下列属于信息的是（　　）。
   A. 收音机　　　　　　　　　　　B. 计算机
   C. 报纸上登载的足球赛的消息　　　D. 书

3. 天气预报、市场信息都会随时间的推移而变化，这体现了信息的（　　）。
   A. 时效性　　　　B. 依附性　　　　C. 共享性　　　　D. 必要性

4. 关于信息，下列说法错误的是（　　）。
   A. 信息可以被人们交流、存储或使用
   B. 信息可以有多种不同的表现形式
   C. 信息需要通过载体才能传播
   D. 信息不可以被交流与传递

5. 刘老师收到一条手机短信，内容为"您已被抽中为某电视台综艺节目场外幸运观众，获得华为手机一台，请您先汇款 1000 元到账户 SS342352534234 作为办理相关手续的费用。"李老师按照短信中的账户汇款后，发现这是一条诈骗短信。这个案例说明信息具有（　　）。
   A. 时效性　　　　　　　　　　　B. 可靠性
   C. 价值相对性　　　　　　　　　D. 依附性

6. 李梅同学在做一份调研报告时，上网查找了一些资料，这是信息的（　　）过程。
   A. 存储　　　　B. 获取　　　　C. 传递　　　　D. 处理

7. 下列关于信息技术的说法错误的是（　　）。
   A. 计算机技术是现代信息技术的核心
   B. 微电子技术是信息技术的基础
   C. 光电子技术是继微电子技术之后近 30 年来迅猛发展的综合高新技术
   D. 信息传输技术指的就是计算机网络技术

8. 信息技术包括计算机技术、传感技术和（　　）。
   A. 编码技术　　　　　　　　　　B. 电子技术
   C. 通信技术　　　　　　　　　　D. 显示技术

9. 信息系统是用于辅助人们进行信息获取、传递、存储、加工、处理、控制，以及显示的综合使用各种技术的系统。其分类多种多样。下列关于计算机系统的说法错误的是（　　）。
   A. 电话是一种双向的、点对点的、以信息交互为主要目的的系统
   B. 网络聊天系统是一种双向的、以信息交互为目的的系统

    C．广播系统是一种双向的、点到面的、以信息交互为主要目的的系统

    D．Internet 是一种跨越全球的多功能信息系统

10．通常所说的 IT 是指（　　）。

    A．信息技术　　　　　　　　　　B．Internet

    C．博客　　　　　　　　　　　　D．写字板

二、判断题

1．信息通过载体表现，我们听到的声音包含信息，看到的图像包含信息，读到的文字也包含信息。（　　）

2．因为信息可以通过声音表现出来，所以信息可以离开载体。（　　）

3．信息不能独立存在，需要依附于一定的载体上。（　　）

4．算筹、算盘、计算器、计算机都是计算工具。（　　）

5．计算机是一台电子机器设备，可以根据一组指令或"程序"执行任务或进行计算。（　　）

6．通常认为，人类经历的第三次信息技术的革命指的是电报、电话、广播和电视的发明、普及、应用。（　　）

7．站在客观事物的立场上看，信息是事物运动的状态及状态变化的方式。因此，世间一切事物都会产生信息。（　　）

8．信息技术主要包括信息编码技术、通信技术、计算和技术、显示技术等。（　　）

9．信息技术是指用来取代人类信息器官功能，代替人类进行信息处理的一类技术。（　　）

10．信息安全的实质就是保护计算机系统或网络中的信息资源免受各种威胁、干扰和破坏，即保证信息的安全性。（　　）

三、简答题

1．简述信息的定义和特征。

2．列举生活中信息的获取方式。

3．简述信息安全的内容。

项目二

计算机基础知识

📖 项目描述

在当今信息社会中，计算机已经成为人们生活和工作中必不可少的工具。如今，计算机不只是一种能自动、高速、精确地进行算术运算和信息处理的工具，还被广泛地应用于计算机辅助设计、计算机辅助制造、计算机辅助测试等领域。多年来，计算机已经融入人们的工作、学习和生活中，已在全球范围内形成了一种新的文化，构造了一种崭新的文明。

计算机的广泛应用推动了社会的发展与进步。在当今社会，学习和应用计算机知识，掌握计算机基本技能已成为每个人的基本需求。

通过学习本项目，学生可以掌握计算机的特点、应用与分类，计算机系统的组成及工作原理，多媒体技术等计算机基础知识。

📖 知识导图

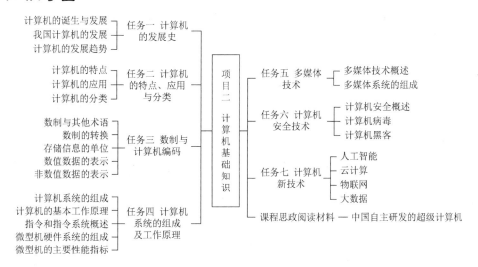

任务一 计算机的发展史

📖 学习目标

了解计算机的发展史，熟悉世界上第一台电子计算机 ENIAC 的基本参数；了解我国计算机的发展；了解计算机的发展趋势。

📖 相关知识

一、计算机的诞生与发展

计算机的发展经历了机械计算机、机电计算机及电子计算机 3 个阶段，我们通常所说的计算机一般指电子计算机。

1. 机械计算机

机械计算机是由一些机械部件（齿轮、杆、轴等）构成的计算机，它与现代概念的计算机几乎没有相似之处。在机械计算机的发展历程中有 5 位代表人物，分别是达·芬奇、什卡尔、帕斯卡、莱布尼兹和巴贝奇。达·芬奇曾构思、设计加法器，但最终未能实现。

1）帕斯卡加法器

1642 年，帕斯卡发明了第一台能进行十进制加法运算的机器，即帕斯卡加法器，如图 2-1 所示。帕斯卡加法器采用齿轮传动进位，低位齿轮转动 10 圈，高位齿轮转动 1 圈，可以完成 8 位数的加法运算。

发明帕斯卡加法器的意义远远超出了机器本身的使用价值，由于它证明了人的某些思维过程与机械过程没有差别，因此可以设想用机械模拟人的思维活动。帕斯卡加法器的发明，首次确立了计算器的概念，开辟了自动计算之路。

2）莱布尼兹之轮

1674 年，莱布尼兹发明了莱布尼兹之轮，如图 2-2 所示。莱布尼兹之轮是一台既能进行加减运算，又能进行乘法和除法运算的计算器。

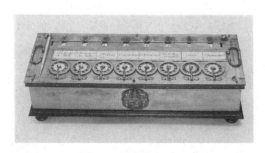

图 2-1　帕斯卡加法器

图 2-2　莱布尼兹之轮

3）差分机和分析机

1822 年，巴贝奇发明了差分机，如图 2-3 所示。使用差分机不仅能快速地进行简单的数学运算，而且能解出多项式方程。1834 年，巴贝奇完成了分析机的设计。分析机不仅可以进行数字运算，而且可以进行逻辑运算，这在一定程度上与现代计算机的概念类似。

2. 机电计算机

在机电计算机的发展历程中的主要代表人物有霍列瑞斯、朱斯和艾肯。

图 2-3　差分机

1）穿孔制表机

1888 年，霍列瑞斯发明了穿孔制表机，穿孔制表机的穿孔卡第一次把数据转换成二进制信息。1890 年，美国的第十二次人口普查使用穿孔制表机仅花费一个月的时间就完成了统计制表工作，霍列瑞斯被称为"数据处理"之父。穿孔制表机如图 2-4 所示。

2）Z 系列通用计算机

1934—1945 年，朱斯研制出了 Z 系列通用计算机，其中 Z-3 型计算机（见图 2-5）是世界上第一台采用电磁继电器进行程序控制的通用自动计算机。Z-3 型计算机采用二进制浮点数进行运算，能进行四则运算和求平方根。

图 2-4　穿孔制表机　　　　　　　　　图 2-5　Z-3 型计算机

3）MARK 系列计算机

1944 年，艾肯成功研制出了自动顺序控制计算机 MARK-I，如图 2-6 所示。MARK-I 是一种完全机电式计算机，也是世界上最早的通用型自动机电式计算机。1947 年，艾肯研制出了运算速度更快的机电式计算机 MARK-II。1949 年，由于当时电子管技术已取得重大进步，于是艾肯又研制出了采用电子管的计算机 MARK-III。

3. 电子计算机

1）电子管的发明和第一代电子计算机

1946 年 2 月，第一台电子计算机 ENIAC（Electronic Numerical Integrator And Computer，

电子数字积分计算机）诞生了。ENIAC 诞生在第二次世界大战期间，ENIAC 的"出生地"是美国马里兰州的陆军试炮场。ENIAC 采用穿孔卡输入/输出数据，每分钟可以输入 125 张卡片，输出 100 张卡片。ENIAC 内部总共安装了 17 468 只电子管，7200 只二极管，7 万多只电阻器，10 000 多只电容器和 6000 只继电器，电路的焊接点多达 50 万个。机器表面布满了电表、电线和指示灯。机器被安装在一排 2.75m 高的金属柜里，占地面积约为 170m^2，总重量达 30t。ENIAC 如图 2-7 所示。

ENIAC 的缺点：一是计算程序需要靠外部的开关、继电器和插线来设置，存储量小；二是使用的电子管太多，功耗大，容易出故障，工作可靠性差。

诺依曼等人针对 ENIAC 在存储程序方面的缺点，提出了"存储程序控制"的通用计算机方案，设计制造了 EDVAC（Electronic Discrete Variable Automatic Computer，电子离散变量自动计算机）。

2）晶体管的发明和第二代电子计算机

1955 年，贝尔实验室研制出了世界上第一台晶体管计算机 TRADIC。TRADIC 装有 800 只晶体管，功率为 100W。TRADIC 如图 2-8 所示。

图 2-6　MARK-I

图 2-7　ENIAC　　　　　　　　　　　　　图 2-8　TRADIC

3）中小规模集成电路的发明和第三代电子计算机

1956 年，以诺依斯为首的 8 位年轻的科学家从美国东部陆续加盟肖克利的实验室。1957 年，在诺依斯的带领下，8 位年轻的科学家一起"叛逃"，决心自行创办公司，这就是计算机发展史中 8 个天才"叛逆"的趣闻。

1957 年，美国的某公司为年轻的科学家们投资了 3500 美元资金，组建了一家以诺依斯为首的半导体公司。在诺依斯的精心管理下，该半导体公司的业务逐渐有了较大发展，员工增加到 100 多人，同时，一整套制造晶体管的平面处理技术也日趋成熟，使用这套技术成功地制造出了金属氧化物半导体等器件。

这套平面处理技术为该半导体公司打开了一扇奇妙的大门，使该半导体公司看到了一个极有希望实现的设想：用这种方法完全可以在硅芯片上集成几百个，乃至成千上万个晶体管。1959 年 1 月 23 日，诺依斯在日记里详细地记录了这一设想。

1964 年，8 位年轻的科学家之一的摩尔以 3 页纸的短小篇幅，发表了一个奇特的理论，即集成电路上能被集成的晶体管数目，将会以每 18 个月翻一番的速度稳定增长，并在今后数十年内保持这种势头。摩尔的这个理论，因集成电路芯片后来的发展曲线得以证实，并在较长时期内有效，这个理论被人们誉为"摩尔定律"。从此，计算机进入高速成长的"快车道"。

1966 年，基尔比和诺依斯同时被授予巴兰丁奖章，基尔比被誉为"第一块集成电路的发明家"，诺依斯则被誉为"提出了适合工业生产的集成电路理论的人"。1969 年，美国联邦法院从法律上承认了集成电路是一项"同时的发明"。

4）大规模、超大规模集成电路的发明和第四代电子计算机

集成电路的发明为研制高速运行的超级计算机创造了条件。1960 年，刚成立 3 年的 CDC 接受美国原子能委员会的委托，开始涉足极具挑战性的巨型机领域。CDC 由 W. Norris 创建，总设计师是克雷。当时，克雷年仅 31 岁，曾经是 UNIVAC 设计小组的成员。1963 年 8 月，克雷将被他亲切地称为"简单的蠢东西"的 CDC6600 公布于世。CDC6600 仍属于第二代计算机，共安装了 35 万只晶体管。1969 年，克雷研制的 CDC6600 及改进型 CDC7600 共售出 150 多台。

1972 年，克雷告别 CDC，创建了一家以自己名字命名的公司，即克雷公司。该公司专攻超级计算机。1975 年，享誉全球的克雷 1 号（Cray-1）超级计算机完成，实现了当时绝无仅有的超高速，即可持续保持每秒 1 亿次浮点运算的运算速度。

从 1985 年到 1988 年，经过改进的克雷 2 号（Cray-2）和克雷 3 号（Cray-3）超级计算机相继问世，并行结构使运算速度分别达每秒 12 亿次浮点运算和每秒 160 亿次浮点运算。20 世纪 80 年代，克雷公司售出的超级计算机占全世界巨型机总数的 70%。到了 20 世纪 90 年代初期，克雷公司陆续推出了高性能的超级计算机，其运算速度已超过每秒 240 亿次浮点运算。1996 年 12 月，就在克雷 1 号超级计算机来到洛斯阿拉莫斯国家实验室 20 周年之际，克雷公司与图形计算机企业 SGI 合并，集两家公司的技术实力研制出了一台具有 256 台处理器的超级计算机。该超级计算机的处理器将增加到 4096 台，运算速度达每秒 30 000 亿次浮点运算。

随着集成电路的产生，电路集成度朝着中规模方向发展，使得计算机也朝着小型化、微型化方向发展。1971 年，Intel 发布了具有 4 位并行处理能力的微处理器 Intel 4004，标志着人类史上第一块微处理器诞生。它内部集成了约 2000 只晶体管，采用 P-MOS 工艺制造。虽然它的面积不足 $1cm^2$，但它具有比 ENIAC 更强大的计算能力。

在 ENIAC 诞生后的多年时间里，电子计算机采用的基本电子元器件已经经历了电子管、晶体管、中小规模集成电路、大规模和超大规模集成电路的发展，如表 2-1 所示。

表 2-1　电子计算机发展的 4 个阶段

阶段	年份	电路	特点
第一代	1946—1954 年	电子管	使用机器语言和汇编语言
第二代	1955—1964 年	晶体管	使用高级语言
第三代	1965—1971 年	中小规模集成电路	可以由远程终端上的多个用户访问
第四代	1972 年至今	大规模和超大规模集成电路	个人计算机和友好的程序界面；面向对象的程序设计语言

5）新一代计算机

新一代计算机是把信息采集、存储、处理、通信同人工智能结合在一起的智能计算机。新一代计算机是为适应未来社会信息化的要求而提出的，与前几代计算机有着本质的区别。它不仅能进行数值计算并处理一般信息，而且主要面向知识处理，具有形式化推理、联想、学习和解释的能力，能够帮助人们进行判断和决策，以及开拓未知的领域和获取新知识。新一代计算机正在加紧研制中，预计在不久的将来会走进人们的日常生活，遍及各个领域。目前研制的新一代计算机主要有 DNA 生物计算机、光子计算机、量子计算机等。

（1）DNA 生物计算机。

DNA 生物计算机是以 DNA 建立的一种完整的信息技术形式，以 DNA 作为基本运算单元，通过控制 DNA 分子之间的生化反应来完成运算。因为 DNA 生物计算机具有并行处理的功能，所以其运算速度比目前最新一代计算机的运算速度快 10 万倍，能耗仅相当于普通计算机的十亿分之一，存储信息的空间仅占百亿亿分之一。

（2）光子计算机。

光子计算机是一种由光信号进行数字运算、逻辑操作、信息存储和处理的新型计算机。它的基本组成部件是激光器、光学反射镜、滤波器等。由于光子计算机以光子代替电子，以光运算代替电运算，因此光子计算机具有超高的运算速度、超大的信息存储容量等优点。

（3）量子计算机。

量子计算机是一种全新的基于量子理论的计算机。它遵循量子力学规律进行高速的算术逻辑运算、数据存储及处理。量子计算机具有运算速度快、存储容量大等优点。2017 年 5 月 3 日，潘建伟领导的团队宣布，世界上第一台单光子量子计算机诞生。

二、我国计算机的发展

1958 年，中国科学院计算技术研究所成功研制了我国第一台小型电子管通用计算机，即 103 机（八一型），标志着我国第一台电子计算机诞生。

1965 年，中国科学院计算技术研究所成功研制第一台大型晶体管计算机，即 109 乙机，之后推出 109 丙机，该计算机在两弹试验中发挥了重要的作用。

1974 年，清华大学等单位联合设计、研制出了采用集成电路的 DJS-130 小型机，该计算机的运算速度达每秒 100 万次浮点运算。

1983 年，国防科技大学成功研制运算速度达每秒上亿次浮点运算的银河-Ⅰ巨型机，这是我国研制高速计算机的一个重要里程碑。

1985 年，电子工业部计算机工业管理局成功研制出与 IBM PC 兼容的长城 0520CH 微机。

1992 年，国防科技大学研制出银河-Ⅱ通用并行巨型机，该计算机的峰值运算速度达每秒 4 亿次浮点运算（相当于每秒 10 亿次基本运算）。向量中央处理器采用中小规模集成电路设计，总体上达到了 20 世纪 80 年代中后期的国际先进水平。银河-Ⅱ通用并行巨型机主要用于中期天气预报。

1993 年，国家智能计算机研究开发中心（现已改名为高性能计算机研究中心）成功研制曙光一号全对称共享存储多处理器，这是中国首次以基于超大规模集成电路的通用微处理器芯片和标准 UNIX 设计、开发的并行计算机。

1995 年，国家智能计算机研究开发中心推出了国内第一台具有大规模并行处理器结构的并行机，即曙光 1000（含 36 个处理器）。曙光 1000 的峰值运算速度达每秒 25 亿次浮点运算，实际运算速度达每秒 10 亿次浮点运算这一高性能台阶。曙光 1000 与 Intel 于 1990 年推出的大规模并行机体系结构的实现技术相近。曙光 1000 的推出使我国计算机研究与国外的差距缩小到了 5 年左右。

1997 年，国防科技大学成功研制银河-Ⅲ百亿次并行巨型机。该计算机系统采用可扩展分布共享存储并行处理体系结构，由超过 130 个处理节点组成，峰值运算速度达每秒 130 亿次浮点运算，系统综合技术达到 20 世纪 90 年代中期的国际先进水平。

1997—1999 年，市场上先后推出具有机群结构的曙光 1000A、曙光 2000-Ⅰ、曙光 2000-Ⅱ，峰值运算速度已突破每秒 1000 亿次浮点运算，机器规模已超过 160 个处理器。

1999 年，国家并行计算机工程技术研究中心研制的神威-Ⅰ计算机通过了验收，并在国家气象中心投入运行，系统有 384 个运算处理单元，峰值运算速度达每秒 3840 亿次浮点运算。

2000 年，运算速度为每秒 3000 亿次浮点运算的曙光 3000 被推出。

2001 年，中国科学院计算技术研究所成功研制出我国第一款通用 CPU，即龙芯芯片。

2002 年，龙腾服务器被推出。龙腾服务器采用龙芯-1CPU，联合研发的服务器专用主板（Mainboard）和曙光 Linux，是国内第一台完全实现自有产权的产品。

2003 年，百万亿次数据处理超级服务器通过国家验收，即曙光 4000L，再一次刷新国产超级服务器的历史记录，使得国产超级计算机产业登上新台阶。

2004 年，曙光 4000A 实现了每秒 10 万亿次浮点运算的运算速度。

曙光 4000A 如图 2-9 所示。

图 2-9　曙光 4000A

2008 年，深腾 7000 是国内第一个实际性能突破每秒百万亿次浮点运算的异构机群系统，Linpack 实测运算速度突破每秒 106.5 万亿次浮点运算。

2008 年 9 月 16 日，曙光 5000A 在天津下线，实现峰值运算速度达每秒 230 万亿次浮点运算、Linpack 实测运算速度达每秒 180 万亿次浮点运算。作为面向国民经济建设和社会发展的重大需求的网格超级服务器，曙光 5000A 可以用于完成各种大规模科学工程计算、商务计算。2009 年 6 月，曙光 5000A 正式落户上海超级计算中心。

2009 年 10 月 29 日，中国首台峰值运算速度达每秒千万亿次浮点运算的超级计算机诞生。这台超级计算机以每秒 1206 万亿次浮点运算的峰值运算速度和每秒 563.1 万亿次浮点运算的 Linpack 实测运算速度，使中国成为继美国之后世界上第二个研制出峰值运算速度达每秒千万亿次浮点运算超级计算机的国家。

2010 年 5 月 31 日，曙光"星云"以 Linpack 实测运算速度达每秒 1271 万亿次浮点运算，在第 35 届全球超级计算机 500 强榜单中排第二名。

2010 年 11 月 15 日，经过全面的系统升级后，天河一号在第 36 届全球超级计算机 500 强榜单中排第一名。升级后的天河一号的运算速度可达每秒 2570 万亿次浮点运算。

2013 年 11 月，在最新的全球超级计算机 500 强榜单中，国防科技大学研制的天河二号以比第二名的泰坦快近一倍的速度再次登上榜首。

2016 年 6 月，在法兰克福世界超算大会上，TOP500 组织发布的全球超级计算机 500 强榜单显示，神威·太湖之光登上榜首，其不仅速度比第二名的天河二号快近两倍，而且效率提高了 3 倍。2016 年 11 月 14 日，在美国盐湖城公布的最新一期的全球超级计算机 500 强榜单中，神威·太湖之光以较快的运算速度优势轻松蝉联冠军。2016 年 11 月 18 日，我国科研人员依托神威·太湖之光的应用成果首次荣获戈登·贝尔奖，实现了我国超级计算机应用成果在该奖项上的零突破。

2017 年 5 月，中华人民共和国科学技术部高技术研究发展中心（基础研究管理中心）在无锡市组织了对神威·太湖之光计算机系统课题的现场验收。专家组经过认真考察和审核，一致同意其通过技术验收。2017 年 6 月 19 日，神威·太湖之光以每秒 9.3 亿亿次浮点运算的运算速度第三次夺冠。

2019 年 6 月发布的全球超级计算机 500 强榜单中，前 4 名是美国的 Summit 和 Sierra、中国的神威·太湖之光和天河二号。在前四期的全球超级计算机 500 强榜单中，我国的神威·太湖之光都是冠军，它全部使用中国自主知识产权的芯片。而在本期榜单中，中国计算机的上榜数量是 219 台，占 43.8%，美国计算机的上榜数量是 116 台，占 23.2%。在上一期榜单中，中国计算机的上榜数量是 227 台，美国计算机的上榜数量是 109 台。

超级计算机性能的高低是衡量一个国家在全球影响力的大小，以及在高科技领域中是否领先的重要标志。超级计算机可以用来在虚拟条件下开发和测试新技术、研究复杂的气候变化并进行人工智能教学，也可以用来模拟核爆炸。注意，禁止现实的试验，从技术上来讲可以模拟、测试新型炸弹和新型武器。

三、计算机的发展趋势

从 20 世纪 80 年代开始，美国、日本、欧洲等发达国家和地区都宣布开始新一代计算机的研究。新一代计算机应该是智能的，它能模拟人的行为，理解人的自然语言，并继续向着巨型化、微型化、网络化、智能化，以及多媒体化的方向发展。

1. 巨型化

巨型化是指计算机具有速度更快、存储容量更大和功能更强的特点。巨型机是巨型化的代表，代表了一个国家的科学技术水平和工业发展水平。巨型机主要应用在天文、气象、地质、航空航天等尖端科学技术领域。

2．微型化

微型化是指计算机具有体积更小、价格更低、功能更强的特点。目前，各种便携式和手提式计算机已大量投入使用。

3．网络化

网络化是指计算机能组成广泛的网络，以实现资源共享及信息交换的特点。

4．智能化

智能化是指计算机可以模拟人的感觉并具有类似人的思维能力，如推理、判断等。智能化的研究包括模式识别、自然语言的生成与理解、定理的自动证明、自动程序的设计、学习系统和智能机器人（Robots）等内容。

5．多媒体化

多媒体化是指计算机可以同时处理数字、文字、图像、图形、视频及音频等多种信息。多媒体化将真正改善人机界面，可以使计算机向接收和处理信息的自然方式发展。随着新元器件及其技术的发展，新型的超导计算机、量子计算机、光子计算机、神经计算机、生物计算机和纳米计算机等会慢慢走进人们的生活，遍布各个领域。

📖 **任务练习**

使用表格说明计算机的发展史，并列举我国计算机发展的重要成果。

任务二　计算机的特点、应用与分类

📖 **学习目标**

熟悉计算机的特点、计算机的应用及计算机的分类。

📖 **相关知识**

一、计算机的特点

计算机特点主要表现在以下几个方面。

1．运算速度快

计算机内部的运算是由数字逻辑电路组成的，可以高速、准确地完成各种算术运算。目前，超级计算机的运算速度已达每秒亿亿次浮点运算，微型机的运算速度也可以达每秒亿次以上浮点运算，这使得大量复杂的科学计算问题得以解决。例如，卫星轨道的计算、天气预报、模拟核爆炸等，使用人工计算需要很长时间才能完成，而使用超级计算机可能只需短短的几分钟就可以完成。

2．存储容量大

计算机的外存储器（磁盘、光盘等）可以长期保存和记忆大量的信息，以备调用。目前，一台普通的微型机内存储器容量达到了 GB 级，硬盘容量到了 TB 级。一套《牛津英语辞典》的全部内容可以存入计算机光盘。

3．计算精度高

一般的计算工具（计算器等）都只有几位有效数字，而微型机的有效数字位数一般可达十几位，必要时借助相应的软件还可以提高精度。

4．逻辑判断功能强

逻辑判断是计算机的又一基本功能，也是计算机能实现信息处理自动化的主要原因。计算机可以对字母、符号、汉字、数字的大小和异同进行判断、比较，从而确定如何处理这些信息。另外，计算机还可以根据已知条件进行判断和分析，确定要进行的工作。计算机可以广泛地应用到非数值数据处理领域，如信息检索、图形识别、多媒体应用等。

5．网络通信功能强

Internet 的计算机用户都可以共享网络上的资料、交流信息，整个世界都可以互通信息。

6．自动化程度高

诺依曼结构计算机的思想是将程序预先存储到计算机中，计算机就会依次取出指令，执行指令规定的动作，直至得出需要的结果，不需要人工干预。

另外，计算机还具有可靠性高、通用性强等特点。

二、计算机的应用

目前，计算机已广泛应用于人类社会的各个领域，不仅在自然科学领域得到了广泛的应用，而且已经应用于社会科学领域。计算机的应用大致分为以下几个方面。

1．科学计算

科学计算即数值计算，是计算机非常重要的应用。该应用对计算机的要求是速度快、精度高、存储容量大。

在科学研究和工程设计中，有大量复杂的数学计算问题，如核反应方程式、卫星运行轨道、材料的受力分析、天气预报等。有些计算是人工难以完成甚至无法完成的，使用计算机可以快速、及时、准确地获得所需结果。

2．数据处理

数据处理是指利用计算机对各种数据进行收集、存储、分类、检索、排序、统计、报表打印与输出等一系列的操作。数据处理也称事务管理，包括办公自动化（Office Automation）和信息管理（Information Management），信息管理包括人事管理、财务管理、教务管理、设备管理、情报信息检索、人口普查等。目前，数据处理已深入社会的各个领域，节省了大量的人力，提高了管理质量和管理效率。

3．过程控制

计算机具有一定的逻辑判断能力，从 20 世纪 60 年代起，它就在机械、电力、交通、石油化工及军事等领域中用于监视和控制，提高了生产的安全性和自动化水平，提高了产品的质量，降低了产品的成本，缩短了生产周期。

4．计算机辅助系统

计算机辅助系统是指利用计算机代替人工进行一些复杂、繁重的劳动，以降低劳动强度，提高劳动效率的系统。计算机辅助系统包括以下几个方面。

1）计算机辅助设计（Computer Aided Design，CAD）

程序设计人员使用计算机辅助设计进行设计，如建筑设计、规划设计、工程设计、电路设计等，以提高设计质量，缩短设计周期，提高设计自动化水平。

2）计算机辅助制造（Computer Aided Manufacturing，CAM）

CAM 可利用计算机辅助系统进行产品加工，输入的信息是零件的工艺路线和工程内容，输出的信息是刀具的运动轨迹。把 CAD、CAM、计算机辅助测试（Computer Aided Test，CAT）及计算机辅助工程（Computer Aided Engineering，CAE）组成一个集成系统，形成高度的自动化系统，就产生了自动化生产线和"无人工厂"。

3）计算机辅助教育（Computer Based Education，CBE）

CBE 包括计算机辅助教学（Computer Assisted Instruction，CAI）、CAT 和计算机管理教学（Computer Managed Instruction，CMI）。

5．人工智能

人工智能（Artificial Intelligence，AI）的主要目的是用计算机来模拟人的智能。目前人工智能的主要应用方面有机器人、专家系统（Expert System）、模式识别及智能检索（Intelligent Retrieval）等。2016 年 3 月，Google 围棋人工智能程序 AlphaGo 与韩国棋手李世石进行了 5 轮较量，AlphaGo 以 4∶1 获得胜利，震惊世界，这标志着人工智能又向前迈进了一大步。

6．计算机网络

计算机网络是计算机应用的一个重要领域。计算机网络的发展为计算机的应用提供了广阔的前景，如电子商务通过计算机网络，以电子交易的手段完成金融、物品、管理、服务、信息等价值的交换，快速且有效地进行各种商务活动。

计算机的应用已经渗透科学技术的各个领域，并扩展到工业、农业、军事、商业等领域。但随着科学技术的飞速发展和全球范围内的新技术革命的不断兴起，现有的计算机性能已经无法满足社会的需要，许多科学家认为以半导体材料为基础的集成技术已达到了无法突破的物理极限。

要解决这个问题，必须开发新材料，采用新技术，于是人们开始积极探索和研制新一代计算机，如生物计算机、模糊计算机、光子计算机、量子计算机、超导计算机等。

三、计算机的分类

可以从不同的角度对计算机进行分类。按功能划分，计算机可以分为通用计算机与专用计算机；按组成原理划分，计算机可以分为数字电子计算机、模拟电子计算机和混合电子计算机；按处理能力划分，计算机可以分为巨型机、大型机、中小型机、微型机和工作站。

表 2-2 所示为按处理能力划分的计算机的特点、应用领域及代表机型。

表 2-2 按处理能力划分的计算机的特点、应用领域及代表机型

类别	特点	应用领域	代表机型
巨型机	性能好，功能强，运算速度快，存储容量大，价格昂贵等	航天、气象、军事等	CDC 的 Cray 系列计算机、我国的银河系列计算机、曙光 3000 等
大型机	通用性强，综合处理能力强，性能覆盖面广等	大公司、大银行、大科研机构、高等院校等	Convex 的 C 系列计算机等
中小型机	与大型机相比，结构简单、成本较低，经短期培训就可以维护和使用，易于推广和普及等	广大中小用户等	DEC 的 PDP 系列计算机、VAX 系列计算机等
微型机	也称个人计算机，更新速度快，性能较好，功能齐全，使用方便等	家庭、社会等	Intel 的 Pentium 系列计算机等
工作站	介于小型机和微型机之间的一种高档微型机，具有较强的数据处理能力、高性能的图形功能和内置的网络功能等	科学计算、软件工程、CAD、CAM 和人工智能等	戴尔的 Precision T5810 图形工作站，联想的 Think Station 工作站等

注：这里所说的工作站与网络中所说的工作站含义不同，后者很可能指一台普通的个人计算机。

任务练习

使用简单的表格列举各类计算机的特点和用途，并根据需要挑选适当配置的计算机。

任务三 数制与计算机编码

学习目标

理解数制的基本概念，掌握计算机中数制的表示方法；掌握二进制数、八进制数、十进制数及十六进制数相互转化的方法；了解存储信息的单位；了解数值数据和非数值数据的表示方法。

📖 相关知识

目前，计算机的基本逻辑开关元件是超大规模集成电路。对于晶体管来说，有两种稳定的状态：导通和截止。计算机就是利用晶体管的这两个特性进行运算的。由于这两种状态分别可以表示为数据 0 和 1，因此在计算机中采用二进制形式来表示信息既直接又方便。

一、数制与其他术语

1．数制

数制也称计数制，是指用固定的符号和统一的规则来表示数值的方法。按进位的方法进行计数被称为进位计数制，简称进制。

（1）在进制中允许选用基本数码的个数被称为基数。例如，十进制数的基数为 10，有 10 个数码，即 0～9；二进制数的基数为 2，有两个数码，即 0 和 1；八进制数的基数是 8，有 8 个数码，即 0～7；十六进制数的基数为 16，有 16 个数码，即 0～9 及 A～F。

（2）逢 N 进 1。例如，十进制数逢 10 进 1；二进制数逢 2 进 1；八进制数逢 8 进 1；十六进制数逢 16 进 1。

（3）一个数码在不同位置上表示的值不同，如数码 5，在个位上表示 5，在十位上表示 50，而在百位上表示 500。一个进制数可以按位权展开成一个多项式。例如：

$$1234.678 = 1 \times 10^3 + 2 \times 10^2 + 3 \times 10^1 + 4 \times 10^0 + 6 \times 10^{-1} + 7 \times 10^{-2} + 8 \times 10^{-3}$$

2．数码

用来计数的符号被称为数码，如十进制数的数码有 0～9，二进制数的数码有 0 和 1。

3．基数

基数是指数码个数，用 R 表示，如十进制数的基数可以表示为 $R=10$。

4．位权值

数码在不同位置上所代表的数字大小被称为位权值。

5．常用数制

在计算机领域中，常用的计数制有二进制、八进制、十进制和十六进制。由于采用二进制形式表示一个很大的数，写起来很长，看起来也不直观，容易出错，因此经常采用八进制、十进制或十六进制形式表示这个数。常用数制及其特点如表 2-3 所示。

表 2-3　常用数制及其特点

数制	基数	数码	位权值	运算规则	尾符
二进制	2	0 和 1	2^n	逢 2 进 1	B
八进制	8	0～7	8^n	逢 8 进 1	O
十进制	10	0～9	10^n	逢 10 进 1	D

续表

数制	基数	数码	位权值	运算规则	尾符
十六进制	16	0~9 及 A~F	16^n	逢 16 进 1	H

注：为了区分不同的进制数，可以在数的末尾加一个符号，这个符号被称为尾符，如八进制数 45 可以表示为 45O，也可以表示为（45）$_8$。对于十进制数，尾符可以省略。

二、数制的转换

1. 十进制数转换为非十进制数

要将十进制数转换为非十进制数，可以分两个部分进行，即整数部分和小数部分。其具体规则如下。

整数部分：除以基数取余，直至商为 0；先取的余数在低位，后取的余数在高位。

小数部分：乘以基数取整，直至值为 0 或达到精度要求。先取的整数在高位，后取的整数在低位。

【例 1-1】将十进制数（79.625）$_{10}$转换为二进制数，如图 2-10 所示。

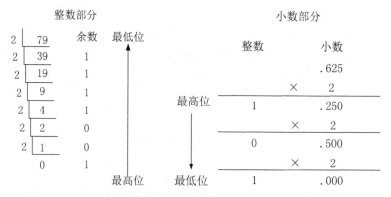

图 2-10　二进制数的转换

转换结果为（79.625）$_{10}$＝（1001111.101）$_2$。

【例 1-2】将十进制数（74.25）$_{10}$转换为八进制数，如图 2-11 所示。

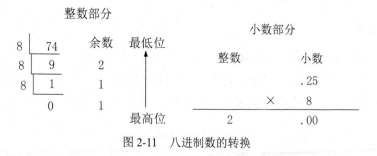

图 2-11　八进制数的转换

转换结果为（74.25）$_{10}$＝（112.2）$_8$。

2. 非十进制数转换为十进制数

要将非十进制数转换为十进制数，只需以非十进制数为基数，按位权值相乘和相加，即各数位先与相应的位权值相乘再相加，即为对应的十进制数。

【例 1-3】将二进制数（1001001.101）$_2$、八进制数（53）$_8$、十六进制数（2022）$_{16}$ 转换为十进制数。

$$（1001001.101）_2=1×2^6+0×2^5+0×2^4+1×2^3+0×2^2+0×2^1+1×2^0+1×2^{-1}+0×2^{-2}+1×2^{-3}$$
$$=2^6+2^3+2^0+2^{-1}+2^{-3}=64+8+1+0.5+0.125$$
$$=（73.625）_{10}$$

$$（53）_8=5×8^1+3×8^0=（43）_{10}$$
$$（2022）_{16}=2×16^3+2×16^1+2×16^0=（8226）_{10}$$

3．八进制数、十六进制数转换为二进制数

由 $2^3=8$ 和 $2^4=16$ 可以看出，每位八进制数可以使用 3 位二进制数表示，每位十六进制数可以使用 4 位二进制数表示。每位八进制数对应的二进制数和每位十六进制数对应的二进制数分别如表 2-4 和表 2-5 所示。

表 2-4　每位八进制数对应的二进制数

八进制数	0	1	2	3	4	5	6	7
二进制数	000	001	010	011	100	101	110	111

表 2-5　每位十六进制数对应的二进制数

十六进制数	0	1	2	3	4	5	6	7
二进制数	0000	0001	0010	0011	0100	0101	0110	0111
十六进制数	8	9	A	B	C	D	E	F
二进制数	1000	1001	1010	1011	1100	1101	1110	1111

根据表 2-4 和表 2-5 可知，只要将八进制数或十六进制数的每位表示为 3 位或 4 位二进制数，去掉整数首部的 0 或小数尾部的 0 即可得到二进制数。

【例 1-4】将二进制数（101110110010111.111000111010）$_2$转换为八进制数和十六进制数。

转换为八进制数：101　110　110　010　111.111　000　111　010
　　　　　　　　　5　　6　　6　　2　　7.7　　0　　7　　2
转换为八进制数：0101　1101　1001　0111.1110　0011　1010
　　　　　　　　　5　　D　　9　　7.　E　　3　　A
转换结果为（101110110010111.111000111010）$_2$=（56627.7072）$_8$；
　　　　　　（101110110010111.111000111010）$_2$=（5D97.E3A）$_{16}$。

三、存储信息的单位

各种信息在计算机内部都以二进制形式存储。存储信息的基本单位是字节，但由于现代计算机存储容量的激增，因此对原有的计量单位做了进一步的扩展。

1．位

计算机中的所有数据都是以二进制形式表示的，一个二进制代码被称为一位。位记为

bit，是计算机中最小的信息单位。

2．字节

在对二进制数进行存储时，以 8 位二进制代码为一个单元存放在一起，被称为 1 字节。字节记为 Byte，简写为 B。

3．字

字是指计算机中 CPU 能同时处理的二进制数的位数，可以是一条指令或一个数据。字是计算机进行信息交换、处理、存储的基本单位。

4．字长

CPU 在单位时间内（同一时间）能一次并行处理的二进制数的位数叫作字长。

5．容量单位

常用的计算机存储器的容量单位有 B、KB（千字节）、MB（兆字节）、GB（吉字节）、TB（太字节）、PB（帕字节）、EB（艾字节）、ZB（泽字节）和 YB（尧字节）。它们之间的转换关系如下。

1 KB=2^{10} B=1024 B　　　　　　1 MB=2^{10} KB=1024KB=2^{20} B

1 GB=2^{10} MB=1024MB=2^{30} B　　1 TB=2^{10} GB=1024GB=2^{40} B

1 PB=2^{10} TB=1024TB=20^{50} B　　1 EB=2^{10} PB=1024PB=20^{60} B

1 ZB=2^{10} EB=1024EB=2^{70} B　　1 YB=2^{10} ZB=1024ZB=2^{80} B

四、数值数据的表示

在计算机中，数据都是以二进制形式表示的。在为二进制数编码时，将数据分为定点数和浮点数。在计算机中，小数点位置固定的数叫作定点数，小数点位置浮动的数叫作浮点数。

数据的正号或负号，在机器中用二进制数的数码 0 或 1 表示。通常这个符号放在二进制数的最高位，被称为符号位，0 代表正号，1 代表负号。带符号位的机器数对应的数值被称为机器数的真值。例如，若二进制真值数为-01110，则它的机器数为 101110。

1．整数的表示

整数有正负之分，在计算机中将一个存储单元的最高位拿出来，专门用于存储数据的符号，正数为 0，负数为 1。

为了便于数据的运算，提出了 3 种形式的机器数，即原码、反码和补码。

正整数的原码、反码和补码相同，最高位为符号位，值为 0，其他位是存储整数二进制形式的数值位。而负整数的原码、反码和补码各不相同。

1）原码

最高位存储符号，其余位存储数值，这种带符号的表示方法被称为原码表示法。

【例 1-5】若 X_1=+1010010，X_2=-1010111，则：

$$[X_1]_{原}=01010010$$
$$[X_2]_{原}=11010111$$

2）反码

原码表示法简单、易懂，正数的反码与原码相同，负数的反码是原码除符号位以外其余各位进行按位取反所得的数。

【例1-6】若$[X_1]_{原}=(01011011)_2$，$[X_2]_{原}=(11011011)_2$，则：

$$[X_1]_{反}=01011011$$
$$[X_2]_{反}=10100100$$

3）补码

若X为正，则X的补码与原码相同；若X为负，则X的补码等于反码加1。

【例1-7】若$X=(-0110010)_2$，则：

$$[X]_{原}=10110010$$
$$[X]_{反}=11001101$$
$$[X]_{补}=11001110$$

2. 定点数的表示

在定点数中，小数点的位置是隐含的，小数点的位置一旦固定，就不再改变。定点数有定点整数和定点小数之分。

1）定点整数

对于定点整数，小数点的位置约定在最低位的右侧，用来表示整数。8位二进制的定点整数的格式如图2-12所示。

在计算机中，整数有无符号整数和有符号整数之分。无符号整数又叫作正整数，而有符号整数则可以通过符号位来区分正负。它既可以表示正整数，又可以表示负整数。有符号整数必须使用一个二进制位表示符号，余下的各个二进制位表示数值。例如：

$$(01011000)_2=(+88)_{10}$$
$$(11010111)_2=(-88)_{10}$$

2）定点小数

对于定点小数，小数点的位置约定在符号位之后。8位二进制的定点小数的格式如图2-13所示。

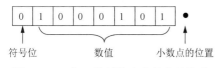

图2-12　8位二进制的定点整数的格式

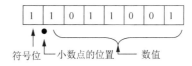

图2-13　8位二进制的定点小数的格式

3. 浮点数的表示

浮点表示法与科学计数法类似，表示十进制指数的一般形式是$p=m\times 10^n$。其中，p为十进制数，m为尾数，n为指数，10为基数。例如，0.00236可以表示为0.236×10^{-3}。类似地，计算机中二进制数的浮点表示法主要分为两个部分：一部分是尾数部分，用定点小数表示；另一部分是阶码部分，用定点整数表示，基数约定为2。其中，阶码部分包括阶符和阶码数值，尾数部分包括数码和尾数，如图 2-14 所示。

阶符	阶码数值	数码	尾数

图 2-14　浮点数表示

浮点数的运算精度和表示范围都远远大于定点数，但在运算规则上，定点数比浮点数简单，更容易实现。计算机中一般同时具有这两种表示法。

五、非数值数据的表示

计算机除了能进行数值数据的处理，还可以进行文字、图形、图像及声音等非数值数据的处理，这些数据在计算机内部采用二进制形式表示。文字信息由各种符号组成，如西文字符（数字、标点符号等）和中文字符。

1．BCD 码

BCD（Binary-Coded Decimal）码用 4 位二进制数来表示 1 位十进制数中的 0～9 这 10 个数码。BCD 码是一种二进制的数字编码形式，这种数字编码形式利用 4 个二进制位存储 1 个十进制位的数码，使二进制数和十进制数之间的转换更加快捷。BCD 码分为有权码和无权码两类：有权码有 8421 码、2421 码、5421 码，无权码有余 3 码等。

8421 码是最基本和最常用的 BCD 码，和 4 位二进制数的编码相似，位权值分别为 8、4、2、1，故其又被称为有权 8421 码。与 4 位二进制数的编码不同的是，8421 码只选用了 4 位二进制数的编码中的前 10 组代码，即用 0000～1001 分别代表它对应的十进制数，余下的 6 组代码不用。

余 3 码是 8421 码的每个码组加 3（0011）形成的，常用于 BCD 码的运算电路中。十进制数与 BCD 码的关系如表 2-6 所示。

表 2-6　十进制数与 BCD 码的关系

十进制数	8421 码	2421 码	余 3 码	十进制数	8421 码	2421 码	余 3 码
0	0000	0000	0011	8	1000	1110	1011
1	0001	0001	0100	9	1001	1111	1100
2	0010	0010	0101	10	00010000	00010000	01000011
3	0011	0011	0110	11	00010001	00010001	01000100
4	0100	0100	0111	12	00010010	00010010	01000101
5	0101	1011	1000	13	00010011	00010011	01000110
6	0110	1100	1001	14	00010100	00010100	01000111
7	0111	1101	1010	15	00010101	00011011	01001000

一个 2 位十进制数是用两个 4 位二进制数并列表示的，它不是一个 8 位二进制数。如十进制数 25 的 BCD 码是 00100101，其中 0010 代表 2，0101 代表 5，而 $(00100101)_2$ 换算为十进制数的结果为 37。

2. Unicode

Unicode 中的字符使用 16 位二进制数表示，这使得 Unicode 能够表示世界上所有书写语言中可能用于计算机通信的象形文字和其他符号。

Unicode 只有一个字符集，中文、日文、韩文 3 种文字占用了 Unicode 中 0x3000 到 0x9FFF 的部分。Unicode 目前普遍采用的是 UCS-2 规范，UCS-2 规范用 2 字节来编码字符，因为 2 字节就是 16 位二进制数，即 $2^{16}=65\ 536$，所以 UCS-2 规范最多能编码 65 536 个字符。Unicode 的 0～127 的字符与 ASCII（American Standard Cord for Information Interchange）码的字符一样，如 a 的 Unicode 是 0x0061，十进制数是 97，而 a 的 ASCII 码是 0x61，十进制数也是 97。目前，汉字的总数已经超过 8 万，而 UCS-2 规范最多能表示 65 536 个字符，为了能表示所有汉字，有了 UCS-4 规范，就是用 4 字节来编码字符。Unicode 字符集如图 2-15 所示。

图 2-15　Unicode 字符集

3. 字符编码

字符型数据包括各种文字、字母、数字与符号等，它们在计算机中采用二进制形式统一编码。目前，通用的字符编码是 ASCII 码。ASCII 码中的每个字符都使用 7 位二进制数来表示，7 位二进制数可以表示 128 个字符，包括 52 个英文字母（大、小写字母各 26 个）、0～9 这 10 个数字及一些常用符号。ASCII 码如表 2-7 所示。

表 2-7　ASCII 码

$b_3b_2b_1b_0$	$b_6b_5b_4$							
	000	001	010	011	100	101	110	111
0000	NUL	DLE	SP	0	@	P	、	p
0001	SOH	DC1	!	1	A	Q	a	q
0010	STX	DC2	"	2	B	R	b	r
0011	ETX	DC3	#	3	C	S	c	s
0100	EOT	DC4	$	4	D	T	d	t
0101	ENQ	NAK	%	5	E	U	e	u
0110	ACK	SYN	&	6	F	V	f	v
0111	BEL	ETB	'	7	G	W	g	w
1000	BS	CAN	(	8	H	X	h	x
1001	HT	EM	)	9	I	Y	i	y
1010	LF	SUB	*	:	J	Z	j	z
1011	VT	ESC	+	;	K	[	k	{
1100	FF	FS	,	<	L	\	l	|
1101	CR	GS	−	=	M	]	m	}
1110	SO	RS	.	>	N	↑	n	~
1111	SI	US	/	?	O	↓	o	DEL

关于 ASCII 码有以下几点说明。

（1）通常，一个 ASCII 码的字符占用 1 字节，其最高位为 0，需要时可以用作奇偶校验位。

（2）ASCII 码的字符分为两类，一类是可显示打印字符，共有 95 个；另一类是不可显示控制字符，共有 33 个。

（3）ASCII 码的字符根据在表 2-7 中的位置都有一个序号，如 A 的序号是 1000001（65），a 的序号是 1100001（97）。ASCII 码的字符都是区分字母大小的，小写字母的 ASCII 码的字符比相应的大写字母的 ASCII 码的字符大 32。

4．汉字编码

汉字为非拼音文字，不可能像英文字母那样一字一码，显然汉字编码比英文字母编码要复杂得多。

1）交换码

1981 年，我国发布并实施了 GB/T 2312－1980《信息交换用汉字编码字符集 基本集》。它是交换码的国家标准，又被称为国标码。国标码共收入了 6763 个常用汉字，其中一级汉字 3755 个，按汉语拼音排序；二级汉字 3008 个，按偏旁部首排序；英文、俄文、日文字母与其他字符 600 多个。

国标码规定，每个汉字都用 2 字节表示，每字节的最高位均为 0。例如，汉字"中"的国标码是 5650H。汉字"中"的国标码如图 2-16 所示。

| 01010110 | 01010000 |

图 2-16　汉字"中"的国标码

2）区位码

实际上，在 GB/T 2312－1980《信息交换用汉字编码字符集 基本集》中，所有国标汉字与符号组成一个 94×94 的矩阵，在该矩阵中行被称为"区"，列被称为"位"。区位码是由汉字所在区号和位号相连得到的，在连续的两个字节中，高位字节为区号，低位字节为位号。

国标码和区位码存在以下关系。

$$国标码高位=（区号）_{16}+20H$$
$$国标码低位=（位号）_{16}+20H$$

例如，若汉字"中"的区位码为 5448，则它的国标码高位为（54）$_{10}$+20H=36H+20H=56H，国标码低位为（48）$_{10}$+20H=30H+20H=50H，它的国标码为 5650H。

3）机内码

为了与西文字符区别，所有机内码均可以在国标码的基础上，把两个字节的最高位由 0 改为 1，这样就得到了汉字的机内码。汉字"中"的机内码如图 2-17 所示。

| 11010110 | 11010000 |

图 2-17　汉字"中"的机内码

机内码和国标码存在以下关系。

$$机内码高位=（国标码高位）_{16}+80H$$
$$机内码低位=（国标码低位）_{16}+80H$$

例如，若汉字"中"的国标码为 5650H，则它的机内码高位为 56H+80H=D6H，机内码低位为 50H+80H=D0H，它的机内码为 D6D0H。

4）输入码

因为汉字输入的方法多种多样，所以输入码也有多种，主要有以下几种。

（1）音码。音码根据汉字的发音来确定汉字编码。其特点是简单、易学，但重码太多，输入速度较慢。

（2）形码。形码根据汉字的字形结构来确定汉字编码。其特点是重码较少，输入速度较快，但要熟练掌握较困难，记忆量较大。

（3）音形码。音形码既可以根据汉字的发音、汉字的形状来确定汉字编码。其特点是编码规则简单，重码少。

5）字形码

用于输出的汉字编码被称为字形码或字模码。

构建各种汉字的字形有多种方法，常见的是点阵法。其基本思想如下：任意 1 个汉字均可以在大小一样的方块中书写，该方块可以分解为许多个点，每个点用 1 位二进制数表示，这种点阵可以用来输出汉字。例如，用 16×16 点阵表示 1 个汉字，即 1 个汉字用 16×16=256 个点表示，共占 32B 空间。同理，24×24、32×32、48×48 等点阵也可以表示 1 个汉字。点阵所占空间越大，打印的字体越清新，汉字占用的空间也就越大。用点阵组成汉字字形如图 2-18 所示。

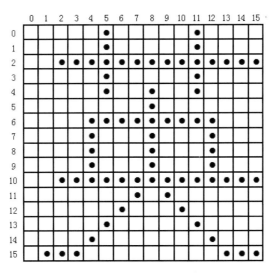

图 2-18 用点阵组成汉字字形

📖 **任务练习**

简述二进制数与十进制数相互转换的方法，以及国标码、区位码、机内码相互转换的方法。

任务四　计算机系统的组成及工作原理

📖 学习目标

> 了解计算机系统的组成、计算机的基本工作原理，以及指令和指令系统概述；掌握微型机硬件系统的组成、微型机的主要性能指标。

📖 相关知识

一、计算机系统的组成

计算机系统由硬件系统和软件系统两大部分组成。硬件系统通常是指计算机的物理系统，是看得见、摸得着的物理器件，包括计算机主机及其外部设备。硬件系统主要由中央处理器（Central Processing Unit，CPU）、内存储器、外存储器、输入设备、输出设备等组成。

软件系统包括管理计算机的软件资源和硬件资源，控制计算机运行的程序、指令、数据及文档。广义地说，软件系统还包括电子和非电子的有关说明资料、说明书、用户指南、操作手册等。通常，把不安装任何软件的计算机称为裸机。

计算机系统的组成如图 2-19 所示。

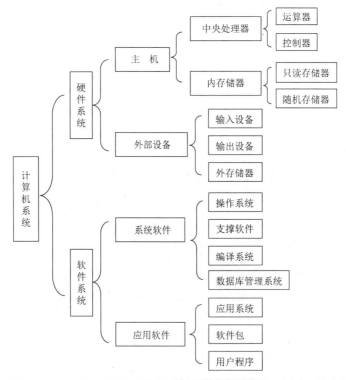

图 2-19　计算机系统的组成

1. 硬件系统

硬件系统包括计算机系统中由电子、机械、磁性和光电等元件组成的各种计算机部件。

虽然目前计算机的种类很多，但从功能上划分，硬件系统一般包括 5 个基本组成部分，它们是运算器、控制器、存储器、输入设备和输出设备。硬件系统各基本组成部分之间的关系如图 2-20 所示。

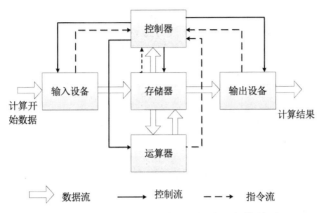

图 2-20　硬件系统各基本组成部分之间的关系

硬件系统的 5 个基本组成部分如下。

1）运算器

运算器又称算术逻辑单元，是进行算术运算和逻辑运算的功能部件。算术运算和逻辑运算包括加、减、乘、除四则运算，与、或、非等逻辑运算，以及数据的传送、移位等操作。在控制器的控制下，运算器从内存储器中取出数据进行运算，并将结果送回内存储器。

2）控制器

控制器是整个计算机系统的控制中心，指挥计算机各部分协调工作，保证计算机按照预先规定的目标和步骤有条不紊地进行操作及处理。控制器从存储器中逐条取出指令，分析每条指令规定的操作（操作码），以及进行该操作的数据在存储器中的位置（地址码），并根据分析结果，向计算机的其他组成部分发出控制信号。

3）存储器

存储器主要用来存储程序和各种数据，并能在计算机运行时高速、自动完成数据的存取，包括内存储器和外存储器。

4）输入设备

输入设备是用来输入计算程序和原始数据的设备。常见的输入设备有键盘、图形扫描仪、鼠标、手写输入板、光电笔、摄像头、模数转换器等。

5）输出设备

输出设备是用来输出计算结果的设备。常见的输出设备有显示器、打印机、数字绘图仪等。

通常将运算器、控制器和内存储器合称为主机，将运算器和控制器合称为 CPU，将输入设备、输出设备、外存储器合称为外部设备。

2．软件系统

软件系统的功能是方便用户使用计算机和充分发挥计算机的效率，以及解决各类具体应用问题。软件系统分为系统软件和应用软件两大类。

1）系统软件

系统软件是为了提高计算机的效率和方便用户使用计算机而设计的软件。它分为操作系统、支撑软件、编译系统和数据库管理（Data Base Management，DBMS）系统等。

（1）操作系统。操作系统是为了合理、方便地利用计算机系统，而对其硬件资源和软件资源进行管理和控制的系统。操作系统具有进程管理、存储管理、设备管理、文件管理和作业管理五大管理功能，负责对计算机的全部软件和硬件资源进行分配、控制、调度和回收，合理地组织计算机的工作流程，使计算机系统能够协调一致，高效率地完成处理任务。

（2）支撑软件。支撑软件是支持其他软件编制和维护的软件，是用于对计算机系统进行测试、诊断和排除故障，进行文件的编辑、传送、装配、显示、调试，以及进行计算机病毒的检测、防治等程序的软件，是软件开发过程中为进行管理而使用的软件。

（3）编译系统。要使计算机能够按照人的意图去工作，就必须使计算机能接收人向它发出的各种命令和信息，这就需要有用来进行人和计算机交换信息的"语言"，即计算机语言。计算机语言发展经历了机器语言、汇编语言和高级语言3个阶段。

① 机器语言。机器语言是用二进制代码表示的语言，是计算机中唯一可以直接识别和执行的语言。由于计算机并不懂人类语言，只能识别0和1两种代码，因此人要和机器进行通信，就要编写出由0和1组成的数字代码。这种计算机能够直接执行的代码被称为机器指令。机器语言是机器指令的集合。一条机器指令可用来控制计算机进行一个具体的操作。它一般包括操作码和地址码（操作数）两部分。操作码和地址码由二进制代码组成。机器指令的基本格式如图2-21所示。

| 操作码 | 地址码 |

图2-21　机器指令的基本格式

指挥计算机完成具体处理任务的计算操作序列叫作计算机程序，编写计算机程序的过程叫作程序设计。用机器语言进行程序设计就是要编写出由一条条机器指令组成的程序。

机器语言程序具有计算机可以直接执行、简洁、运算速度快等的优点。它的缺点是程序全是由0和1组成的代码，直观性差，容易出错，程序的检查和调试比较困难。此外，各种计算机都有自己的机器指令系统，用户的程序难以相互交流。

② 汇编语言。汇编语言是为了解决机器语言难以理解和记忆的问题而设计的。它用易于理解和记忆的名称和符号（指令助记符）表示机器指令中的操作码，用十六进制形式或八进制形式表示地址码。例如，用ADD表示加法，用SUB表示减法，用MOV表示数据传输等。由于指令助记符的含义和功能十分接近人类语言，这就提高了程序的可读性，便于程序的编写、检查和修改。这种用指令助记符组成的语言叫作汇编语言，用汇编语言编写的程序就是汇编语言程序。

由于汇编语言使用了计算机不能识别的指令助记符和十六进制数（或八进制数），计算机并不能直接执行用汇编语言编写的程序，因此需要一个用机器语言编写的程序把汇编语言程序"翻译"成机器指令目标程序。

用汇编语言编写程序与用机器语言编写程序相比，有了很大的进步，但是汇编语言仍然是依赖于机器的。因此，汇编语言是一种面向机器的语言。用汇编语言编写的程序是一种用机器编制好的汇编语言程序，难以移植成其他机器的汇编语言程序。

③ 高级语言。为了解决机器语言和汇编语言的种种缺陷，人类开发出了许多高级语言。这些高级语言为用户提供了一种既接近自然语言，又可以使用数学表达式，还相对独立于机器的工作方式。用户在这种工作方式下按照给定的规则编写自己的程序。

与汇编语言一样，由于计算机只能识别由 0 和 1 组成的机器代码，并不能直接执行用高级语言编写的程序，因此也必须有一个能将高级语言程序"翻译"成计算机能识别的机器指令目标程序的翻译程序。被"翻译"的程序被称为源程序或源代码，经过翻译程序"翻译"出来的程序被称为机器指令目标程序，翻译程序通常有编译和解释两种实现方式。

编译方式是用翻译程序把用户高级语言源程序整个"翻译"成机器指令目标程序，并执行这个机器指令目标程序，得到计算结果。使用编译方式"翻译"的总体效果比较好。高级语言的编译方式如图 2-22 所示。

解释方式是用翻译程序对用户高级语言源程序逐句解释，解释出一句就立即执行一句，边解释边执行。使用解释方式比较浪费时间，但可以少占用计算机内存储器，使用灵活。高级语言的解释方式如图 2-23 所示。

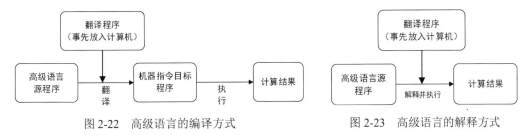

图 2-22　高级语言的编译方式　　　　　　图 2-23　高级语言的解释方式

由于翻译程序代替了人工，把高级语言源程序"翻译"为机器指令目标程序，因此大大降低了用户编写程序的难度。使用高级语言后，一般用户可以不顾及机器语言，也不必深入了解计算机的内部结构和工作原理，就能够很方便地使用计算机进行各种科学研究，为计算机的广泛应用提供了可能。

高级语言还有一个很大的优点，就是它不依赖于具体的机器类型，适用于不同的计算机，即具有通用性。用某种高级语言编写的源程序几乎可以不加修改就能用于不同的计算机上，这给用户带来了极大的方便。

（4）数据库管理系统。数据库是以一定的组织方式存储起来且具有相关性的数据集合。它具有冗余度小、独立于任何应用程序存在，以及可以被多种应用程序共享的特点。数据库管理系统是对数据库中的资源进行统一管理和控制的系统。数据库管理系统是数据库系统的核心，是进行数据处理的有利工具。目前，被广泛使用的数据库管理系统有 SQL Server、Visual FoxPro、Oracle 等。

2）应用软件

应用软件是为计算机在特定领域中的应用而开发的专用软件。应用软件由各种应用系统、软件包和用户程序组成，如科学计算软件包、文字处理系统、办公自动化系统、管理计算机系统、决策支持系统等。

硬件和软件是相辅相成的两个部分，硬件是组成计算机系统的基础，而软件是硬件功能的扩充与完善。离开硬件，软件将无处栖身，也无法工作；没有软件的支持，硬件仅是一堆"废铁"。如果把硬件比作计算机系统的躯体，那么软件就是计算机系统的灵魂。

二、计算机的基本工作原理

1945 年，诺依曼发表了 EDVAC 的设计方案，提出了重大革新措施。1946 年，诺依曼与巴克斯等人合作，提出了更加完善的计算机设计报告，即《电子计算机逻辑设计初探》。它是以香农提倡的二进制形式、程序内存储器，以及指令和数据统一存储为基础的，对现代计算机的发展具有重要的意义。许多年过去了，虽然计算机的设计及制造技术都有了很大的发展，但计算机的基本结构仍采用诺依曼的设计思想。其思想主要包括以下 3 点。

1．用二进制形式表示数据和指令

指令和数据都用二进制形式表示，只是各自约定的含义不同。用二进制形式表示数据和指令，更容易实现信息的数字化，可以用二值逻辑元件对信息进行表示和处理。

2．采用存储程序方式

采用存储程序方式是诺依曼设计思想的核心内容。程序是人为解决某个实际问题而编写出的一条条有序指令的集合，存储程序方式意味着事先编制程序并将程序存入内存储器，这样计算机在运行程序时就能自动、连续地从内存储器中依次取出指令并执行。

3．硬件系统由 5 个部分组成

硬件系统由运算器、控制器、存储器、输入设备、输出设备 5 个部分组成。

三、指令和指令系统概述

计算机运行程序的过程实际上就是执行指令的过程。

1．指令

指令是指能被计算机识别并执行的二进制代码。它规定了计算机能完成的某种操作。简单来说，指令就是指挥计算机的命令。

2．指令系统

由于计算机是通过执行指令来解决问题的，因此每种计算机都有一组指令集供用户使用，这组指令集被称为计算机的指令系统。不同类型的计算机，其指令系统的指令条数有所不同。

四、微型机硬件系统的组成

自 1971 年 Intel 研制了第一个单片微处理器 Intel 4004 以来，微型机因其具备可靠性高、体积小、价格低廉、使用方便等特点，得到了迅速发展和广泛应用，已经历了 4 位、8 位、16 位、32 位、64 位等发展阶段，目前微型机的性能已达到以前中小型机的水平。

微处理器是微型机的中央处理部件，包括寄存器、累加器、算术逻辑部件、控制部件、时钟发生器、内部总线等。内部总线是传送信息的公共通道，可以将各个功能部件连接在一起，分为数据总线、地址总线和控制总线。此外，微型机还包括随机存取存储器（RAM）、只读存储器（ROM）、输入电路、输出电路，以及总线接口等。

　　IBM PC 是 IBM 于 1981 年推出的个人计算机。由于该机具有结构合理、配置简单、操作方便、软件丰富、容易扩充等优点，因此该机在世界范围内被广泛使用，占领了绝大部分微型机市场。当前，微型机的各硬件部分都是由世界各大硬件制造厂商制造的，采用统一的总线接口标准。微型机可以分为品牌机和兼容机两种。下面主要介绍兼容机硬件系统的组成。微型机如图 2-24 所示。

1. 主板

　　主板又称系统板（System Board），是装在主机箱内的一块最大的多层印刷电路板，上面分布着构成微型机主系统电路的各种元器件和各种板卡接口。主板是计算机的重要部件之一，CPU 和外部设备等硬件通过主板有机地组合成一套完整的系统。计算机正常运行时对系统内存储器、外存储器，以及其他输入设备、输出设备的操作和控制，必须通过主板来完成。因此，计算机的整体运算速度和稳定性在一定程度上取决于主板的性能。图 2-25 所示为主板。

图 2-24　微型机　　　　　　　　　　　　　　图 2-25　主板

2. CPU

　　CPU 是一块超大规模的集成电路芯片，是整个计算机系统的核心。CPU 主要包括运算器、控制器和寄存器 3 个部分。其中，运算器主要用于完成各种算术运算和逻辑运算；控制器是指挥中心，控制运算器及其他部件工作，能对指令进行分析，做出相应的控制；寄存器用来暂时存储中间结果和数据。CPU 如图 2-26 所示。

图 2-26　CPU

3．存储器

存储器分为内存储器和外存储器。内存储器位于系统主板上，可以直接与 CPU 进行信息交换，容量较小，存储的信息断电即失。外存储器通过数据线插在主板上，与 CPU 的信息交换必须通过接口电路。外存储器的容量较大，运行速度相对内存储器要慢得多，但存储信息很稳定，可以长时间保存信息。

1）内存储器

内存储器又称主存储器。它主要用来存储计算机系统执行任务时所需要的数据，如各种输入数据、输出数据和中间计算结果，在与外存储器交换信息时作为缓冲。

（1）ROM。理论上来说，ROM 中的数据是被永久存储的，即使关闭计算机后，ROM 中的数据也不会丢失。因此，ROM 常用于存储微型机的重要信息，如主板上的 BIOS 等。ROM 通常分为 PROM（Programmable ROM，可编程只读存储器）、EPROM（Erasable Programmable ROM，可擦可编程只读存储器）、EEPROM（Electrically-Erasable Programmable ROM，电擦除可编程只读存储器）和 Flash Memory 等。

（2）RAM。RAM 主要用来存储系统中正在运行的程序、输入数据、输出数据和中间计算结果，以及用于与外部设备进行信息交换。RAM 的存储单元根据需要可以读出，也可以写入，但 RAM 只能用于暂时存储信息，一旦关闭电源或发生断电情况，其中的数据就会丢失。

2）外存储器

外存储器又称辅助存储器，用于存储等待运行或处理的程序或文件。硬盘、光盘、U 盘、移动硬盘等都属于外存储器。

（1）硬盘。硬盘是一种磁介质的外存储器，数据存储在密封、干净的硬盘驱动器内腔的多片盘片上。这些盘片一般是以铝为主要成分的片基表面涂上磁性介质形成的。盘片的每个面上，以转动轴为轴心，以一定的磁密度为间隔的若干个同心圆被划分成若干个磁道（Track），每个磁道又被划分为若干个扇区（Sector），数据按扇区存放在硬盘上。在每个面上都相应地有一个读写磁头（Head），所有盘片相同位置的磁道构成了柱面（Cylinder）。图 2-27 所示为硬盘正面。图 2-28 所示为硬盘结构。

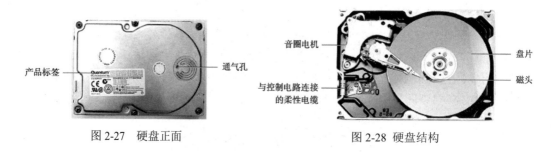

图 2-27　硬盘正面　　　　　　　图 2-28　硬盘结构

（2）光盘。从光盘存储数据的方式来看，光盘可以分为 CD（Compact Disc）和 DVD（Digital Video Disc）两类。

只读存储光盘（Compact Disc-Read Only Memory，CD-ROM）。CD-ROM 是一次成型的产品，其上的信息只能读出，不能写入。通常 CD 可以提供 650～700 MB 存储容量，DVD 可以提供 4.7～17.7 GB 存储容量。

可录 CD 光盘（Compact Disc-Recordable，CD-R）。用光盘刻录机可以将数据一次写入 CD-R，但是写入后的数据不能更改和删除，将数据保存在 CD-R 中比较安全。

CD 光盘（Compact Disc-Rewritable，CD-R/W）：CD-R/W 上的数据可以自由更改或删除，目前 CD-RW 的使用寿命最长可达 1000 次左右，CD-RW 的价格比 CD-R 高得多。

（3）U 盘。U 盘全称 USB 闪存盘，采用 FLASH 芯片为存储介质，通过 USB 接口与计算机进行数据交换。基于 FLASH 存储技术的存储器工作时是通过二氧化硅形状的变化来记忆数据的，U 盘属于 EEPROM。它既有 ROM 的特点，又有很高的存取速度，而且易于擦除和重写，功耗很小。

U 盘有 2GB、8GB、16GB、32GB、128GB 等多种容量规格，无须外加电源，使用非常方便。U 盘可重复擦写次数在 100 万次以上，其中的数据至少可以保存 10 年，有些 U 盘带有写保护功能。U 盘如图 2-29 所示。

由于 U 盘具有防潮、耐高温和低温、抗震、防电磁波、容量大、造型精巧、携带方便等特点，因此 U 盘受到微型机用户的普遍欢迎。

（4）移动硬盘。移动硬盘与采用标准 IDE 接口或 SATA 接口且和主机相连的台式机硬盘不同。移动硬盘是一种采用计算机外设标准接口（USB 接口或 IEEE 1394 接口）的便携式大容量存储设备。移动硬盘如图 2-30 所示。

图 2-29　U 盘

图 2-30　移动硬盘

移动硬盘一般由硬盘体加上带有实现 USB 接口或 IEEE1394 接口通信的控制芯片，以及外部电路板的配套硬盘盒构成，与同类产品相比有许多出色的特性。

① 容量大，主流产品有 500GB 甚至更大的存储容量，单位存储成本低。

② 传输速率高，用户可以更快地备份、复制或传输文件，节省时间并提高工作效率。

③ 兼容性好，即插即用。

④ 抗震性好，这也是移动硬盘与台式机硬盘的主要区别之一。

4．输入设备和输出设备

1）输入设备

把外部数据传输到计算机中所用的设备被称为输入设备。常用的输入设备有键盘、鼠标和扫描仪等。

（1）键盘。键盘是向计算机输入数据的主要设备，由按键、键盘架、编码器、键盘接口，以及相应的控制程序等部分组成，图 2-31 所示为键盘。

（2）鼠标。鼠标是一种常见的输入设备，广泛用于图形用户界面环境。鼠标通过 PS/2 接口或 USB 接口与主机连接。图 2-32 所示为无线鼠标。

（3）扫描仪。扫描仪是一种光机电一体化的输入设备，能够将图文转换成可以由计算机处理的数据。图 2-33 所示为扫描仪。

图 2-31　键盘　　　　　　　　图 2-32　无线鼠标　　　　　　图 2-33　扫描仪

2）输出设备

常用的输出设备有显示器、打印机、绘图仪等。

（1）显示器。显示器是计算机系统中基本的输出设备，显示器性能的好坏直接影响工作效率。目前，显示器主要有 CRT（Cathode Ray Tube）显示器、LCD（Liquid Crystal Display）液晶显示器、离子显示器和电子发光显示器等。

（2）打印机。打印机是将输出结果打印在纸张上的一种输出设备。打印机如图 2-34 所示。

（3）绘图仪。绘图仪是一种用于输出图形的硬复制设备，常用于 CAD 中。绘图仪如图 2-35 所示。

图 2-34　打印机　　　　　　　　　图 2-35　绘图仪

5．其他设备

1）显示适配器

显示适配器又称显卡，是用于连接主机和显示器之间的文字和图形传输系统的设备。

2）声卡

声卡的主要功能是实现音频数字信号和音频模拟信号的相互转换。

3）网卡

网卡的有两个主要作用：一是将计算机的数据封装为帧，并通过网线（对无线网络来说就是电磁波）将数据发送到网络上；二是接收网络上传输过来的帧，并将帧重新组合成数据，发送到所在的计算机中。网卡充当了计算机和网络之间的物理接口。

五、微型机的主要性能指标

1．字长

字长是指 CPU 能够一次并行处理的二进制数的位数，字长直接影响计算机的功能及应用领域。字长有 8 位、16 位、32 位、64 位之分，当前主流产品的字长为 64 位。

2．主频

主频是指 CPU 在 1s 内发出的脉冲数，通常以兆赫（MHz）为单元，如 PentiumIII 800 的主频为 800 MHz。在通常情况下，主频越高，计算机的运算速度越快。

3．内存储器容量

内存储器容量反映内存储器存储数据的能力，内存储器容量越大，运算速度越快。一些操作系统和大型应用软件经常对内存储器容量有要求，如 64 位 Windows 7 最少需要 2GB 内存储器容量。

4．外部设备配置

微型机作为一个系统，外部设备配置对其有直接影响，如磁盘驱动器的配置、硬盘的接口类型与容量、显示器的分辨率、打印机的型号与速度等。

5．运算速度

运算速度是指计算机每秒执行的指令数，常用的单位有 MIPS。

6．存储周期

存储周期是指存储器连续两次读取或写入数据所需的最短时间，半导体存储器的存储周期为几十到几百毫微秒。

7．可靠性

可靠性是指在给定时间内计算机系统能正常运转的概率，通常用平均无故障时间表示。平均无故障时间越长，表明系统的可靠性越高。

在以上各项性能指标中，主频、运算速度、存储周期是衡量计算机运行速度的主要性能指标。此外，还有一些评价计算机的综合指标，如兼容性、系统完整性、安全性等。

📖 **任务练习**

对自己计算机的系统进行合理配置，保证其稳定、高效地运行，分析系统在日常使用中出现的问题及其原因，并给出解决方案。

任务五 多媒体技术

📖 学习目标

了解多媒体技术概述，掌握多媒体系统的组成。

📖 相关知识

一、多媒体技术概述

1. 媒体

媒体有两种含义，一是指存储信息的物理实体，如磁带、磁盘、光盘、打印纸等；二是指存储信息的表现形式和传播载体，如文字、声音、图形和图像等。计算机中的媒体是指后者，也就是说媒体是指信息的表现形式和传播载体。计算机中的媒体主要有以下几种。

1）感觉媒体

感觉媒体是指直接作用于人的感官，使人可以产生感觉的信息载体，如人类的各种语言、音乐、自然界的各种声音、静止或运动的各种声音，以及存储在计算机中的音频、视频等文件。

2）表示媒体

表示媒体是指各种编码，是为了加工、处理和传输感觉媒体而人为地进行研究与构造的一种媒体，如语言的文字编码、文本编码、图像编码等。

3）表现媒体

表现媒体是指输入和输出信息的媒体，如键盘、摄像机、光笔、显示器、打印机等。

4）存储媒体

存储媒体用来存储表示媒体，也就是存储感觉媒体数字化后的代码，是存储信息的实体，如 U 盘、硬盘、光盘等。

5）传输媒体

传输媒体是用来将媒体从一处传送到另一处的物理载体，如同轴电缆、光纤、电话线等。

2. 多媒体及多媒体技术

多媒体（Multimedia）是指把文本、图形、图像、音频、视频等多种媒体信息组合起来的有机整体。

多媒体技术是指运用计算机综合处理文本、图形、图像、音频、视频等多种媒体信息的技术。使用多媒体技术可以使多种信息建立逻辑连接，集成一个具有交互性的系统。多媒体技术是一种基于计算机技术的综合技术。

3．多媒体技术的特点

1）集成性

集成性用于将各种不同的媒体信息进行组合，形成一个完整的多媒体信息。

2）交互性

交互性是多媒体技术的特点之一。人的行为与计算机的行为互为因果，这正是多媒体技术与传统媒体技术的不同。

3）实时性

音频、视频数据具有很强的前后相关性，数据量大，实时性强。因为音频、视频数据是连续的，所以把它们称为连续型多媒体。

二、多媒体系统的组成

多媒体系统是指利用计算机技术和数字通信技术处理和控制多媒体的系统。动画片、CAI 课件等都可以称为多媒体系统。

1）多媒体计算机

多媒体计算机（Multimedia Personal Computer，MPC）是多媒体系统的基础。1990 年11 月，微软连同一些计算机公司组成"多媒体个人计算机市场协会"，该协会随后又与全球数千家计算机厂家共同组建了"多媒体个人计算机工作组"，并从事多媒体计算机标准的制定工作，规定多媒体计算机的最低软件和硬件标准。目前，主流的计算机都满足多媒体计算机的最低软件和硬件要求。

2）多媒体计算机的外部硬件

多媒体计算机配置的硬件，包括音频接口卡，如麦克风、耳机、音箱等；视频输入/输出设备，如摄像机、录像机等；其他输入/输出设备，如触摸屏、扫描仪、数码相机等。

3）多媒体创作系统

多媒体创作系统包括各种多媒体制作软件，如平面图像处理软件及音频处理软件（Photoshop，3ds Max 等）。

4）多媒体应用系统

多媒体应用系统是指在多媒体硬件平台上设计、开发的面向应用的软件系统，如多媒体数据库系统、多媒体教学系统、娱乐系统等。

📖 **任务练习**

设计一组连贯动画并将其在放映机上播放。

任务六　计算机安全技术

📖 **学习目标**

了解计算机安全概述；熟悉计算机病毒的分类和感染计算机病毒的常见症状；掌握计算机病毒的特征及防治；理解黑客入侵的危害和黑客入侵防范。

📖 相关知识

一、计算机安全概述

目前，全球正经历着以计算机技术为核心的信息革命，而由计算机网络技术支撑的信息网络已经成为整个社会乃至全球范围内的神经系统。信息网络的广泛应用改变了人类传统的工作和生活方式，但也带来了不容忽视的负面影响。网络的开放性增加了网络安全的脆弱性和复杂性，信息资源的共享和分布处理增加了网络受到攻击的可能性，这使得计算机的信息安全和信息产权成为越来越棘手的问题。

1. 计算机安全的定义

计算机安全是指为让计算机系统的硬件、软件、数据受到保护，不因偶然的或恶意的原因遭到破坏、更改而采取的技术保护措施和手段。

2. 计算机安全的重要性

随着计算机在人类生活各领域中的广泛应用，计算机病毒也在不断产生和传播。同时，计算机网络不断地遭到非法入侵，重要情报、资料不断地被窃取，甚至造成网络系统的瘫痪等，这些已给世界各国造成了巨大的经济损失，甚至危害到了世界各国的安全。

3. 计算机安全立法

国务院于 1994 年 2 月 18 日颁布的《中华人民共和国计算机信息系统安全保护条例》第一章第三条规定："计算机信息系统的安全保护，应当保障计算机及其相关的和配套的设备、设施（含网络）的安全，运行环境的安全，保障信息的安全，保障计算机功能的正常发挥，以维护计算机系统的安全运行。"

4. 计算机安全操作

计算机的使用环境为：温度在室温 15～35℃；相对湿度在 20%～80%；电源电压要稳定，机器工作时供电不能间断；计算机附近应避免磁场干扰。

计算机的维护为：注意防潮、防水、防尘、防火，使用时注意通风，不使用时应盖好防尘罩，机器表面要经常用软布蘸中性清洁剂擦拭。

开机顺序为先对外部设备加电，再对主机加电，关机顺序正好与此相反。每次开机与关机的间隔时间应不少于 10s。在加电情况下，不要随意搬动计算机的各种设备，也不要插拔各种接口卡。应避免频繁开、关计算机，计算机要经常使用，不要长期闲置。

5. 计算机安全管理

为了保证计算机的安全使用，在日常工作中要做好以下方面的安全管理工作。

（1）系统启动盘要专用，对来历不明的软件不应马上装入自己的计算机系统，而应先检测再安装、使用。

（2）对系统文件和重要数据，要进行备份和写保护。

（3）对外来 U 盘和光盘，必须先检测方可使用。

（4）不要轻易安装各种游戏软件，这是因为游戏软件通过存储介质将病毒带入计算机系统的可能性极大。

（5）定期对使用的磁盘进行病毒的检测与防治。

（6）若发现计算机系统有任何异常现象，应及时采取措施。

（7）对于联网的计算机，在下载软件时要特别注意，不要将病毒一并带入计算机。

6．计算机犯罪

计算机犯罪主要是指利用计算机或计算机知识实施触犯有关法律规范的行为。其本质是利用计算机或计算机知识进行非法操作，对国家、单位或个人的安全和合法权益造成损害。计算机犯罪始于 20 世纪 60 年代末期，20 世纪 70 年代迅速增长，20 世纪 80 年代对社会构成威胁。我国自 20 世纪 80 年代中期发现首例计算机犯罪以来，在短短的时间内，发案数量不断增加，涉案金额从原来的数万元发展到数百万元、上千万元。常见的计算机犯罪主要有以下几种行为。

1）制造事故

事故指发生在计算机系统及其所在机房的事故，这里有人为的因素，也有自然的因素。

2）窃用计算机系统

例如，某研究院的计算机被人更换密码，取消了对一些系统数据的保护，修改了记账、收费程序参数，使得计算机运行混乱，日记账表不能打印和输出，系统管理员无法工作。

3）非法获取信息，窃取机密

例如，某机关有一名助理工程师借工作之便，非法复制单位拥有的软件。

4）破坏计算机系统

例如，某市邮电局一名工作人员，由于对工作调动不满，破坏了邮电局计算机电话长途查询系统，致使该系统瘫痪。

5）植入计算机病毒

据不完全统计，在我国拥有计算机的单位中，大约 80% 被病毒侵害过。例如，某大学传出的"炸弹"病毒使某市的一个单位受害，几十年辛苦积累起来的数据毁于一旦。

计算机犯罪形式和其他犯罪形式相比，显著的区别是它的技术性和专业性，实施计算机犯罪极易造成严重的危害。计算机犯罪的主要特点如下：一种高技术的违法犯罪活动；作案的时间相当短，有些犯罪指令的执行只需要几十微秒；危害的地域比较广，尤其是广域联网危害更加严重；犯罪行为隐蔽，取证难度大；危害目的多样，作案手段多样；破坏性较大，危害蔓延迅速；攻击者处于主动的位置。

二、计算机病毒

计算机病毒是一种旨在破坏计算机系统正常运行的人为编制的计算机程序。它由一组具有自我复制能力并且在一定条件下必然会被执行的指令组成。

1．计算机病毒的特征

1）传染性

传染性是指病毒对其他文件或系统进行一系列非法操作，使其带有这种病毒，并成为这种病毒的一个新传染源的过程。

2）隐蔽性

隐蔽性是指病毒的存在、传染和对数据的破坏过程不易被计算机操作人员发现，有时更是难以预料的。

3）寄生性

寄生性是指病毒依附于其他文件而存在。

4）触发性

触发性是指病毒的发作一般都有一个触发条件，这个触发条件可以是日期、时间、特定程序的运行或程序的运行次数等。

5）破坏性

破坏性是指病毒在满足触发条件时，会立即对计算机系统进行干扰或对数据进行破坏。

2．计算机病毒的分类

计算机病毒的分类方式很多，通常按寄生方式或按危害程度分类。

1）按寄生方式分类

（1）引导型病毒。引导型病毒会感染计算机系统引导区，当系统引导时，病毒先被运行并获得控制权，然后伺机发作。

（2）文件型病毒。文件型病毒会感染某类特定文件，如有些病毒会感染扩展名为 COM、EXE 等的可执行文件，宏病毒会攻击 Microsoft Office 文档文件。

（3）复合型病毒。复合型病毒既会感染计算机系统引导区，又会感染某类特定文件。

2）按危害程度分类

（1）良性病毒。良性病毒只会干扰计算机的正常运行，不会破坏计算机硬件或软件。

（2）恶性病毒。恶性病毒发作后会破坏程序或数据，甚至会导致整个计算机系统瘫痪。

3．感染计算机病毒的常见症状

计算机病毒发作后的症状很多，常见症状如下。

（1）计算机屏幕显示异常，包括图形异常、字符不全等。

（2）程序运行异常，如启动速度，甚至出现无故死机的情况等。

（3）存储容量明显减少，经常提示对存储器进行非法访问，存取指示灯无故发亮或存储时间变长。

（4）系统无法识别硬盘或硬盘无法引导。

（5）文件长度发生变化，或莫名其妙地丢失数据等。

1998 年，CIH 病毒在我国出现，许多计算机系统因遭受其破坏而瘫痪。CIH 病毒是发现的第一个既破坏软件系统又破坏硬件系统的恶性病毒，造成的经济损失极为严重。CIH 病毒是 CMOS 病毒和磁盘病毒的组合，由一个名叫陈盈豪的人制作并通过 Internet 释放，CIH 为其姓名首字母的组合。

4．计算机病毒的传染方式

1）存储介质传染

存储介质传染是比较普遍的传染方式。使用带病毒的 U 盘使计算机硬盘、内存储器感染病毒，并通过已感染病毒的计算机将病毒传染给在该计算机上使用的 U 盘，从而造成病毒的进一步扩散。

2）网络传染

网络传染是利用计算机网络的各种数据传输（文件传输、邮件发送等）进行传染的。网络传染的扩散速度极快，特别是 Internet 的广泛使用，使得这种传染方式成为现在计算机病毒的主要传染方式。

5. 计算机病毒的防治

基于计算机病毒对计算机系统的破坏，必须采取有效的防治措施。通常从预防、检测和清除 3 个方面着手。

1）预防

根据计算机病毒的传染途径，主要可以采取以下预防措施。

（1）重要的数据文件要定期备份，如果使用 U 盘，最好使用带有写保护功能的 U 盘。

（2）在使用外来存储介质时，必须先进行病毒检测，确保无病毒后再使用。

（3）对担负重要工作的计算机应做到专机专用，专盘专用。

（4）不要随意打开网络上来历不明的软件或邮件。

（5）安装防病毒卡，以便实时监视系统，在发现异常动作后及时处理。

2）检测和清除

计算机一旦感染病毒，就要进行清除，以免造成更大的危害。检测和清除计算机病毒的方法是采用杀毒软件，两个过程往往可以同时进行。杀毒软件首先利用计算机病毒的特征并依据其特征码检测出病毒，然后清除病毒或删除被病毒感染的文件。常见的杀毒软件有金山毒霸、360 杀毒软件等。图 2-36 所示是 360 杀毒软件的工作窗口。

图 2-36　360 杀毒软件的工作窗口

三、计算机黑客

1. 黑客的出现

黑客（Hacker）一词源于英语动词 Hack，意为劈、砍，这个词被引申为"干了一件非常漂亮的工作"。最初的黑客一般是一些编程高手，他们能发现计算机系统漏洞并对这些漏洞进行修补。而后来的黑客则不一定会编程，他们利用黑客技术攻入计算机系统获得利益或自我满足，并对计算机系统进行破坏。因此，可以将其翻译为带贬义的黑客。黑客行为几乎与计算机犯罪行为画上了等号。

2．黑客入侵的危害

一份基于网络安全的调查报告显示，在 Internet 中约有 20%的单位系统曾被黑客入侵。黑客一旦入侵或攻击系统，可以产生如下危害。

（1）修改网络主页，造成不良的后果。

（2）通过攻击系统，使网络瘫痪。

（3）修改或窃取数据，造成巨大的经济损失。

（4）修改控制指令，引发设备损坏或其他损失。

3．黑客入侵的防范

计算机一旦连入 Internet，就应该对黑客入侵引起足够的重视，并采取相应的防范措施。

1）选用安全的密码

下面根据一些黑客软件的工作原理，参照密码破译的难易程度，以破解需要的时间为排序指标，列出了常见的危险密码：将用户名作为密码；将用户名的变换形式作为密码；将生日作为密码；将常用的英文单词作为密码；将 5 位或 5 位以下的字符作为密码。

2）使用安全的服务器系统

可以选择的服务器系统有很多，如 UNIX、Windows NT、NetWare、Linux 等，建议使用 UNIX。

3）定期分析系统日志

建立系统日志，记录机器运行、维护情况，定期分析系统日志。

4）不断完善服务器系统的安全性能

很多服务器系统都被发现有漏洞，服务商会不断在网上发布服务器系统的补丁。为了保证服务器系统的安全性，应随时关注这些信息，及时更新自己的服务器系统。

5）进行动态站点监控

对动态站点进行监控，及时发现网络遭受攻击的情况并加以防范，避免造成损失。

6）谨慎使用共享软件

许多程序设计人员为了测试和调试方便，可能在自己编制的软件中藏有后门。因此，对于共享软件和免费软件，一定要彻底进行检测。

7）做好数据的备份工作

做好数据的备份工作是一个非常关键的步骤。只有有了完整的数据备份，才可以在遭到攻击或系统出现故障时迅速恢复系统。

8）使用防火墙

防火墙正在成为控制系统访问的重要方法。事实上，在 Internet 的 Web 网点中，超过 1/3 的 Web 网点都是由某种形式的防火墙保护的，这是一种对黑客防范较严、安全性较强的方式。

📖 任务练习

给自己的计算机设置密码并对重要文件进行加密；安装任意一款杀毒软件并对计算机

进行病毒查杀和实时安全防护。

任务七　计算机新技术

📖 学习目标

初步了解人工智能、云计算、物联网、大数据的定义、发展、特点及应用。

📖 相关知识

随着计算机技术的发展和深入应用，人们把计算机技术、通信技术和网络技术高度融合，出现了人工智能、云计算、物联网及大数据等计算机新技术。

一、人工智能

在计算机出现之前，人类就幻想着有一种机器可以帮助人类解决问题，甚至有比人类更高的智力。自从第一台计算机出现至今，计算机硬件发展迅速，在传输速率、性能等方面飞速提高，应用范围已从最初的科学计算扩展到了多媒体、CAD、数据库、数据通信、自动控制等领域。人工智能是计算机科学研究的一个分支，是多年来计算机科学研究和发展的结晶。

1. 人工智能的定义

"人工智能"这个概念已被用作"研究如何在机器上实现人的智能"这门学科的名称。从这个意义上说，人工智能是一门研究如何构造智能机器（智能计算机等）或智能系统，使其能模拟、延伸、扩展人类智能的理论、方法、技术及应用系统的一门新技术。通俗地说，人工智能就是研究如何使机器具有能听、会说、能看、会写、能思维、会学习、能适应环境变化、会解决各种面临的实际问题等功能的一门学科。

人工智能是一门基于计算机科学、生物学、心理学、神经科学、数学和哲学等学科的技术。人工智能是指与人类智能相关的计算机功能，如推理、学习和解决问题的能力。对人工智能的研究包括机器人、语言识别、图像识别、自然语言处理和专家系统等。

2. 人工智能的发展

1956 年，一些科学家在达特茅斯学院开会研讨"如何用机器模拟人的智能"，首次提出了"人工智能"这一概念，标志着人工智能学科的诞生。人工智能的发展历程被划分为以下 6 个发展期。

1）起步发展期：1956 年至 20 世纪 60 年代初期

人工智能概念提出后，相继取得了一些令人瞩目的研究成果，如机器定理证明、曼彻斯特大学的 Christopher Strachey 使用 Ferranti Mark 1 机器编写的跳棋程序、Dietrich Prinz 编写的国际象棋程序等，掀起人工智能发展的第一个高潮。

2）反思发展期：20 世纪 60 年代至 70 年代初期

人工智能发展初期的突破性进展大大提升了人们对人工智能的期望，人们开始尝试更具挑战性的任务，并提出了一些研发目标。然而，接二连三的失败和预期目标的落空（无法用机器证明两个连续函数之和还是连续函数、机器翻译闹出笑话等），使人工智能的发展走入低谷。

3）应用发展期：20 世纪 70 年代初期至 80 年代中期

20 世纪 70 年代初期出现的专家系统模拟人类专家的知识和经验解决特定领域的问题，实现了人工智能从理论研究转向实际应用、从一般推理和策略探讨转向运用专门知识的重大突破。专家系统在医疗、化学、地质等领域取得成功，推动了人工智能进入应用发展的新高潮。

4）低迷发展期：20 世纪 80 年代中期至 90 年代中期

随着人工智能应用规模的不断扩大，专家系统存在的应用领域狭窄、缺乏常识性知识、知识获取困难、推理方法单一、缺乏分布式功能、难以与现有数据库兼容等问题逐渐暴露出来。

5）稳步发展期：20 世纪 90 年代中期至 2010 年

网络技术特别是 Internet 的发展，加速了人工智能的创新研究，促使人工智能进一步走向实用化。1998 年，IBM 超级计算机"深蓝"战胜了国际象棋世界冠军；2008 年，IBM 提出了"智慧地球"的概念等都是这一时期的标志性事件。

6）蓬勃发展期：2011 年至今

随着大数据、云计算、物联网等计算机新技术的发展，泛在感知数据和图形处理器等计算平台推动了以深度神经网络为代表的人工智能飞速发展，跨越了科学与应用之间的"技术鸿沟"。图像分类、语音识别、知识问答、人机对弈、无人驾驶等技术实现了从"不能用、不好用"到"可以用"的技术突破，迎来了高速增长的新高潮。

国务院于 2017 年 7 月 8 日印发了《新一代人工智能发展规划》，为抢抓人工智能发展的重大战略机遇，构筑我国人工智能发展的先发优势指明了方向。

3．人工智能的特点

就本质而言，人工智能是对人类思维信息过程的模拟。其特点主要如下。

1）由人类设计，为人类服务，本质为计算，基础为数据

从根本上说，人工智能必须以人为本，按照人类设定的程序逻辑或软件算法通过人类发明的芯片等硬件载体来运行或工作，其本质体现为计算，通过对数据的采集、加工、处理、分析和挖掘，形成有价值的信息流和知识模型，来为人类提供延伸能力的服务，实现对人类期望的一些"智能行为"的模拟。

2）能感知环境，能产生反应，能与人交互，能与人互补

人工智能应能借助传感器等器件产生对外界环境（包括人类）进行感知的能力，可以像人类一样通过听觉、视觉、嗅觉、触觉等接收来自外界环境的各种信息，对外界环境的输入产生文字、语音、表情、动作等必要的反应，甚至影响到环境或人类。借助于按钮、键盘、鼠标、屏幕、手势、体态、表情、力反馈、虚拟现实/增强现实等方式，人类与机器之间可以产生交流与互动，机器越来越"理解"人类乃至与人类共同协作、优势互补。

3）有适应特性，有学习能力，有演化迭代，有连接扩展

人工智能在理想情况下应具有一定的自适应特性和学习能力，即具有一定的随环境、数据或任务变化而自适应调节参数或优化模型的能力。此外，其能够在此基础上通过与云、端、人、物越来越深入的数字化连接，实现机器客体乃至人类主体的演化迭代，从而在各行各业被广泛应用。

4．人工智能的应用

随着人工智能理论研究的发展和技术的成熟，人工智能的应用领域越来越广泛，如制造、家居、金融、医疗、教育、安防、物流、交通、零售等领域。

1）智能制造

随着工业制造 4.0 时代的推进，传统的制造领域在人工智能的推动下迅速发展。人工智能在制造领域的应用主要包括智能装备、智能工厂及智能服务等。

2）智能家居

智能家居主要是指运用物联网，通过智能硬件、软件、云计算平台等构成一套完整的家居生态系统。人们可以设置密码指挥这些家居产品自主运行，同时还可以搜索要使用的数据，以达到不需要指挥的效果。

3）智慧金融

智慧金融主要是指人工智能在金融领域进行自动获客、身份识别、大数据风控、智能客服和金融云等操作。

4）智能医疗

智能医疗主要是指通过大数据、5G、云计算、人工智能等技术与医疗领域进行深度融合。智能医疗主要起到辅助诊断、疾病检测、药物开发等作用。

5）智慧教育

智慧教育主要是指利用人工智能在教育领域实现信息化，利用数字化、网络化、智能化和多媒体化等基本特征进行开放、交互、共享、协作、泛在等，促进教育现代化。

6）智能安防

智能安防主要是指利用人工智能实施的安全防范控制。在当前安全防范意识不断加强的环境下，智能安防市场应用广泛。其中，智能安防主要应用在人体、行为、车辆、图像等方面。

7）智慧物流

智慧物流是指利用智能搜索、推理规划、计算机视觉等技术进行运输、配送和装卸等自动化改革，以实现无人操作一体化。

8）智能交通

智能交通是通信、信息和控制技术在交通系统中集成和应用的产物，主要通过智能设计路线出行的方法改善堵车、拥挤，减少交通事故等。

9）智慧零售

人工智能在零售领域应用广泛，包括无人便利店、智慧供应链、客流统计和无人车等。

综上所述，人工智能应用领域广泛，相信未来在自身的推动下，人工智能将应用到更多的领域当中。

二、云计算

1. 云计算的定义

云计算（Cloud Computing）是 Google 在 2006 年正式提出的，而此时 Amazon 的云计算产品 AWS（Amazon Web Service）已经正式运作近 4 年。因此，有人认为，Google 为云计算起了一个好名字，Amazon 才是云计算的真正开拓者。

云是 Internet 的一种比喻说法，过去在图中往往用云来表示电信网，现在也用云来表示抽象的 Internet 和底层基础设施。关于云计算的定义很多。狭义的云计算是指信息技术基础设施的交付和使用模式，通过网络以按需、易扩展的方式获得所需资源；广义的云计算是指服务的交付和使用模式，通过网络以按需、易扩展的方式获得所需服务。

2. 云计算的发展

2006 年 3 月，Amazon 推出弹性计算云（Elastic Compute Cloud，EC2）服务。同年 8 月，Eric Schmidt 在搜索引擎大会（SES San Jose 2006）上首次提出"云计算"的概念。

2007 年以来，云计算成为计算机领域令人关注的话题之一，同时也是大型企业、Internet 建设着力研究的重要方向。"云计算"概念的提出，使得 Internet 和信息技术服务出现了新模式，引发了一场变革。

2008 年 10 月，Google 与 IBM 开始在美国大学校园，如卡内基梅隆大学、麻省理工学院及斯坦福大学等，推广云计算计划，希望能降低分布式计算技术在学术研究方面的成本，并为这些大学提供相关的软件、硬件设备及技术支持。

2009 年 1 月，阿里软件在江苏省南京市建立首个"电子商务云计算中心"。同年 11 月，中国移动云计算平台"大云"计划启动。现阶段，云计算已经发展得较为成熟。

2010 年，Novell 与云安全联盟（CSA）共同宣布了一项供应商中立计划，名为"可信任云计算计划"（Trusted Cloud Initiative）。

2011 年，思科系统正式加入 OpenStack，重点研制 OpenStack 的网络服务。

2012 年，Ceph 拥抱 OpenStack，加入 Cinder 项目，成为重要的存储驱动。

2013 年，IBM 收购 SoftLayer，提供了业界领先的私有云解决方案。

2014 年，微软宣布 Microsoft Azure 在中国正式商用。

2015 年，Dell 宣布将以 670 亿美元收购 EMC，从而成为全球科技市场最大规模的并购交易。

2016 年 10 月，VMware 和 Amazon 旗下的 Amazon Web Services 达成战略联盟，将 VMware 的数据中心（SDDC）带入 AWS Cloud，支持用户在基于 VMware vSphere®私有云、公有云，以及混合云环境下运行各种应用，并获得对 AWS 服务的最佳访问。

2017 年 10 月，AWS 宣布已经创建了新的基于 KVM 虚拟化引擎，新的 C5 实例和未来的虚拟机将不再使用 Xen，而使用核心的 KVM 技术。

2020 年，我国云计算市场规模达到 1781 亿元，增速为 33.6%。其中，公有云市场规模达到 990.6 亿元，同比增长 43.7%；私有云市场规模达到 791.2 亿元，同比增长 22.6%。

3. 云计算的特点

云计算是使计算分布在大量的分布式计算机上，而非本地计算机或远程服务器上，企业数据中心的运行将与 Internet 更相似。这就使得企业能够将资源切换到需要的应用上，根据需求访问计算机和存储系统，就像从古老的单台发电机供电模式转向电厂集中供电模式一样。它意味着计算能力也可以作为一种产品进行流通，就像煤气、水电一样，取用方便，费用低廉，只不过它通过 Internet 传输。云计算的特点主要如下。

1）超大数据中心规模

云计算服务通常由大型数据中心提供，这些数据中心拥有庞大的物理基础设施和计算资源。云计算数据中心的规模非常大。比如，Google 的云计算数据中心已经拥有 100 多万台服务器，Amazon、IBM、微软、Yahoo 等的云计算数据中心均已经拥有几十万台服务器，企业私有云一般拥有成百上千台服务器。

2）虚拟化

云计算支持用户在任意位置、使用各种终端获取应用服务。

3）高可靠性

云计算通过数据多副本容错、计算节点同构可互换等措施来保障服务的高可靠性。

4）通用性

云计算广泛适用于不同行业的应用场景。

5）高可扩展性

云计算数据中心的规模可以动态伸缩，以满足应用和用户规模增长的需要。

6）按需服务

云计算数据中心是一个庞大的资源池，需要按需购买，按量计费。

7）低成本

由于特殊容错措施可以采用极其低廉的节点构成云计算数据中心，云计算的自动化集中式管理使大量企业无须负担日益高昂的数据中心管理成本，云计算的通用性使资源的利用率较传统系统大幅度提升，因此用户可以享受云计算的低成本优势。

4．云计算的应用

云计算可以通过 Internet 享受各种服务，并且可以降低成本，提高灵活性，优化资源利用率。

1）云存储

云存储是指根据应用集群、网格技术、分布式文件系统等，将网络中很多不同类型的存储设备通过应用软件集合起来协同工作，是一种通用的外部访问数据存储和业务浏览功能的系统。

2）云安全

云安全是指根据网状的很多客户端对网络中软件方式的异常进行监测，以获得网络中病毒、恶意软件等的新信息，并将其推送到服务器进行全自动剖析和解决，把解决方案派发到每一个客户端的系统。

3）云医疗

云医疗（Cloud Medical Treatment，CMT）是指专门满足医疗领域安全性和可用性要求的医疗环境的系统，是信息技术不断发展的必然产物，也是今后医疗技术发展的必然方向。云医疗主要包括云医疗健康信息平台、云医疗远程诊断及会诊系统、云医疗远程监护系统、云医疗教育系统等。

4）云教育

云计算在教育领域中的迁移被称为云教育，云教育是未来教育信息化的基础架构，包括教育信息化所必需的一切硬件计算资源，对这些资源进行虚拟化之后，向教育机构、教育从业人员和学员提供一个良好的平台，即为教育领域提供云服务。云教育包括成绩系统、综合素质评价系统、选修课系统、数字图书馆系统等。

5）云交通

云交通是指在云计算中整合现有资源，并能够针对未来交通领域的发展整合将来所需要的各种硬件、软件和数据，动态满足智能交通系统中的应用系统。

6）云会议

云会议是依托于云计算的高效率、便捷、低成本的会议形式。用户只需要根据网络界面进行简易、实用的操作，便可以迅速与世界各地团体及用户同步共享语音、视频等。

7）云社交

云社交是物联网、云计算和移动 Internet 交互运用的虚拟社交模式，以创建知名的"资源分享关系图谱"为目的，进行网络社交。

三、物联网

1．物联网的定义

物联网（Internet of Things，IoT）是基于 Internet、传统电信网等信息载体，让所有能行使独立功能的普通物体实现互联互通的网络。由物联网的定义可知，物联网的基础和核心依然是 Internet。物联网将智能感知、识别技术与普适计算等通信感知技术，应用到网络中，是在 Internet 基础上的延伸和扩展。物联网的用户端延伸和扩展到任何物体与物体之间，进行信息交换和通信，即物物互联。

2．物联网的发展

1995 年，比尔·盖茨在《未来之路》一书中首次提出"物联网"这一概念。

1998 年，麻省理工学院提出当时被称作 EPC 系统的物联网构想。

1999 年，在美国召开的移动计算和网络国际会议上提出"传感网"的概念，认为"传感网是下一个世纪人类面临的又一个发展机遇"。

2003 年，在美国的《技术评论》杂志中提出，传感网技术将是未来改变人们生活的十大技术之首。

2005 年，在突尼斯举行的信息社会世界峰会（WSIS）上，国际电信联盟（ITU）发布《ITU 互联网报告 2005：物联网》，正式提出"物联网"的概念。《ITU 互联网报告 2005：物联网》指出物联网通信时代即将到来。

2009 年 1 月，麦特·王博士在主题为"构建智慧的地球"的演讲中提出，把感应器嵌入和安装到家居、电网、铁路、桥梁、隧道、公路、建筑、供水系统、大坝、油气管道等各种物体中，并且被普遍连接，形成物联网，将物联网与现有的 Internet 整合起来，实现人类社会与物理系统的整合。

自温家宝提出"感知中国"以来，物联网被正式列为国家五大新兴战略性产业之一，写入《政府工作报告》。截至 2010 年，中华人民共和国发展和改革委员会、中华人民共和国工业和信息化部（以下简称工信部）等会同有关部门，在新一代信息技术方面开展研究，以形成支持新一代信息技术的一些新政策，从而推动我国经济的发展。

2013 年 11 月 6 日，华为宣布将在 2018 年之前投资 6 亿美元用于 5G 的研发。2018 年，华为率先完成了 5G 商用芯片和终端的发布，在行业内遥遥领先。5G 具有比移动 Internet 更为庞大的市场。它拥有更大的带宽，实现了高清视频播放，还能提供低延时、高可靠的设备连接，可以应用于自动驾驶、工业生产等领域，并且各种智能硬件均可以连接网络，打通了人与物，以及物与物之间的连接。

2021 年 7 月，在中国互联网大会上正式发布《中国互联网发展报告（2021）》（以下简称《报告》）。《报告》显示，我国物联网市场规模达 1.7 万亿元，人工智能市场规模达 3031 亿元。

2021 年 9 月，工信部等八部门印发《物联网新型基础设施建设三年行动计划（2021—2023 年）》，明确到 2023 年年底，在国内主要城市初步建成物联网新型基础设施，使社会现代化治理、产业数字化转型和民生消费升级的基础更加稳固。

作为信息通信技术的突破方向，物联网蕴含着巨大的潜能，是继计算机、Internet 和移动通信技术之后的新一轮信息技术革命，正成为推动信息技术在各行各业更深入应用的新一轮信息化浪潮。物联网的提出体现了大融合理念，突破了将物理基础设施和信息基础设施分开的传统思维，具有重要的战略意义。

3．物联网的特点

物联网作为一种新兴技术，特点主要如下。

（1）物联网是各种感知技术的广泛应用。在物联网中部署的传感器不仅数量庞大，而且种类各异。每个传感器都是一个信息源，不同种类的传感器所捕获的信息内容和信息格式不同。传感器获得的数据具有实时性，按一定的频率周期性地采集环境信息，不断更新数据。

（2）物联网是建立在 Internet 中的泛在网络。物联网的基础和核心仍是 Internet，可以通过各种有线和无线网络与 Internet 融合，将物体的信息实时、准确地发送出去。在物联网中的传感器定时采集的数据需要借助网络传输，数据量庞大。在传输过程中，为了保障数据的正确性和及时性，必须适应各种异构网络和协议。

（3）物联网不仅提供传感器的连接功能，而且具有智能处理的能力，能够对物体实施智能控制。物联网将传感器和智能处理结合，利用云计算、模式识别等各种智能技术，扩充应用领域，从传感器获得的海量数据中分析、加工和处理有意义的数据，以适应不同用户的不同需求，适应新应用领域和应用模式。

4．物联网的应用

目前，物联网已经广泛应用于农业、服务业，以及国家基础设施、教育、医疗、生活家居等领域，引发和带动生产力、生产方式和生活方式的深刻变革，成为经济社会绿色、智能、可持续发展的基础和重要引擎。

1）智能仓储

智能仓储是物流过程的一个环节。智能仓储的应用，保证了货物仓库管理各个环节数据输入的速度和准确性，确保了企业及时、准确地掌握库存数据，合理地保持和控制企业库存。

2）智慧物流

智慧物流是一种以信息技术为支撑，在物流的运输、存储、包装、装卸、搬运、加工、配送、信息服务等各个环节实现系统感知，以及全面分析、及时处理及自我调整功能，实现物流规整智慧、发现智慧、创新智慧的现代综合性物流系统。

3）智能家居

智能家居可以实现人们利用无线机制操作家用电器的运行状态、定位家庭成员的位置等功能。利用物联网，人们可以对家电进行控制和管理，在更加便捷、舒适的环境中生活。

4）智能医疗

在医疗领域中，可穿戴设备通过传感器可以监测人的心跳频率、体力消耗、血压高低，利用 RFID 技术可以监测医疗设备、医疗用品，实现医院数据的可视化、数字化，并将数据记录到电子健康文件中，以便个人或医生查阅。

5）智能电网

智能电网由多个部分组成，分为智能变电站、智能配电网、智能电能表、智能交互终端、智能调度、智能家电、智能用电楼宇、智能城市用电网、智能发电系统和新型储能系统等。智能电网可以充分满足用户对电力的需求和优化资源配置，确保电力供应的安全性、可靠性和经济性，满足环保约束，保证电能质量，适应电力市场化发展等，实现对用户可靠、经济、清洁、互动的电力供应和增值服务。

6）智能交通

智能交通是交通业与物联网结合的产物，主要体现在人、车、路的紧密结合，进而使得交通环境得到改善，交通安全得到保障，资源利用率在一定程度上得到提高。具体应用在智能公交车、共享单车、车联网、智能红绿灯、智慧停车等方面。

7）智能农业

智能农业是农业与物联网结合的产物，主要应用在农业种植、畜牧养殖等方面。在农业种植方面，利用传感器、摄像头、卫星来促进农作物和机械装备的数字化发展。而在畜牧养殖方面，通过耳标、可穿戴设备、摄像头来收集数据，分析并使用算法判断禽畜的状况，精准管理禽畜的健康、喂养、位置、发情期等状况。

8）智能制造

智能制造是制造业与物联网结合的产物，主要体现在数字化、智能化的工厂有机械设备监控和环境监控，设备厂商能够远程升级维护设备，了解使用状况，收集其他关于产品的信息，有利于以后的产品设计和售后。

9）智能能源环保

智能能源环保是能源环保业与物联网结合的产物，主要应用有智能井盖、智能水表、智能电表，以及将水、电、燃气设备联网。使用智能井盖可以监测水位，使用智能水表和智能电表可以远程获取读数。将水、电、燃气设备联网，可以提高利用率，减少不必的损耗。

10）智慧建筑

智慧建筑是建筑与物联网结合的产物，主要体现在节能方面。智慧建筑对建筑设备感知，可以节约能源，同时降低运维的人员成本。其具体应用有用电照明、消防监测、智慧电梯、楼宇监测等。

四、大数据

随着计算能力、存储空间、网络带宽提高，物联网、云计算等计算机新技术不断融入人们的生活，在过去的多年间，医疗保健和科学传感器、用户生成数据、Internet 和金融公司、供应链系统等领域出现了大规模的数据增长。大数据正日益成为众多领域追逐与利用的利器。其优势明显，功能众多。

1．大数据的定义

目前，大数据的重要性得到了人们的一致认同，但关于大数据的定义却众说纷纭。2011年 5 月，麦肯锡将大数据的定义为"大数据是指其大小超出了典型数据库软件的采集、存储、管理和分析等能力的数据集"。同年，在大数据研究领域极具影响力的 IDC 将大数据定义为"大数据技术描述了新一代的技术和架构体系，通过高速采集、发现或分析，提取各种各样的大量数据的经济价值"。根据该定义，大数据的特点总结为 4 个 V，即 Volume（体量浩大）、Variety（模态繁多）、Velocity（生成快速）和 Value（价值巨大）。该定义得到了广泛的认同，指出了大数据的意义和必要性，以及如何从体量浩大、模态繁多、生成快速的数据集中挖掘出价值巨大的信息。

2．大数据的发展

大数据的发展，主要经历了 4 个阶段：大数据萌芽阶段、大数据成长阶段、大数据爆发阶段和大数据大规模应用阶段。

1）大数据萌芽阶段

1980—2008 年，"大数据"这一概念被提出，相关技术概念得到一定程度的传播，但没有得到实质性的发展。同一时期，随着数据挖掘理论和数据库技术的逐步成熟，一批商业智能工具和知识管理技术开始被应用，如专家系统、知识管理系统等。1980 年，托夫勒在《第三次浪潮》一书中，首次提出"大数据"一词，将大数据称赞为"第三次浪潮的华彩乐章"。

2）大数据成长阶段

2009—2011 年，大数据市场迅速成长，Internet 数据呈爆发式增长，大数据逐渐被大众熟悉和使用，"大数据"一词成为 Internet 行业中的热门词汇。2009 年，联合国全球脉冲项目已研究了对如何利用手机和社交网站的数据源来分析、预测从螺旋价格到疾病暴发之类的问题。2011 年 6 月，麦肯锡发布了关于大数据的报告，正式定义了大数据的概念，之后该概念逐渐受到了各行各业关注。2011 年 12 月，工信部发布的《物联网"十二五"发展规划》中，把信息处理技术作为 4 项关键技术创新工程之一被提出，其中包括海量数据存储和处理，以及数据挖掘、图像视频智能分析等技术。

3）大数据爆发阶段

2012—2016 年是大数据爆发阶段。

2012 年，美国政府发布《大数据研究与发展计划倡议》，这一倡议标志着大数据成为重要的时代特征。2012 年 3 月 22 日，美国政府宣布使用 2 亿美元投资大数据领域，这是大数据从商业行为上升到国家科技战略的分水岭。

2013 年 9 月,贵阳市人民政府与中关村科技园区管理委员会签署战略合作框架协议,双方共同打造的"中关村贵阳科技园"揭牌,正式拉开了贵阳市发展大数据的序幕。2013 年被学界一致认同为"大数据元年"。

2014 年,"大数据"一词首次出现在当年的《政府工作报告》中。《政府工作报告》指出,设立新兴产业创业创新平台,在新一代移动通信、集成电路、大数据先进制造、新能源、新材料等方面赶超先进,引领未来产业发展。

2015 年 4 月,国内首个大数据交易所在贵阳市挂牌成立。2015 年 6 月,习近平总书记走进贵阳市大数据广场,听取贵州省大数据产业发展、规划和实际应用情况介绍。同年,在国务院常务会议上通过了《关于促进大数据发展的行动纲要》,大数据正式上升到国家战略层面。

2016 年 12 月,工信部正式印发《大数据产业发展规划（2016—2020 年）》。《中国大数据发展调查报告（2017 年）》指出,2016 年中国大数据产业总体规模为 168 亿元,预计 2017—2020 年增速保持在 30%以上。

4）大数据大规模应用阶段

2017—2022 年是大数据大规模应用阶段。

2017 年,大数据已经渗透到人们生活的方方面面,我国大数据产业的发展也进入爆发期。2017 年 11 月,我国首个大数据人才培养发展方向的通识性标准,即《中国大数据人才培养体系标准》正式发布。同年,中国大数据产业总体规模为 4700 亿元,同比增长 30%,大数据核心产业规模为 236 亿元,与 2016 年相比,增速达到 40.5%。

2018 年,达沃斯世界经济论坛等全球性重要会议都把大数据作为重要议题进行讨论和展望。大数据将对人类生活产生深远的影响,大数据是未来科技浪潮发展不容忽视的巨大推动力量,大数据应用渗透各行各业,其价值不断凸显,数据驱动决策和社会智能化程度大幅度提高,大数据产业迎来快速发展。

2019 年 5 月,《2018 年全球大数据发展分析报告》显示,中国大数据产业发展和技术创新能力有了显著提升。这一时期,学术界在大数据方面的研究创新也不断取得突破。

截至 2020 年,全球以 big data 为关键词的论文发表量达到 64 739 篇,全球共申请与大数据相关的专利 136 694 项。

3．大数据的应用

大数据用于通过对海量数据进行分析,获得有价值的产品和服务,获取深刻的洞察力。大数据作为一种新资源方式,正在快速影响和改变着人们的生活。

1）电商领域

目前,大数据在电商领域得到了广泛应用,如淘宝、京东等电商平台利用大数据对用户信息进行分析,从而推送用户感兴趣的产品,刺激消费。根据用户的消费习惯,通过对数据进行分析,可以提前生产资料、管理物流等,有利于细化社会大生产。

2）医疗领域

在医疗领域,通过临床数据对比、实时统计数据分析、远程病人数据分析、就诊行为数据分析等,可以辅助医生进行临床决策,规范诊疗路径,提高工作效率。

3）政府部门

智慧城市已经在多地运营，通过大数据，政府部门得以感知社会的发展变化需求，从而更加科学化、精准化、合理化地为市民提供相应的公共服务和资源配置。

4）传媒领域

传媒领域的企业通过收集各式各样的数据，对其进行分类、筛选、清洗及加工等，实现对用户需求的准确定位和把握，并追踪用户的浏览习惯，不断进行数据优化。

5）金融领域

在金融领域，大数据更多被用于交易，现在很多股权的交易都是利用大数据算法进行的，这些算法通过越来越多地考虑社交媒体和网站新闻来决定在未来几秒内是买入还是卖出。另外，利用大数据，银行可以根据用户的年龄、资产规模、理财偏好等，对用户群体进行精准定位，分析用户潜在的金融服务需求。

6）教育领域

通过大数据进行学习、分析，能够为每位学生创设一个量身定做的个性化课程，为学生的学习提供一个富有挑战性的学习计划。

7）交通领域

大数据可以预测未来的交通情况，进而为改善交通状况提供优化方案，有助于交通部门提高对道路交通的把控能力，防止和缓解交通拥堵，提供更加人性化的服务。例如，利用社交网络和天气数据来优化最新的交通状况等。

📖 任务练习

请以表格的形式对人工智能、云计算、物联网及大数据等技术的应用进行分析。

课程思政阅读材料

中国自主研发的超级计算机

超级计算技术被视为科技突破的"发动机"。随着应用的不断开发与完善，超级计算技术服务着科学研究、产业发展各方面，成为解决人类难题的"超强大脑"。

中国超级计算技术的发展，是中国科研人员艰苦奋斗、开拓进取的历程，翻越了打破封锁（1956—1995 年）、打破垄断（1996—2015 年）和引领创新（2016 年至今）的"3 座大山"，逐步缩小了与国外研发水平的差距，并最终在整机系统设计和关键技术上取得了世界领先成就。超级计算机的研发水平是一个国家国力的直接体现。神威·太湖之光（见图 2-37）、天河二号（见图 2-38）、派-曙光、天河一号、神威 E 级、星云、神威蓝光、深腾 X8800、曙光 5000A 及银河，是中国目前具有代表性的一批超级计算机。

中国从 20 世纪 90 年代开始研发国产超级计算机，在经历了多年的发展后，如今中国的超级计算技术已经位居世界一流。2010—2018 年，由中国研发的天河二号、神威·太湖之光连续数年位居全球超级计算机 500 强榜单前列。2017 年，全球超级计算机 500 强榜单上冠军与亚军均被中国自主研发的超级计算机占据。在超级计算技术已经赶上世界先进水平后，目前中国还在努力实现技术突破。中国研发的 E 级超级计算机及九章量子超级计算机，都代表了未来的超级计算技术。中国在超级计算技术上的突破，除了可以使中国的科技实力得到大幅度提升，还能带来更多的实际应用。在军用领域，超级计算机可以被用于战斗机的设计与制造。此外，超级计算机还能完整模拟核爆炸，使中国在不进行核试验的情况下，就可以完成对现有核武器的更新换代。在民用领域，超级计算机可以用来模拟人脑等复杂系统，甚至还能在医学上帮助人们治疗各种顽疾。

图 2-37　神威·太湖之光　　　　　　　　图 2-38　天河二号

　　我国逐渐拓展超级计算机的应用领域，从国家安全、核武器研制、气象预报、石油勘探等领域，拓展到 Internet、大数据、人工智能、基因测序、影视制作、金融等领域，惠及不同的行业，越来越贴近人们的生活。例如，由于超级计算机的计算成本越来越低，且测序仪的速度越来越快，使得基因测序的价格快速下降，从过去的每人每次几十万元，到现在的每人每次几千元。另外，超级计算机还用于解决前沿技术问题。例如，在新型冠状病毒感染疫情期间，新型冠状病毒感染的诊疗技术和药物研发，以及各地联防联控、精准施策，都离不开超级计算机的支持。

　　2022 年上半年全球超级计算机 500 强榜单显示，在全球浮点运算性能排名前 500 台的超级计算机中，中国部署的超级计算机的数量位列全球第一，达到 173 台，占总体份额的34.6%；神威·太湖之光和天河二号分别位列第 6 名、第 9 名；上海交通大学部署的思源一号位列第 138 名。从制造商来看，联想交付 161 台，是目前世界上最大的超级计算机制造商。

　　经过多年的发展，中国超级计算取得了一定的成绩，但仍面临着很大的挑战。一是技术异构带来的适配问题逐渐显现，二是智算中心带来的冲击日渐剧烈。世界各国的超级计算技术的竞争日益激烈，中国的超级计算技术要立足世界前列，离不开青年一代的努力学习、顽强拼搏，以及积极投身超级计算技术的钻研与开发。

习　题

一、单项选择题

1. 二进制数 1101001 转换成十进制数为（　　）。
   A. 107　　　　　　B. 105　　　　　　C. 104　　　　　　D. 106
2. 构成 CPU 的主要部件是（　　）。
   A. 内存储器和控制器　　　　　　　　B. 内存储器、控制器和运算器
   C. 高速缓存器和运算器　　　　　　　D. 控制器、运算器和寄存器

3. 下列各组软件中，全部属于应用软件的是（　　　）。
　　A. 程序语言处理程序、操作系统、数据库管理系统
　　B. 文字处理程序、编辑程序、UNIX
　　C. 财务处理软件、金融软件、WPS Office 2013
　　D. Word 2000、Photoshop、Windows 98

4. 完整的计算机系统由（　　　）组成。
　　A. 主机、键盘和显示器　　　　　　　B. 系统软件和应用软件
　　C. 主机和外部设备　　　　　　　　　D. 硬件系统和软件系统

5. 下列各组设备中，全部属于计算机输出设备的一组是（　　　）。
　　A. 喷墨打印机、显示器、键盘　　　　B. 激光打印机、键盘、鼠标器
　　C. 键盘、鼠标器、扫描仪　　　　　　D. 打印机、绘图仪、显示器

6. 诺依曼结构的计算机硬件系统的 5 个组成部分是（　　　）。
　　A. 输入设备、运算器、控制器、存储器、输出设备
　　B. 键盘和显示器、运算器、控制器、存储器、电源设备
　　C. 输入设备、CPU、硬盘、存储器、输出设备
　　D. 键盘、主机、显示器、硬盘、打印机

7. 计算机病毒实际上是（　　　）。
　　A. 一个完整的小程序
　　B. 一段寄生在其他程序上的通过自我复制进行传染并破坏计算机功能和数据的特殊程序
　　C. 一个有逻辑错误的小程序
　　D. 微生物病毒

8. 微型机的主要性能指标有（　　　）。
　　A. 字长、运算速度和主频　　　　　　B. 可靠性和精度
　　C. 耗电量和效率　　　　　　　　　　D. 冷却效率

9. 已知英文字母 m 的 ASCII 码的字符为 6DH，那么英文字母 q 的 ASCII 码的字符是（　　　）。
　　A. 70H　　　　　B. 71H　　　　　C. 72H　　　　　D. 6FH

10. 区分现代电子计算机发展的各个阶段的标志是（　　　）。
　　A. 元器件的发展水平　　　　　　　　B. 计算机的运算速度
　　C. 软件的发展水平　　　　　　　　　D. 操作系统是否更新换代

11. 计算机最早的应用领域是（　　　）。
　　A. 辅助工程　　　B. 过程控制　　　C. 数据处理　　　D. 数值计算

12. 在计算机中，容量为 20GB 的硬盘可以存储的汉字个数是（　　　）。
　　A. 10×1000×1000Bytes　　　　　　　B. 20×1024MB
　　C. 10×1024×1024KB　　　　　　　　　D. 20×1000×1000KB

13. 如果汉字点阵大小为 32×32，那么 100 个汉字的字形信息占用（　　　）字节。
　　A. 12 800　　　　B. 3200　　　　　C. 32×3200　　　　D. 128

14. 多媒体计算机处理的信息类型有（　　　）。
　　A. 文字、数字、图形　　　　　　　　B. 文字、数字、图形、图像、音频、视频

　　C．文字、数字、图形、图像　　　　　　D．文字、图形、图像、动画

15．对于一张带有写保护功能的 U 盘，（　　　）。

　　A．既不会向外界传播病毒，又不会被病毒感染

　　B．不但会向外界传播病毒，而且会被病毒感染

　　C．虽不会向外界传播病毒，但会被病毒感染

　　D．虽不会被病毒感染，但会向外界传播病毒

16．下列叙述中，正确的是（　　　）。

　　A．键盘上的 F1～F12 键，在不同的软件中的作用是一样的

　　B．计算机内部的数据用二进制形式表示，而程序则用字符表示

　　C．计算机汉字字模的作用是供屏幕显示和打印输出

　　D．微型机主机箱内的所有部件均由大规模、超大规模集成电路构成

17．ASCII 码是一种对（　　　）进行编码的计算机代码。

　　A．汉字　　　　　　B．字符　　　　　　C．图像　　　　　　D．声音

18．下列关于计算机病毒的叙述中，正确的是（　　　）。

　　A．计算机病毒的特点之一是具有免疫性

　　B．计算机病毒是一种有逻辑错误的小程序

　　C．反病毒软件必须随着新病毒的出现而升级，以提高查杀病毒的功能

　　D．感染过某种病毒的计算机具有该病毒的免疫性

19．下面关于 U 盘的描述中，错误的是（　　　）。

　　A．U 盘有基本型、增强型和加密型 3 种

　　B．U 盘的特点是重量轻、体积小

　　C．U 盘固定在机箱内，不便携带

　　D．断电后，优盘存储的数据不会丢失

20．个人计算机属于（　　　）。

　　A．巨型机　　　　　　B．大型机　　　　　　C．小型机　　　　　　D．微型机

二、简答题

1．计算机的发展划分为哪几代？其划分的依据是什么？

2．计算机中为什么要采用二进制形式？

3．简述多媒体计算机的组成。

4．CPU 包含哪些部件？其各个部件的功能是什么？

5．简述计算机病毒的传播途径与表现形式。

6．什么是计算机硬件系统？什么是计算机软件系统？它们之间有何关系？

7．如何防范计算机病毒？

8．什么是浮点数？什么是定点数？

9．简述计算机的应用领域。

10．什么是指令？计算机指令由哪两个部分组成？

项目三

Windows 10 操作系统

📖 项目描述

计算机从最初用来解决复杂数学问题到今天用来解决多种问题，已成为全能信息处理设备。伴随着计算机硬件设备的更新换代，软件技术也随之快速发展。系统软件的操作系统经历了从 DOS 磁盘操作系统到图形用户界面操作系统的变化。目前，随着手机上网用户的增加，操作系统市场形成了以 Windows 为代表的桌面操作系统和以 Android 为代表的手机操作系统。两种操作系统相互博弈，各有千秋，目前共生共存。

本项目从具体的任务出发，着重介绍 Windows 10 简介，Windows 10 的启动、注销和关闭，Windows 10 的基本设置，文件资源管理及 Windows 10 的个性化设置等知识。

通过学习本项目，学生可以对 Windows 10 有一个整体的认识。

📖 知识导图

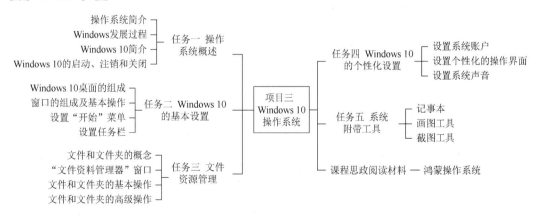

任务一　操作系统概述

📖 学习目标

了解操作系统的 5 个功能、操作系统的分类和主流的操作系统；了解 Windows 发展过程；了解 Windows 10 的新功能、版本和基本配置；掌握 Windows 10 的启动、注销和关闭。

📖 相关知识

一、操作系统简介

操作系统（Operating System，OS）就是操作计算机的系统。操作系统主要负责控制和管理计算机。

1. 操作系统的主要功能

操作系统主要包括 5 个功能。

1）进程管理

进程管理主要进行进程调度。在单用户、单任务的情况下，处理器被一个用户的单任务独占，进程管理工作十分简单。在多道程序、多用户的情况下，处理器要执行多个任务时，需要解决处理器的调度、分配和回收等问题。

2）存储管理

存储管理包括存储分配、存储共享、存储保护、存储扩张等。

3）设备管理

设备管理包括设备分配、设备传输控制、设备独立等。

4）文件管理

文件管理包括文件存储空间管理、目录管理、文件操作管理、文件保护等。

5）作业管理

作业管理包括负责处理用户提交的请求管理。

2. 操作系统的分类

操作系统根据不同的用途分为不同的种类。从功能角度分类，操作系统有批处理操作系统、分时操作系统、实时操作系统、嵌入式操作系统和网络操作系统。

批处理操作系统出现于 20 世纪 60 年代，是早期的操作系统，目前已被淘汰。这种操作系统通过批处理任务提高资源利用率和系统吞吐量。

分时操作系统可以实现多个程序分时共享硬件和软件资源，满足多个用户的数据处理需要，可以节约资源成本。分时操作系统将系统处理时间和内存储器空间按照一定的时间间隔，轮流分配给不同用户的程序使用，因为时间间隔比较短，所以对用户来说就像是独占计算机。分时操作系统具有多路性、独立性、交互性、及时性的特点。

实时操作系统可以快速对外部命令进行响应，并在对应的时间处理问题，协调系统工作。实时操作系统具有及时响应和高可靠性的特点。实时操作系统有硬实时操作系统和软实时操作系统两种。使用硬实时操作系统必须在规定的时间内完成操作。使用软实时操作系统按照任务的优先级别，需要尽快完成操作。实时操作系统主要应用于工业控制、军事控制、语音通信、股市行情等领域。

嵌入式操作系统（EOS）是用于嵌入系统的操作系统。嵌入式操作系统是一种用途广泛的操作系统，主要负责系统的全部软件和硬件资源的分配、任务的调度等。嵌入式操作系统必须根据其所在系统的特征，通过装卸某些模块来实现系统要求的功能。

网络操作系统是向网络中的计算机提供服务的操作系统。网络操作系统分为服务器和客户端。服务器主要管理网络上的资源，为客户端提供资源服务。客户端主要向服务器请求服务，接收服务器的响应数据。常见的网络操作系统有 Linux、FreeBSD、Windows Server 等。

3. 主流的操作系统

1）DOS

DOS 也被称为磁盘操作系统，是早期个人计算机上的操作系统。DOS 是 1979 年微软为 IBM PC 开发的 MS-DOS。它是一个单用户、单任务操作系统。

2）Windows

Windows 是微软以图形用户界面为基础研发的操作系统，主要用于计算机、智能手机等设备上，有普通版本、服务器版本、手机版本、嵌入式版本等系列，是全球应用十分广泛的操作系统。

3）UNIX

UNIX 是一个通用的、多用户、交互式操作系统。最早的 UNIX 于 1970 年问世。除了作为网络操作系统使用，UNIX 还可以作为单机操作系统使用。UNIX 作为一种开发平台和台式操作系统获得了广泛应用，主要用于工程应用和科学计算等领域。

4）Linux

Linux 全称为 GNU/Linux，是一种类 UNIX。从 UNIX 发展而来的操作系统一般统称为类 UNIX。Linux 继承了 UNIX 以网络为核心的设计思想，是一个性能稳定的多用户网络操作系统。

5）macOS

macOS 是一套由苹果公司开发的运行于 Macintosh 系列计算机上的操作系统。

二、Windows 发展过程

Windows 1.0 由微软在 1983 年 11 月宣布，并在两年后发行。严格来说，Windows 1.0 并不是一个完整的操作系统，甚至可以说，Windows 1.0 只是一个 MS-DOS 的拓展功能。

Windows 2.0 于 1987 年 11 月正式在市场上推出。Windows 2.0 对使用者界面做了一些改进，增强了键盘和鼠标界面。从 Windows 2.0 开始，Windows 逐步支持 Intel 处理器。

Windows 3.0 是在 1990 年 5 月 22 日发布的，将 Win/286 和 Win/386 结合到同一种产品上。Windows 3.0 是第一个在家用和办公室市场上取得立足点的版本。Windows 3.1 只能在保护模式下运行，并且要求运行主机至少配置了容量为1MB的286/386处理器。Windows 3.2 是 Windows 3.x 系列的唯一一中文版。

1993 年 7 月发布的 Windows NT 3.x 是一个支持多种处理器架构的操作系统，包括 x86、Alpha、MIPS 和 PowerPC 等，这使得它可以在不同的硬件平台上运行，并且具有很高的灵活性和可移植性。

Windows 95 在 1995 年 8 月发布。Windows 95 是微软研发的混合 16 位/32 位计算机操作系统，版本号为 4.0，开发代号为 Chicago。"开始"菜单最早出现于 Windows 95 上，"开始"菜单的出现可以有效提升系统操作的效率。

Windows 98 在 1998 年 6 月发布，具有许多加强功能，包括提高执行效率，支持更好的硬件功能。

Windows ME 的性能是介于 Windows 98 和 Windows 2000 的。由于 Windows ME 既失去了 Windows 2000 的稳定性，又无法达到 Windows 98 的低配置要求，因此 Windows ME 很快被大众"遗弃"。

Windows 2000 被誉为迄今为止最稳定的操作系统，由 Windows NT 3.x 发展而来，从 Windows 2000 开始，正式抛弃了 Windows 9X 的内核。

Windows XP 于 2001 年 10 月 25 日正式发布。其中 XP 来自 Experience，意为增强了安全特性，同时加大了验证盗版的技术。

2006 年 11 月，具有跨时代意义的 Windows Vista 发布。Windows Vista 引发了一场硬件革命，标志着个人计算机正式进入双核时代。Windows Vista 华丽的界面和炫目的特效值得认可。

Windows 7 于 2009 年 10 月 22 日在美国发布，于 2009 年 10 月 23 日在中国正式发布。Windows 7 是除 Windows XP 外第二经典的 Windows。

2012 年 10 月 26 日，Windows 8 在美国正式推出。Windows 8 支持 Intel、AMD 和 ARM 公司的芯片架构，被应用于个人计算机和平板计算机上，尤其是移动触控电子设备，如触屏手机等。

2015 年 7 月 29 日发布的 Windows 10，与以往的操作系统不同。Windows 10 是一款跨平台的操作系统，能够同时运行在台式计算机、平板计算机、智能手机和 Xbox 等中，为用户带来统一的体验。

三、Windows 10 简介

Windows 10 是微软研发的新一代跨平台及设备应用的操作系统，共有 7 个版本，分别面向不同用户和设备。Windows 10 贯彻了"移动为先，云为先"的设计思路，一云多屏，多个平台共用一个 Windows 应用商店，其应用需统一更新和购买，是跨平台非常广的操作系统。

1. Windows 10 的新功能

Windows 10 的宗旨是让用户的操作更加方便、快捷。相比 Windows 8 和 Windows 7，Windows 10 主要有以下新功能。

1）回归传统桌面，取消开始屏幕

Windows 10 在启动后，默认进入传统的桌面，而不是像 Windows 8 那样默认进入开始屏幕，需要用户单击"桌面"磁贴才能进入桌面。

2）恢复"开始"菜单

Windows 10 恢复了经典的"开始"菜单，并在其基础上进行了改进，如在右侧新增了现代化风格区域。

3）程序窗口化

在 Windows 10 的应用商店中打开的程序可以如同在计算机中打开的窗口一样随意拖曳并更改大小，还可以实现最小化、最大化（还原）和关闭操作。

4）粘贴功能

在以前版本的 Windows 中，命令提示符只能通过用户手动输入。Windows 10 为了照顾高级用户，在命令提示符窗口中新增了粘贴功能，用户可以在命令提示符窗口中通过按组合键 Ctrl+V 进行粘贴。

5）虚拟桌面功能

Windows 10 新增了 Multiple Desktops 功能，这个功能又被称为虚拟桌面功能。用户根据自己的需要，可以在同一个操作系统中创建多个桌面，以便更好地组织和管理任务，也可以快速地在不同桌面之间进行切换。

6）分屏多窗口功能

分屏多窗口功能是指在屏幕中可以同时并排显示 4 个窗口，并且能够在单独的窗口中显示正在运行的其他应用程序。

7）全新的操作中心

全新的操作中心将所有通知集中在一起。此外，在操作中心底部还有一些常用的按钮，兼顾用户手机或移动设备的使用习惯。

8）设备与平台统一

Windows 10 为所有硬件提供了一个统一的平台，即支持多种设备类型。Windows10 覆盖了当前几乎所有尺寸和种类的设备，所有设备共用一个应用商店。启用 Windows RunTime（WinRT）后，用户可以在 Windows 设备上实现跨平台运行同一个应用软件。

2．Windows 10 的版本

Windows 10 有家庭版、专业版、企业版、教育版、移动版、移动企业版和物联网核心版 7 个版本，Windows 10 的版本及功能如表 3-1 所示。本书使用的是 Windows 10 专业版。

表 3-1　Windows 10 的版本及功能

版　本	功　能
家庭版（Home）	Cortana 语音助手（选定市场）、Edge 浏览器、面向触控屏设备的 Continuum 平板计算机模式、Windows Hello（脸部识别、虹膜、指纹登录）、串流 Xbox One 游戏的能力、微软开发的通用 Windows 应用（Photos、Maps、Mail、Calendar、Groove Music 和 Video）、3D Builder
专业版（Professional）	以家庭版为基础，增添了设备和应用管理、企业数据保护、远程和移动办公支持、云计算等技术。另外，它还带有 Windows Update for Business，微软承诺该功能可以降低管理成本、控制更新部署，让用户更快地获得安全补丁
企业版（Enterprise）	以专业版为基础，增添了大中型企业用来防范针对设备、身份、应用和敏感企业信息的现代安全威胁的先进功能，供微软的批量许可（Volume Licensing）用户使用，用户能选择部署新技术的节奏，其中包括使用 Windows Update for Business 的选项。作为部署选项，Windows 10 企业版将提供长期服务分支（Long Term Servicing Branch）
教育版（Education）	以企业版为基础，面向学校职员、管理人员和学生。它将通过面向教育机构的批量许可计划提供给用户，学校将能够升级 Windows 10 家庭版和 Windows 10 专业版设备
移动版（Mobile）	面向尺寸较小、配置触控屏的移动设备，如智能手机和小尺寸平板计算机，集成与 Windows 10 家庭版相同的通用 Windows 10 应用和针对触控操作优化的办公软件。部分新设备可以使用 Continuum 功能。在连接外置大尺寸显示屏时，用户可以把智能手机当作个人计算机使用
移动企业版（Mobile Enterprise）	以 Windows 10 移动版为基础，面向企业用户。它将提供给批量许可用户使用，增添了企业管理更新，以及及时获得更新和安全补丁软件的方式
物联网核心版（Windows 10 IoT Core）	面向小型低价设备，主要针对物联网设备。目前，已支持树莓派 2 代/3 代、DragonBoard 410c（基于骁龙 410 处理器的开发板）、MinnowBoard MAX 及 Intel Joule

3. Windows 10 的基本配置

要安装 Windows 10，首先应检查计算机的配置。Windows 10 的基本配置如表 3-2 所示。

表 3-2　Windows 10 的基本配置

硬　件	桌面版本	移动版本
处理器	1 GHz、更快的处理器或 SoC	
RAM	1 GB（32 位）或 2 GB（64 位）	
硬盘空间	16 GB（32 位）或 20 GB（64 位）	1.4 GB
显卡	DirectX 9 或更高版本（包含 WDDM 1.0 驱动程序）	
分辨率	800 像素×600 像素	
网络环境	需要建立 Wi-Fi 连接	

四、Windows10 的启动、注销和关闭

1. 启动

接通计算机电源，直接按电源按钮启动系统。在启动后看到的整个屏幕被称为"桌面"，如图 3-1 所示。

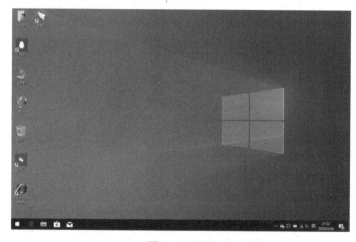

图 3-1　桌面

2. 注销

注销是指系统释放当前用户使用的所有资源，清除当前用户对系统的所有状态设置。在需要使用另一个用户身份登录、安装了新软件需要更改注册表、需要改动启动项等时，都可以注销计算机而无须重启计算机。注销计算机的操作方法为：打开任务栏中的"开始"菜单，依次选择"用户账户"→"注销"命令，如图 3-2 所示。

3. 关闭

关闭计算机的操作方法为：关闭打开的所有窗口，打开任务栏中的"开始"菜单，依次选择"电源"→"关机"命令，如图 3-3 所示。

图 3-2　注销计算机①

图 3-3　关闭计算机

📖 **任务练习**

使用思维导图绘制操作系统发展过程。

任务二　Windows 10 的基本设置

📖 **学习目标**

熟悉 Windows 10 桌面的组成、窗口的组成及基本操作，以及如何设置"开始"菜单和任务栏。

📖 **相关知识**

一、Windows 10 桌面的组成

桌面是用户工作的平面。为了方便用户操作，可以将一些常用对象（文件、文件夹等）放到桌面上。桌面由桌面背景、桌面图标和任务栏组成。

1. 桌面背景

添加桌面背景，可以让桌面更好看，更有个性，更亲切。改变桌面背景的具体操作方法如下。

（1）右击桌面空白处，在弹出的快捷菜单中选择"个性化"命令。

（2）在打开的"设置"窗口的"个性化"界面左侧选择"背景"选项，在其右侧选择"背景"为"图片"，如图 3-4 所示。

---

① 注：图 3-3 中"帐户"的正确写法应为"账户"，后文同。

图 3-4　设置图片背景

（3）选择自己喜欢的图片作为桌面背景。桌面背景效果如图 3-5 所示。

图 3-5　桌面背景效果

2．桌面图标

Windows 10 用一个小图形代表不同的程序、文件或文件夹等，这个小图形就是桌面图标。双击桌面图标就可以运行相应的程序。桌面图标包括系统图标和快捷方式图标。常见的系统图标有"此电脑""网络""回收站"等。除此之外，用户也可以在桌面上为自己常用的程序建立一个桌面图标，即快捷方式图标。桌面图标由图形符号和名称两部分组成，如图 3-6 所示。

图 3-6　桌面图标

3．任务栏

在 Windows 10 中，任务栏是位于桌面最下方的水平长条。任务栏主要由 3 个部分组成。最左侧的"开始"按钮，用于访问程序、文件夹，以及进行计算机的设置、运行和关闭等；中间的应用程序区域，用来显示正在运行的程序，并可以进行程序的切换；最右侧的通知区域，包括时钟和多个其他图标，用来表示计算机上某个程序的状态，或提供访问特定设置的途径，如图 3-7 所示。

图 3-7　任务栏

二、窗口的组成及基本操作

1．窗口的组成

双击任意桌面图标都会打开一个矩形区域，这个矩形区域就是窗口。对计算机进行的大多数操作都是在窗口中完成的。

窗口主要由标题栏、菜单栏、地址栏、搜索框、导航窗格、工作区、状态栏和滚动条组成，如图 3-8 所示。

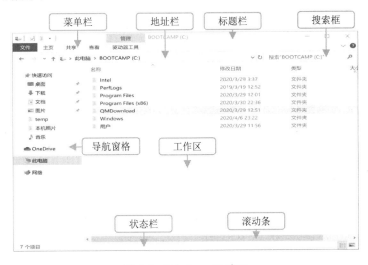

图 3-8　Windows 10 窗口

1）标题栏

标题栏用来显示当前文档的标题或当前所处的位置。标题栏左侧是快速访问工具栏，中间显示标题，右侧是"最小化""最大化（还原）""关闭"按钮。"最大化（还原）"按钮用来将窗口铺满整个桌面，"最小化"按钮用来将窗口以图标的形式放至任务栏中的应用程序区域，"关闭"按钮用来关闭窗口。

2）菜单栏

菜单栏用来显示按照程序功能分组排列的按钮，为软件的大多数功能提供入口。单击菜单栏中的菜单项，将会出现一个下拉菜单，选择下拉菜单中的命令，计算机便会执行相应的操作。

3）地址栏

地址栏用来显示或更改当前路径。

4）搜索框

在搜索框中输入想要查找的文件或文件夹名，单击"放大镜"图标即可搜索，搜索到的结果在工作区中显示。

5）导航窗格

导航窗格用来以树形结构显示各个选项。通过导航窗格，可以快速定位到要打开的文件或文件夹。

6）工作区

工作区用来显示文件和文件夹，可以对文件和文件夹进行复制、删除等操作。

7）状态栏

状态栏位于窗口底部，用来显示一些提示信息。

8）滚动条

在窗口中显示的内容过多，当前可见的部分显示不完整时，窗口中会出现滚动条。拖动滚动条可以查看未显示的内容。滚动条分为水平滚动条与垂直滚动条两种。

2．窗口的基本操作

当窗口没有最大化时，可以对窗口进行如下操作。

1）移动窗口

将鼠标指针移动到标题栏，按住鼠标左键并拖动鼠标，可以将窗口拖动到目标位置。

2）改变窗口大小

使用标题栏右侧的"最小化""最大化（还原）""关闭"按钮，可以实现最小化、最大化（还原）和关闭操作。此外，还可以将鼠标指针移动到窗口的边框位置或4个边角位置，当鼠标指针形状变成双向箭头形时，按住鼠标左键并拖动鼠标，可以改变窗口大小。

3）切换窗口

在任务栏中单击应用程序图标，或按组合键 Alt+Tab 可以切换窗口。

4）排列窗口

右击任务栏空白处，在弹出的快捷菜单中有"层叠窗口""堆叠显示窗口""并排显示窗口"3个用于排列窗口的命令，如图 3-9 所示。用户可以根据自己的需要，选择其中一个命令，排列窗口。

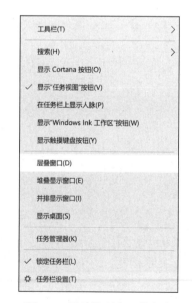

图 3-9　用于排列窗口的命令

三、设置"开始"菜单

单击任务栏中的"开始"按钮或按 Windows 键，即可打开"开始"菜单。"开始"菜单的左下方有"用户账户""设置""电源"3 个命令，这 3 个命令无法被删除，其位置也无法被调整，这样设计是为了让用户可以快速访问系统中这几个常用的功能。"开始"菜单左侧是所有应用列表，常用的应用列表在前面，按照首字母排序，选择对应的命令，即可方便、快速地查找应用。"开始"菜单右侧是磁贴区，其中的磁贴与 Windows 8 中的磁贴相似，可以在此固定应用，也可以对磁贴进行移动、分组等操作。

1．"开始"菜单的个性化设置

用户可以通过设置，指定在"开始"菜单中显示的对象，具体操作方法如下。

1）个性化设置

打开"开始"菜单，选择"设置"命令或直接按组合键 Windows+1，打开"设置"窗口，单击"个性化"按钮。

2）设置要显示的对象

打开"设置"窗口的"个性化"界面，在左侧选择"开始"选项，在右侧根据需要设置"开始"菜单，单击相应的开关按钮即可。

3）设置要显示的文件夹

单击"选择哪些文件夹显示在'开始'菜单上"链接。在打开的窗口中设置要显示在"开始"菜单中的文件夹，单击相应的开关按钮即可。若要显示"网络"文件夹和"个人文件夹"文件夹，则应单击"网络"开关按钮和"个人文件夹"开关按钮。

4）查看设置效果

打开"开始"菜单，即可在"开始"菜单左侧看到"网络"文件夹和"个人文件夹"文件夹。

2．快速查找应用

Windows 10 全新的"开始"菜单比以前更有条理，在应用列表中增加了首字母索引功能，可以更加快速地查找计算机中的应用，具体操作方法如下。

1）查看所有应用

打开"开始"菜单，拖动应用列表右侧的滚动条或滑动鼠标滚轮，即可查看所有应用。

2）查找"闹钟和时钟"应用

在应用列表中单击任意一个分组进入首字母检索界面，要查找"闹钟和时钟"应用，应单击"N"（汉字拼音的首字母）按钮。

3）选择应用

此时，即可在应用列表上方显示以汉字拼音的首字母 N 开头的应用，选择"闹钟与时钟"应用。

4）启动应用

此时，即可启动"闹钟与时钟"应用。

3．将应用固定到"开始"菜单

"开始"菜单右侧为磁贴区，用户可以将应用固定到磁贴区，以快速访问或查看实时更新信息。将应用固定到"开始"菜单的具体操作方法如下。

1）通过命令固定应用

（1）打开"所有应用"列表，找到要固定到"开始"菜单的应用，如选中"Groove 音乐"应用并右击，在弹出的快捷菜单中选择"固定到'开始'屏幕"命令。

（2）此时即可将"Groove 音乐"应用固定到"开始"菜单的磁贴区。

2）通过拖动固定应用

将应用直接拖动到磁贴区也可以实现固定应用的效果。

3）通过固定文件夹固定应用

将文件夹固定到"开始"菜单，右击文件夹，在弹出的快捷菜单中选择"固定到'开始'屏幕"命令。

四、设置任务栏

1．调整任务栏的位置

用户可以根据需要调整任务栏的位置，如将任务栏移动到桌面顶部，具体操作方法如下。

1）取消锁定任务栏

右击任务栏空白处，在弹出的快捷菜单中选择"锁定任务栏"命令。

2）移动任务栏的位置

在任务栏中按住鼠标左键并拖动鼠标，即可移动任务栏的位置。

3）选择"任务栏设置"命令

右击任务栏空白处，在弹出的快捷菜单中选择"任务栏设置"命令。

2．自动隐藏任务栏

任务栏在桌面上占据了一定的空间，用户可以根据需要自动隐藏任务栏，在需要时才显示出来，具体操作方法如下。

1）设置自动隐藏任务栏

右击任务栏空白处，在弹出的快捷菜单中选择"任务栏设置"命令，在打开的窗口右侧单击"在桌面模式下自动隐藏任务栏"开关按钮。

2）查看自动隐藏任务栏效果

当鼠标指针指向任务栏时，任务栏将自动显示出来。

3．将应用固定到任务栏

用户可以将应用固定到任务栏，以便快速启动。下面以将"微信"应用固定到任务栏为例进行介绍，具体操作方法如下。

1）通过搜索框搜索后固定

使用搜索框搜索"微信"应用，找到应用并右击，在弹出的快捷菜单中选择"固定到任务栏"命令即可。

2）启动应用后固定

先启动应用，然后右击任务栏中对应的应用图标，在弹出的快捷菜单中选择"固定到任务栏"命令。要取消固定任务栏中的应用，可以右击该应用图标，在弹出的快捷菜单中选择"从任务栏取消固定"命令即可。

4．调整应用图标的顺序

用户可以根据需要调整任务栏中应用图标的位置，具体操作方法如下。

1）选择要移动的应用图标

将鼠标指针指向要移动的应用图标。

2）移动应用图标

在任务栏中按住鼠标左键并左右拖动鼠标，即可移动应用图标的位置。

5．自定义通知区域

通知区域位于任务栏最右侧，它除了包含系统图标，还包含一些应用图标，这些应用图标提供了有关电子邮件、即时通信、网络连接、更新等事项的状态和通知。在线安装新程序时，有时应用图标也会显示在通知区域。

1）显示或隐藏应用图标

通知区域默认的应用图标比较多，用户可以设置这些应用图标保持始终可见或对这些应用图标进行隐藏，具体操作方法如下。

（1）右击任务栏空白处，在弹出的快捷菜单中选择"任务栏设置"命令。

（2）打开"设置"窗口，在右侧的"通知区域"选项组中单击"选择哪些图标显示在任务栏上"链接。

（3）在打开的窗口中单击应用右侧的开关按钮，即可设置显示或隐藏应用图标。

（4）此时，设置显示的应用图标在通知区域始终可见。

（5）通过单击通知区域中的"向上箭头"按钮可以查看所有隐藏的应用图标。

2）显示或隐藏系统图标

系统图标包括"时钟""音量""操作中心""输入指示"等，这些系统图标默认处于显示状态。用户可以根据需要在通知区域设置隐藏系统图标，具体操作方法如下。

（1）打开"设置"窗口，在右侧的"通知区域"选项组中单击"打开或关闭系统图标"链接。

（2）在打开的窗口中单击应用右侧的开关按钮，即可显示或隐藏相应的系统图标。例如，单击"输入指示"应用右侧的开关按钮，即可显示或隐藏"输入指示"图标。

（3）在通知区域查看效果。

📖 **任务练习**

简述 Windows 10 桌面的组成，以及如何设置"开始"菜单和任务栏。

任务三　文件资源管理

📖 **学习目标**

理解文件和文件夹的概念；掌握文件和文件夹的基本操作；熟悉"文件资源管理器"

窗口的组成，以及如何打开"文件资源管理器"窗口；了解文件和文件夹的高级操作等。

📖 **相关知识**

计算机中的数据一般都是以文件的形式保存在磁盘、U 盘、光盘等外存储器中的。为了便于管理文件，文件又被保存在文件夹中。

一、文件和文件夹的概念

1. 文件

文件是 Windows 10 管理的最小单位。

1）文件类型

根据文件的用途划分，一般把文件分为 3 种。

（1）系统文件：运行操作系统所需的文件，如运行 Windows 10 所需的文件。

（2）应用程序文件：运行应用程序所需的文件，如运行 Word、QQ 等软件所需的文件。

（3）数据文件：使用应用程序创建的文件，如 Word 文档、音频文件、视频文件等。用户在使用计算机的过程中，主要对这类文件进行操作，包括文件的创建、修改、复制、移动、删除等。

2）文件名

文件名一般由主文件名和扩展名组成，主文件名和扩展名中间用小数点隔开。其中，主文件名可以由用户根据需要命名；扩展名表示文件的类型，相同的扩展名具有相同的文件图标，以方便用户识别。

（1）主文件名。

主文件名可以表示文件的名称，通过它可大概知道文件的内容或含义。

Windows 10 中主文件的命名规则如下。

① 由英文字母、数字、汉字及一些符号组成，不超过 255 个字符（包括盘符和路径），1 个汉字占 2 个英文字符的长度。

② 除了开头不可以使用空格，其他任意位置均可以使用空格。

③ 文件名中不能有符号"?""""/""<"">""*""|"":"。

④ 文件名虽不区分大小写，但在显示时保留大小写形式。

（2）扩展名。

扩展名是用句点与主文件名分开的文件标识符。它用于区分文件的类型，用来辨别文件的格式。

如果对扩展名很熟悉，那么就能知道文件类型。例如，扩展名为.exe 的文件是计算机可以直接运行的可执行文件，如 Paint.exe 是集成在 Windows 10 中的图形实用程序，而扩展名为.docx 的文件则为 Word 文档。

Windows 10 对某些文件的扩展名有特殊的规定，不同的扩展名表示的文件类型不同，在表 3-3 中列出了一些常见的扩展名。如果文件的扩展名更改不当，那么系统有可能无法识别该文件，或无法打开该文件。

表 3-3　常见的扩展名

扩展名	含义	扩展名	含义
.exe	可执行文件	.avi、.mp4 等	视频文件
.png .bmp .jpg 等	图像文件	.doc、.docx	Word 文档
.rar、.zip	压缩包文件	.wav、.mp3 等	音频文件
.txt	文本文件	.htm、.html	网页文件

3）文件图标

在"文件资源管理器"窗口中查看文件时，文件图标可以直观地显示出文件的类型。

2. 文件夹

为了便于管理大量的文件，通常把文件分类保存到不同的文件夹中，就像人们把纸质文件保存到文件柜内不同的文件夹中一样。文件夹是用于存储程序、文档、快捷方式和其他文件夹的容器。文件夹中还可以包含文件夹，这些被包含的文件夹被称为子文件夹。

文件夹由文件夹名和文件夹图标组成，文件夹图标是黄色图标。鼠标指针指向文件夹图标可以看到其中包含的文件和文件夹说明。

3. 计算机系统中文件的管理方式

在计算机系统中采用树形结构管理文件，就像仓库中的货物根据类别存放到相应的区域一样，用户根据某方面的特征或属性把文件归类存放，此时就出现了一个隶属关系，从而构成有一定规律的组织结构。

为了方便保存和迅速提取文件，所有文件都将通过文件夹分类组织起来。树形结构就像一棵倒置的树，树根是根目录，每个树根的分支是子目录，分支上既可以再次产生分支（下一级子目录），又可以再次产生叶片（文件），这种按层次进行划分的结构有利于组织磁盘文件。

Windows 10 中常用的操作是管理文件和文件夹。计算机操作或处理的对象是数据，而数据是以文件的形式存储在计算机的磁盘中的。文件是数据的最小组织单位，而文件夹是存放文件的组织实体。

通常将常用的文件分门别类地放到 C 盘以外方便找到的位置。从硬盘分区到每一个文件夹的建立，用户要根据自己的工作和生活需要为不同的文件夹命名，建立合理的文件保存架构。所有文件都要规范化地命名，并放入合适的文件夹。

1）路径

在对文件或文件夹进行操作时，为了确定文件或文件夹在外存储器中的位置，需要按照文件夹的层次顺序，沿着一系列的子文件夹找到指定的文件或文件夹。这种确定文件或文件夹在文件夹结构中位置的、由一组连续的、用"\"分隔的文件夹叫作路径。描述文件或文件夹的路径有两种方法，即绝对路径和相对路径。

（1）绝对路径。

绝对路径可以唯一标识一个文件或文件夹的位置。绝对路径是指从根目录开始，一直到目标文件或文件夹所在文件夹为止的路径。绝对路径中的子文件夹之间用反斜杠分隔。

绝对路径总是以盘符作为路径的开始符号的。例如，存储在 C 盘中的 Downloads 文件夹的 Temp 子文件夹中的 a.txt 文件的绝对路径是 C:\Downloads\Temp\a.txt。

（2）相对路径。

相对路径是指从当前文件夹开始，到目标文件或文件夹所在的文件夹为止的路径上的所有子文件夹的路径。相对路径中的子文件夹之间用反斜杠分隔。

一个目标文件或文件夹的相对路径会随着当前文件夹的不同而不同。例如，如果当前文件夹是 C:\Windows，那么访问 a.txt 文件的相对路径是..\Downloads\Temp\a.txt，这里的".."代表父文件夹。

2）盘符

盘符（C:～Z:）用于标识不同的驱动器。硬盘驱动器用 C:标识，如果划分多个逻辑分区或安装多个硬盘驱动器，那么盘符依次为 D:、E:、F:等。光盘驱动器、U 盘、移动硬盘、闪存卡的盘符排在硬盘之后。A:、B:用于标识软盘驱动器，目前已不再使用。

3）通配符

当查找文件或文件夹时，可以使用通配符代替一个或多个真正的字符。

（1）"*"表示 0 个或多个字符。例如，ab*.txt 表示以 ab 开头的所有.txt 文件。

（2）"?"表示一个任意字符。例如，ab???.txt 表示以 ab 开头的后跟 3 个任意字符的.txt 文件，文件中有几个"?"就表示有几个字符。

4）对象

在 Windows 10 中，对象又称项目，是指管理的资源，如驱动器、文件、打印机、系统文件夹（库、用户文档、计算机、网络、控制面板、回收站）等。

二、"文件资源管理器"窗口

Windows 10 把所有软件和硬件资源都当作文件或文件夹，可以在"文件资源管理器"窗口中查看文件和文件夹。

1. 打开"文件资源管理器"窗口

打开"文件资源管理器"窗口的常用方法有下面几种。

（1）单击锁定到任务栏的"文件资源管理器"文件夹。

（2）单击"开始"按钮，选择"文件资源管理器"命令。

（3）右击"开始"按钮，在弹出的快捷菜单中选择"文件资源管理器"命令。

（4）按组合键 Windows+E。

在打开的"文件资源管理器"窗口的左侧导航窗格中，默认显示"快速访问"选项，在右侧工作区中显示"常用文件夹"下拉列表和"最近使用的文件"下拉列表。

2."文件资源管理器"窗口的组成

窗口是用户访问 Windows10 资源和展示 Windows 10 信息的重要组件，Windows 10 的操作是在不同窗口中进行的。虽然每个窗口的内容和外观各不相同，但大多数窗口都具有相同的基本组成部分。Windows 10 的窗口可以分为 3 类，分别是"文件资源管理器"窗口、设置窗口和应用窗口。设置窗口主要用于操作各种选项，应用窗口主要用于编辑内容。下面对"文件资源管理器"窗口进行详细介绍。

设计"文件资源管理器"窗口的目的是帮助用户更方便地跳转到不同的目录，更轻松地操作文件、文件夹和库。"文件资源管理器"窗口主要分为以下几个部分。

1）标题栏

标题栏由 3 个部分组成，从左到右依次为"快速访问工具栏""标题""控制按钮"。

2）菜单栏

Windows 10 中的"文件资源管理器"窗口采用 Ribbon 界面风格的菜单栏。Ribbon 界面把命令放在一个带状、多行的工具栏（又称菜单栏）中，类似于仪表盘面板。窗口中的菜单栏按应用来分类，由多个"选项卡"组成。选项卡中的命令根据相关的功能组织在不同的组中。

在通常情况下，Windows 10 的菜单栏显示 4 种选项卡，分别是"文件"选项卡、"主页"选项卡、"共享"选项卡和"查看"选项卡。

3）导航栏

导航栏由导航按钮、地址栏和搜索框组成。

4）导航窗格

在"文件资源管理器"窗口左侧的导航窗格中，默认显示"快速访问""OneDrive""此电脑""网络"选项，它们都是该设备的根文件夹。

如果这些选项左侧为向右箭头，那么表示该选项处于折叠状态，单击向右箭头展开文件夹，此时向右箭头变为向下箭头。

5）工作区

工作区是"文件资源管理器"窗口中非常重要的部分，用来显示当前所选文件夹中的内容。所有当前位置的文件和文件夹都显示在工作区中，文件和文件夹的操作也在工作区中完成。对文件和文件夹的操作，后面会详细介绍。

在左侧导航窗格中单击文件夹名，工作区将列出该文件夹中的内容。在工作区中双击某文件夹图标，将显示其中的文件和文件夹，双击某文件图标，可以启动对应的程序或打开对应的文档。

如果在搜索框中输入关键字来查找文件，那么仅显示当前窗口中匹配的文件（包括子文件夹中的文件）。

6）状态栏

状态栏位于窗口底部，状态栏用于显示一些提示信息。

三、文件和文件夹的基本操作

文件和文件夹的基本操作包括新建、选择、复制、移动等。

1．新建文件夹

1）方法一

（1）在导航窗格中选择新建文件夹的目标位置，如图 3-10 所示。

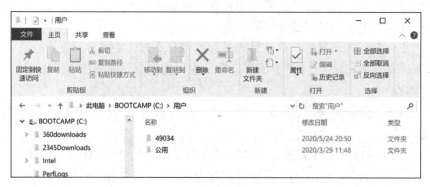

图 3-10　选择目标位置

（2）单击"自定义快速访问工具栏"下拉按钮，如图 3-11 所示。

图 3-11　单击"自定义快速访问工具栏"下拉按钮

（3）在打开的下拉菜单中选择"新建文件夹"命令，将"新建文件夹"按钮添加到快速访问工具栏中，如图 3-12 所示。

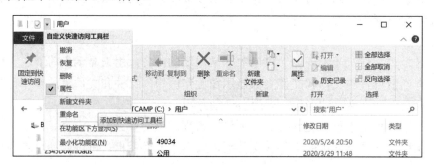

图 3-12　添加"新建文件夹"按钮

（4）单击快速访问工具栏中的"新建文件夹"按钮，如图 3-13 所示。

图 3-13　新建文件夹 1

2）方法二

在导航窗格中选择新建文件夹的目标位置，右击工作区空白处，在弹出的快捷菜单中选择"新建"→"文件夹"命令，如图 3-14 所示。

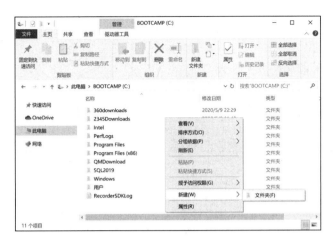

图 3-14　新建文件夹 2

2．新建文件

1）方法一

选择"文件"→"新建"命令，如图 3-15 所示。

图 3-15　新建文件 1

2）方法二

单击快速访问工具栏中的"新建"按钮，如图 3-16 所示。

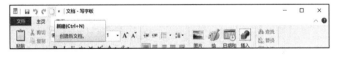

图 3-16　新建文件 2

3）方法三

按组合键 Ctrl+N。

3．选择

"先选择后操作"是操作计算机必须遵守的基本原则。选择文件或文件夹的具体操作方法如下。

1）选择单个对象

直接单击要选择的文件或文件夹。

2）选择连续多个对象

先单击第一个文件或文件夹，然后在按住 Shift 键的同时单击最后一个文件或文件夹，如图 3-17 所示。

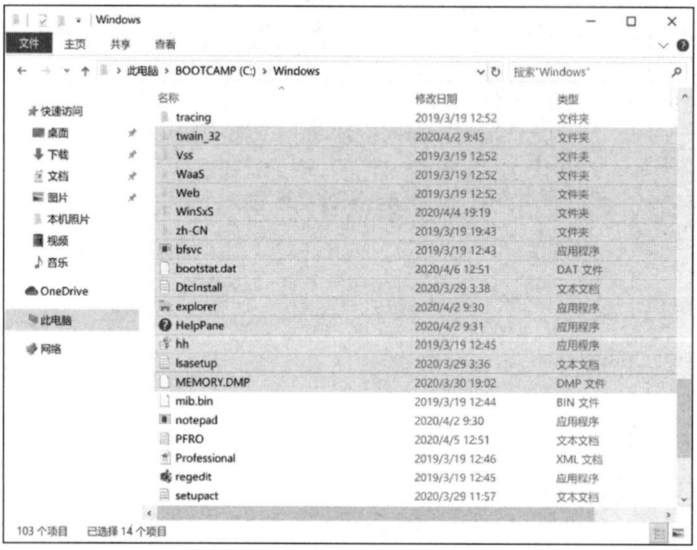

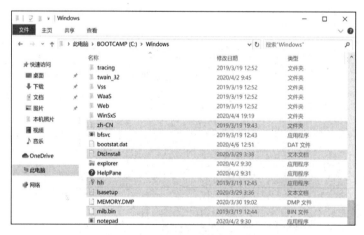

图 3-17　选择连续的多个对象

3）选择不连续的多个对象

在按住 Ctrl 键的同时依次单击要选择的文件或文件夹，如图 3-18 所示。

图 3-18　选择不连续的多个对象

4）全选对象

按组合键 Ctrl+A，如图 3-19 所示。

5）取消选择的对象

单击工作区空白处。

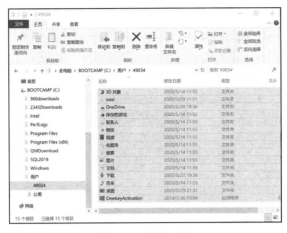

图 3-19　全选对象

4．复制

1）方法一

（1）先选择文件或文件夹，再选择"主页"→"剪贴板"→"复制"命令，如图 3-20 所示。

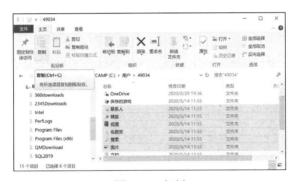

图 3-20　复制

2）先选择目标文件夹，再选择"主页"→"剪贴板"→"粘贴"命令，将文件或文件夹粘贴到目标文件夹中，如图 3-21 所示。

图 3-21　粘贴

2）方法二

先选择文件或文件夹，并按组合键 Ctrl+C 复制，再选择目标文件夹，并按组合键 Ctrl+V 粘贴。

3）方法三

选择文件或文件夹，在按住 Ctrl 键的同时拖动文件或文件夹到目标文件夹上，松开鼠标左键，并松开 Ctrl 键完成复制。目标位置可以在当前文件夹中也可以在其他文件夹中，如图 3-22 所示。

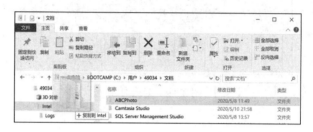

图 3-22 复制并粘贴

5. 移动

1）方法一

（1）先选择文件或文件夹，再选择"主页"→"剪贴板"→"剪切"命令，如图 3-23 所示。

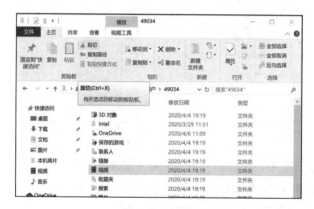

图 3-23 剪切

（2）先选择目标文件夹，再选择"主页"→"剪贴板"→"粘贴"命令，将文件或文件夹粘贴到目标文件夹中，如图 3-24 所示。

图 3-24 粘贴

2）方法二

先选择文件或文件夹，并按组合键 Ctrl+X 剪切，再选择目标文件夹，并按组合键 Ctrl+V 粘贴。

3）方法三

选择文件或文件夹，直接按住鼠标左键并拖动鼠标指针到目标文件夹上，松开鼠标左键。

6. 显示文件扩展名和重命名

文件夹可以直接重命名。文件在重命名时只修改主文件名，不修改扩展名，以免破坏文件类型。

1）显示文件扩展名

系统默认隐藏文件扩展名。显示文件扩展名的具体操作方法如下。

（1）打开"此电脑"窗口，选择"文件"→"选项"命令，如图 3-25 所示。

图 3-25　选择"选项"命令

（2）在"文件夹选项"对话框中，选择"查看"选项卡。在"高级设置"列表框中，取消勾选"隐藏已知文件类型的扩展名"复选框即可显示文件扩展名，如图 3-26 所示。

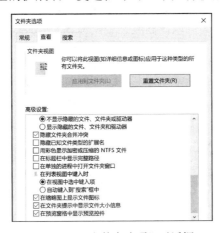

图 3-26　"文件夹选项"对话框

2）重命名

重命名的常用方法有以下两种。

（1）方法一：直接在文件或文件夹上右击，在弹出的快捷菜单中选择"重命名"命令，如图 3-27 所示。

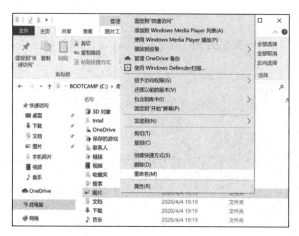

图 3-27　重命名 1

（2）方法二：选择文件或文件夹，按 F2 键进行重命名，如图 3-28 所示。

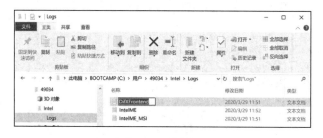

图 3-28　重命名 2

7. 删除与还原

要删除文件或文件夹，应右击要删除的文件或文件夹，在弹出的快捷菜单中选择"删除"命令，如图 3-29 所示。在默认情况下，删除的文件或文件夹会被移动到回收站中。如果误删了文件或文件夹，那么可以在回收站中还原该文件或文件夹。打开回收站，右击误删的文件或文件夹，在弹出的快捷菜单中选择"还原"命令，如图 3-30 所示。如果清空回收站，那么删除的文件或文件夹将彻底从磁盘中删除。

图 3-29　删除

图 3-30　还原

8. 查看

Windows 10 提供了多种查看文件或文件夹的方式，以便用户在不同情况下查看文件或文件夹。在"查看"选项卡的"布局"组中，可以选择不同的查看方式，如图 3-31 所示。

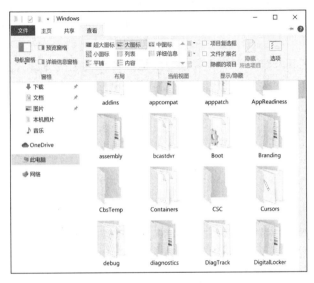

图 3-31 查看方式

四、文件和文件夹的高级操作

1. 搜索

Windows 10 提供了多种查找文件和文件夹的方法。可以使用"开始"菜单中的搜索框来查找存储在计算机上的文件或文件夹。

1）简单搜索

（1）在导航窗格中确定要搜索的位置。

（2）在搜索框中输入关键字。系统会根据输入的关键字自动进行筛选，以匹配连续输入的每个字符。随着输入的关键字越来越完整，符合条件的文件或文件夹越来越少。

（3）在找到需要的文件或文件夹后，可以对需要的文件或文件夹进行操作。

例如，已知打开的文件夹在 E 盘，假设要查找含有"计算机"的文件或文件夹，在搜索框中输入"计算机"后，系统将自动进行搜索。

2）多个关键字搜索

如果仅仅使用一个关键字，那么查找到的文件或文件夹会较多，可以尝试使用多个关键字。关键字之间用空格隔开，这样可以大大提高查找速度。

3）搜索指定类型的文件

如果要基于一个或多个属性（文件类型等）搜索文件，那么可以在输入关键字后，使用"搜索工具/搜索"选项卡中的某个命令来缩小搜索范围。

如果要搜索.doc 文件，那么可以在输入关键字后，选择"搜索工具/搜索"→"优化"→"其他属性"→"类型"→"文档"命令，此时在搜索框中显示的冒号后面输入"=.doc"，就可以搜索到.doc 文件了。

2．添加快捷方式

快捷方式是 Windows 10 提供的一种快速打开文件或文件夹的方法。因为是链接到文件或文件夹图标，而不是文件或文件夹本身，所以删除某个快捷方式并不会删除其链接到的文件或文件夹。

快捷方式图标左下角都有一个箭头。把鼠标指针移动到快捷方式图标上，将提示其存储位置。

为文件或文件夹添加快捷方法的方法如下。

1）创建桌面快捷方式

右击文件或文件夹，在弹出的快捷菜单中选择"发送到"→"桌面快捷方式"命令，桌面上将会出现一个该文件或文件夹的快捷方式图标。

2）粘贴快捷方式

（1）复制想要添加桌面快捷方式的文件或文件夹。

（2）定位到想要添加桌面快捷方式的位置（桌面、硬盘分区、文件夹、网络等）。

（3）右击工作区空白处，在弹出的快捷菜单中选择"粘贴快捷方式"命令。

3．压缩与解压缩

文件的无损压缩也称打包，压缩后的文件占据较少的存储空间。与未压缩的文件相比，压缩的文件缩小了，因此可以更快速地通过网络传输到其他计算机中。压缩包中的文件不能直接打开，要解压缩才可以打开。

Windows 10 自带压缩和解压缩功能，其他专业的压缩和解压缩应用程序有 WinRAR、7-Zip、WinZip 等，常见的压缩文件格式有.rar、.zip。

1）压缩文件或文件夹

可以采用与打开未压缩的文件或文件夹相同的方式来打开压缩文件或文件夹。还可以将几个文件或文件夹合并到一个压缩文件或文件夹中。

（1）选中要压缩的文件或文件夹。

（2）右击该文件或文件夹，在弹出的快捷菜单中选择"发送到"→"压缩（zipped）文件夹"命令。

（3）此时将在被压缩的文件或文件夹所在的位置创建压缩包。若要为该压缩包重命名，则应输入新压缩包名；或右击该压缩包，在弹出的快捷菜单中选择"重命名"命令，输入新压缩包名。

需要注意的是，如果在创建压缩包后，还要将新文件或文件夹添加到该压缩包中，那么可以将要添加的文件或文件夹直接拖动到该压缩包中。

2）解压缩文件或文件夹

当需要打开压缩包中的文件或文件夹时，应先把压缩包解压缩。压缩包解压缩后与原文件或文件夹完全相同，不会有丝毫损失。

（1）找到要从中提取文件或文件夹的压缩包。

（2）如果要提取单个文件或文件夹，那么双击压缩包并将要提取的文件或文件夹从压缩包中拖动到新位置即可。当然，也可以采用复制、剪切等操作。

（3）如果要提取压缩包中的所有内容，那么右击压缩包，在弹出的快捷菜单中选择"解压到"命令，弹出"解压文件-360压缩"对话框，选择目标路径，单击"立即解压"按钮即可。

任务练习

在"文件资源管理器"窗口中完成下列操作。

（1）建立"练习"文件夹，并在该文件夹下分别建立 Lx1、Lx2 和 Temp 文件夹。

（2）在 Lx1 文件夹中新建一个 Book1.txt 文本文档。

（3）在"练习"文件夹中，新建一个 Good 文件夹，把 Lx1 文件夹及其中的文件复制到 Good 文件夹中。把 Lx2 文件夹移动到 Good 文件夹中。

（4）把 Lx2 文件夹隐藏。

（5）删除 Temp 文件夹。

任务四　Windows 10 的个性化设置

学习目标

能够设置系统账户；能够设置个性化的操作界面；能够设置系统声音。

相关知识

一、设置系统账户

用户账户用来记录用户名和密码、隶属的组、可以访问的网络资源，以及用户对计算机的设置参数。每个用户都应该在域控制器中有一个用户账户，这样才能访问服务器和使用网络中的资源。

用户名是要登录的账户名称，即在所在网站的识别码。可以使用汉字、字母等作为用户名。在 Windows 10 中，用户可以创建和管理用户账户。

1．创建用户账户

从 Windows 98 开始，计算机支持多用户多任务。在多个用户使用同一台计算机时，可以在系统中分别为这些用户设置用户账户，每个用户用自己的用户账户登录系统，并且多个用户之间的系统设置是相对独立、互不影响的。

在安装系统时，会自动创建用户账户，如果需要，那么不仅可以创建新用户账户，而且可以根据情况将新用户账户设置为不同的类型。在 Windows 10 中，有两种用户账户类型供用户选择，分别为本地账户和 Microsoft 账户。

1）本地账户

本地账户分为管理员账户和标准账户。管理员账户拥有计算机的完全控制权，可以对计算机做任何更改；而标准账户是系统默认的常用本地账户，对一些影响其他用户使用和系统安全性的设置，使用标准账户是无法更改的。

下面介绍通过"控制面板"窗口添加本地账户的方法。

（1）打开"控制面板"窗口。

微软把对 Windows 10 外观的设置、硬件和软件的安装和配置，以及安全性等功能的程序集中安排到"控制面板"窗口的虚拟文件夹中。可以通过"控制面板"窗口中的选项对 Windows 10 进行设置，使其适合自己的需要。

打开"开始"菜单，选择"Windows 系统"→"控制面板"命令，打开"控制面板"窗口。"控制面板"窗口的"查看方式"默认为"类别"。在"查看方式"下拉列表中，可以根据需要选择"大图标"选项或"小图标"选项。

（2）添加本地账户。

添加本地账户的操作方法如下。

① 打开"控制面板"窗口，单击"用户账户"按钮下方的"更改账户类型"链接。

② 在打开的"管理账户"窗口中单击"在电脑设置中添加新用户"链接。

③ 在打开的"设置"窗口的"账户"界面左侧选择"家庭和其他用户"选项，在"家庭和其他用户"选项卡中单击"将其他人添加到这台电脑"按钮。

④ 在切换到的"此人将如何登录"界面的文本框中输入对方的电子邮件或电话号码。如果没有对方的电子邮件或电话号码，那么可以单击"我没有这个人的登录信息"链接。

⑤ 在切换到的"创建账户"界面中，单击"添加一个没有 Microsoft 账户的用户"链接。

⑥ 在切换到的"为这台电脑创建用户"界面中，分别在"用户名""密码""重新输入密码"文本框中输入对应内容，单击"下一步"按钮。

⑦ 此时可以在"家庭和其他用户"选项卡中看到新添加的本地账户。

2）Microsoft 账户

使用 Microsoft 账户，在平板计算机、Xbox 主机、iPhone、Android 等设备上均可以登录并使用任何 Microsoft 应用程序和服务（Windows、OneDrive、Skype、Xbox 等）。

在 Windows 10 中，大量内置应用都必须以 Microsoft 账户登录系统才能使用。以 Microsoft 账户登录 Windows 10 后，可以对本地计算机进行管理，还可以在平板计算机、手机等多个设备之间共享资料及设置。

以 Microsoft 账户登录 Windows 10 后，以后登录同样需要 Microsoft 账户的网站或应用程序时，就不需要重新输入用户名和密码了，操作系统会自动登录。这样就简化了登录流程，为用户带来了极大的便利。

注册 Microsoft 账户有两种途径，一是通过浏览器打开微软的注册网站来注册；二是通过 Windows 10 中的 Microsoft 账户注册链接来注册。

（1）在微软网站中注册 Microsoft 账户。

使用本地账户登录 Windows 10，在浏览器中访问微软官方网站中文界面。

在打开的微软官方网站中文界面中，单击"创建免费 Microsoft 账户"链接，显示"创建账户"界面，在表单中填写用户的基本信息，填写完整后，单击"创建账户"按钮，此时在创建了一个 Microsoft 账户的同时，将得到一个与这个账户同名的 Microsoft Outlook。

（2）在 Windows 10 中添加 Microsoft 账户。

① 使用本地账户登录 Windows 10。单击"开始"按钮，在"开始"菜单中选择"设置"命令，在弹出的"设置"窗口中单击"账户"按钮，在弹出的"账户"界面右侧单击"改用 Microsoft 账户登录"链接。

② 在弹出的"登录"界面中，输入已有的 Microsoft 账户的电子邮件、电话或 Skype，单击"下一步"按钮。

③ 输入密码，单击"登录"按钮。

④ 在"使用 Microsoft 账户登录此计算机"界面中，输入当前的 Windows 密码。若没有密码，则不输入，单击"下一步"按钮。

⑤ 至此，完成了添加 Microsoft 账户的操作。

2．管理用户账户

在 Windows 10 中，不仅可以创建新用户账户，而且可以对已有的用户账户进行管理，如更改用户账户类型、更改用户名、更改用户账户头像、更改用户账户密码等。

1）更改用户账户类型

创建用户账户后，用户可以将标准账户更改为管理员账户，也可以将管理员账户更改为标准账户，具体操作方法如下。

（1）打开"控制面板"窗口，单击"用户账户"按钮下方的"更改账户类型"链接。

（2）在打开的"管理账户"窗口中，选择要更改用户账户类型的用户账户。

（3）在打开的"更改账户"窗口中，单击左侧的"更改账户类型"链接。

（4）选择新账户类型，这里将该账户设置为管理员账户，单击"更改账户类型"按钮。

2）更改用户名

创建用户账户后，如果对用户名不满意，那么可以更改用户名。更改用户名的具体操作方法如下。

（1）按照同样的方法打开"管理账户"窗口，选择要更改用户名的用户账户。

（2）在打开的"更改账户"窗口中，单击左侧的"更改账户名称"链接。

（3）在打开的"重命名账户"窗口的文本框中，输入新用户名，单击"更改名称"按钮。

3）更改用户账户头像

创建用户账户后，可以将用户账户头像设置为自己喜欢的图片，以使其更具个性化。更改用户账户头像的具体操作方法如下。

（1）在"开始"菜单中，选择"用户账户"→"更改账户设置"命令。

（2）在打开的"设置"窗口的"账户"界面右侧的"创建头像"选项组中，单击"从现有图片中选择"按钮，也可以单击"相机"按钮。

（3）在"打开"对话框中选择要作为用户账户头像的图片，单击"选择图片"按钮，此时可以看到选择的图片被设置为用户账户头像。

4）更改用户账户密码

创建用户账户后，可以为用户账户添加密码。如果已经添加了密码，为了保证用户账户安全，还要经常更改用户账户密码。更改用户账户密码的具体操作方法如下。

（1）按照同样的方法打开"管理账户"窗口，选择要更改密码的用户账户。

（2）在打开的"更改账户"窗口中，单击左侧的"更改密码"链接。

（3）在"更改密码"窗口的文本框中，为用户账户设置密码，并输入密码提示信息，单击"确认"按钮。

二、设置个性化的操作界面

1. 自定义系统主题颜色

通过更改系统主题颜色可以更改窗口"开始"菜单、任务栏等区域的背景颜色。

1）选择所需颜色

打开"设置"窗口的"个性化"界面，在左侧选择"颜色"选项，在右侧取消勾选"从我的背景自动选取一种主题色"复选框。从"最近使用的颜色""Windows 颜色""自定义颜色"选项中选择所需的颜色。

2）查看颜色效果

打开"开始"菜单和操作中心，查看设置的颜色效果。

2. 设置锁屏界面

锁屏界面是在锁定系统时显示的画面，用户可以将自己喜欢的图片设置为锁屏界面或将循环放映幻灯片设置为锁屏界面。

1）将图片设置为锁屏界面

若只想在锁屏界面中使用一张图片，则可以先准备好图片，再将其设置为锁屏界面即可，具体操作方法如下。

（1）打开"设置"窗口的"个性化"界面，在左侧选择"锁屏界面"选项，在右侧单击"浏览"按钮。

（2）在"打开"对话框中，选择要使用的图片，单击"选择图片"按钮。

（3）在"锁屏界面"选项卡的上方预览效果。

（4）按组合键 Windows+L 锁定计算机，进入锁屏界面，查看锁屏效果。

2）将循环放映幻灯片设置为锁屏界面

要设置锁屏界面为循环放映幻灯片，可以将多张图片存放到一个文件夹中并应用到锁屏界面中，具体操作方法如下。

（1）打开"设置"窗口的"个性化"界面，在左侧选择"锁屏界面"选项，在右侧选择"背景"为"幻灯片放映"。

（2）在显示"为幻灯片放映选择相册"选项组中，单击"添加文件夹"按钮。

（3）在弹出的"选择文件夹"对话框中，选择锁屏图片所在的文件夹，单击"选择此文件夹"按钮。

（4）返回"设置"窗口的"个性化"界面，选择"为幻灯片放映选择相册"为"图片"，单击"删除"按钮。

（5）要对幻灯片放映进行设置，应单击"高级幻灯片放映设置"链接。

（6）进行高级幻灯片放映设置，如当计算机处于非活动状态时显示锁屏界面而不是关闭屏幕，以及选择幻灯片播放多长时间后关闭屏幕等。

（7）按组合键 Windows+L 锁定计算机，进入锁屏界面，查看锁屏效果。

3. 设置桌面图标

1）添加常用系统图标

在默认情况下，桌面上只有一个"回收站"图标，用户可以添加"此电脑""用户的文件""网络""控制面板"等常用系统图标，具体操作方法如下。

（1）打开"设置"窗口的"个性化"界面，在左侧选择"主题"选项，在右侧单击"桌面图标设置"链接。

（2）在弹出的"桌面图标设置"对话框中，勾选要添加的桌面图标复选框，单击"确定"按钮。

（3）返回桌面，即可查看添加的常用系统图标。

2）更改桌面图标样式

用户可以根据需要更改桌面图标样式。例如，可以将其更改为自己喜欢的图片。若要更改桌面图标样式，则需要使用.ico 文件或包含图标文件的程序。注意，若要使用自定义的图片作为桌面图标，则应将图片转换为.ico 格式。可以使用在线转换工具或专业的图标编辑软件来完成转换操作。下面以更改"用户的文件"图标为例进行介绍，具体操作方法如下。

（1）打开"桌面图标设置"对话框，勾选"用户的文件"复选框，单击"更改图标"按钮。

（2）弹出"更改图标"对话框，在列表中选择系统自带的图标样式，单击"确定"按钮。

（3）返回桌面，可以看到"用户的文件"图标样式已经发生改变。

（4）也可以根据需要自定义图标样式，打开"更改图标"对话框，单击"浏览"按钮。

（5）弹出"更改图标"对话框，单击"浏览"按钮，选择所需的图标文件，单击"打开"按钮。

（6）返回"更改图标"对话框，从中可以预览效果，单击"确定"按钮。

（7）返回"桌面图标设置"对话框，单击"应用"按钮。

（8）返回桌面，可以看到"用户的文件"图标样式已经发生改变。

3）添加快捷方式图标

（1）为应用程序添加桌面快捷方式图标。

在 Windows 10 中，为应用程序添加桌面快捷方式图标的方法非常简单，直接将其从"开始"菜单中拖动到桌面上即可。

（2）为文件或文件夹添加快捷方式图标。

通过快捷命令或快捷操作也可以为文件或文件夹添加桌面快捷方式图标，具体操作方法如下。

① 右击要添加桌面快捷方式图标的文件或文件夹，在弹出的快捷菜单中选择"发送到"→"桌面快捷方式"命令。

② 返回桌面，即可看到该文件或文件夹的桌面快捷方式图标。

（3）在其他位置添加快捷方式图标。

除了可以在桌面添加快捷方式图标，还可以将快捷方式图标放到其他位置，如将快捷方式图标统一放到一个文件夹中，右击文件夹，在弹出的快捷菜单中选择"创建快捷方式"命令即可。此时，即可在当前位置为文件夹创建一个快捷方式图标，用户可以根据需要将其放到所需的位置。

4）桌面图标操作

用户可以根据需要对桌面图标进行重命名、排列、调整大小等操作。

（1）重命名桌面图标。

对于系统图标，只有"此电脑"图标和"回收站"图标可以重命名，其他图标均不能重命名。可以按 F12 键重命名桌面图标，也可以右击桌面图标，在弹出的快捷菜单中选择

"重命名"命令重命名桌面图标。

（2）排列桌面图标。

在默认情况下，桌面图标按照创建顺序依次排列在桌面左侧，用户可以更改桌面图标的排列方式或自由排列桌面图标。通过拖动桌面图标，或右击桌面图标，在弹出的快捷菜单中选择排列方式等方法可以排列桌面图标。

（3）调整桌面图标大小。

桌面图标默认显示为中等大小，用户可以根据需要将桌面图标更改为大（或小）图标，也可以自由调整桌面图标大小，具体操作方法如下。

右击桌面空白处，在弹出的快捷菜单中选择"查看"命令，根据需要，用户可以在"查看"子菜单中自由选择"大图标"命令或"小图标"命令。按住 Ctrl 键的同时滚动鼠标滚轮可以自由调整桌面图标大小。

三、设置系统声音

系统声音是应用于系统和程序事件中的一组声音。当系统通知到达时，将弹出通知消息并伴随提示音，如将 USB 设备插入计算机时会听到提示音。用户可以根据需要自定义系统声音，具体操作方法如下。

（1）在"控制面板"窗口的搜索框中输入"声音"，在搜索结果中选择"声音"选项。

（2）在弹出的"声音"对话框中选择"声音"选项卡，查看当前的声音方案。在"程序事件"列表框中若事件带有喇叭图标，则表示发生该事件时会有声音提示，单击"测试"按钮，即可试听声音效果。

（3）根据需要为没有声音的事件添加声音，如选择"清空回收站"事件，单击"声音"下拉按钮。

（4）在弹出的下拉列表中选择系统自带的声音文件。

（5）此时在"清空回收站"事件前面会出现一个黄色的声音图标，表示该事件为修改过的事件，单击"测试"按钮，即可试听声音效果。

（6）除了可以使用系统自带的声音文件，还可以使用计算机中保存的声音文件（必须是.wav 文件）。例如，选择"最小化"事件，单击"浏览"按钮。

（7）弹出"浏览新的最小化声音"对话框，在声音文件的保存位置选择所需的声音文件，单击"打开"按钮。

（8）返回"声音"对话框，单击"应用"按钮，即可进行测试。最小化窗口，就会听到声音效果。若要使系统启动时播放声音，则可以勾选"播放 Windows 启动声音"复选框。

（9）系统声音设置完成后，可以将其保存为新声音方案，并单击"另存为"按钮。

（10）在"方案另存为"对话框中，输入方案名称，单击"确定"按钮。

（11）单击"声音方案"下拉按钮，在弹出的下拉列表中可以看到保存的声音方案。

📖 **任务练习**

添加一个新系统账户，并以这个新系统账户身份登录系统，设置个性化的操作界面。

任务五　系统附带工具

📖　学习目标

掌握记事本、画图工具和截图工具的使用方法。熟练使用这些工具可以为生活和工作提供便利。

📖　相关知识

一、记事本

记事本是一种功能简单的文本编辑器，自 1985 年发布的 Windows 1.0 开始，所有 Windows 版本都内置了记事本。记事本存储文件的扩展名为.txt，特点是只支持纯文本，即文件内容没有任何格式标签或风格。

1．打开和使用记事本

在"开始"菜单中，选择"Windows 附件"→"记事本"命令，就可以打开记事本了，此外，按组合键 Windows+S，在搜索框中输入"记事本"或"notepad"找到记事本并单击，也可以打开记事本。在记事本中可以输入文字。

输入完成之后，选择"文件"→"保存"命令，即可在打开的"另存为"对话框中保存文件。如果想要打开一个已有的文件，那么可以选择"文件"→"打开"命令。

需要注意的是，对于打开的文件或已保存的文件，再次选择"文件"→"保存"命令将会覆盖原文件。

2．修改字体

选择"格式"→"字体"命令，将打开"字体"对话框，在此对话框中可以修改输入文字的字体，修改完成后，单击"确定"按钮即可。

3．设置自动换行

选择"格式"→"自动换行"命令，可以使文字在超过宽度时自动换行。

二、画图工具

画图工具是一个图像绘画软件。自从发布以来，大部分的 Windows 版本都内置了这个软件。它通常又称 MS Paint 或 Microsoft Paint。这个软件可以打开并查看.wmf 和.emf 文件，打开并保存.bmp、.jpeg、.gif、.png、.tiff 文件。

1．打开画图工具

在"开始"菜单中，选择"Windows 附件"→"画图"命令，就可以打开画图工具了。此外，按组合键 Windows+S，在搜索框中输入"画图"或"mspaint"找到画图工具并单击，也可以打开画图工具。

2. 在新画布上绘制图形

打开画图工具后，将会自动创建新画布。画图工具包含一系列相关绘图工具，包括橡皮擦、放大镜、铅笔、刷子及很多预设的形状等工具。

在工具栏中选择一个形状工具后，在画布上按住鼠标左键并拖动鼠标，可以快速插入一个图形。此外，使用铅笔、刷子工具可以在画布上任意涂画。

3. 打开图片文件

选择"文件"→"打开"命令，在弹出的"打开"对话框中选择想要打开的文件，单击"打开"按钮，即可将图片载入画布，之后可以在原图片的基础上进行涂画。

三、截图工具

截图工具是从 Windows 7 开始附带的一个工具。截图工具可以帮助用户截取屏幕上的图片，同时可以对截图进行简单的编辑。它有 4 个截图模式供用户选择：任意格式截图、矩形截图、窗口截图及全屏截图。

1. 打开截图工具

在"开始"菜单中，选择"Windows 附件"→"截图工具"命令，就可以打开截图工具了。此外，按组合键 Windows+S，在搜索框中输入"截图工具"并单击，也可以打开截图工具。

2. 捕获截图

在截图工具中，单击"新建"下拉按钮，此时屏幕会被冻结，按住鼠标左键并拖动鼠标，选择要捕获的屏幕区域即可。

需要注意的是，直接单击"新建"按钮，进行截图。如果单击"延迟"按钮，那么可以自定义延迟 1～5s 后冻结屏幕。

3. 编辑截图

选择要捕获的屏幕区域后，该区域的截图将被自动复制到剪贴板上，同时会在截图工具中显示截图，并提供画笔工具以供修改。

4. 保存截图

单击工具栏中的"复制"按钮，可以将修改后的截图复制到剪贴板。单击"保存截图"按钮，在弹出的"另存为"对话框中，选择保存位置并输入文件名后，单击"保存"按钮，即可将截图保存为一个文件。

📖 **任务练习**

（1）新建一个记事本文件，在其中录入文字并进行字体、字号的设置。

（2）打开画图工具，在其中绘制几何图形，对图形进行简单的编辑并将其保存。

（3）使用截图工具截取计算机的桌面图片并保存。

课程思政阅读材料

鸿蒙操作系统

操作系统是硬件的扩充，可以为其他软件提供运行环境，在计算机系统中处于承上启下的地位。在个人计算机操作系统领域，微软的 Windows 几乎垄断全球市场。Windows 在我国的普及率、软件生态的健全性远远超过其他操作系统。但是，Windows 的源代码并没有被我国掌握。近几年来，使用信息技术作为攻击手段，对我国基础设施、人民群众财产安全造成损害的案件频频发生。只有研发国产操作系统，才能有效保证国家和人民群众数据的安全。

我国非常重视国产操作系统的研发，大力支持基于 Linux 的研发。截至 2022 年，我国出台了多项支持操作系统行业发展的政策，其中包含培育操作系统等基础软件业优质发展、相关标准建设、加快操作系统应用等政策。

在开源操作系统生态不断成熟的背景下，国产操作系统依托开源生态和国家支持的东风正快速崛起。目前，市场上主流的国产操作系统有 deepin、FydeOS、优麒麟、银河麒麟等。

deepin 是目前众多国产操作系统中一款相对比较成熟、用户口碑也比较好的操作系统。deepin 的 Logo 如图 3-32 所示。2019 年，华为开始销售装有 deepin 的笔记本式计算机。

图 3-32　deepin 的 Logo

在国产安全领域，银河麒麟通过内核管控、数据完整性检测、数据保护等一系列的安全技术提高了安全性。在手机操作系统领域，Android 曾经独占鳌头。Android 是 Google 开发的基于 Linux 内核的自由开源移动操作系统。这款操作系主要应用于移动设备，如智能手机和平板计算机等中。虽然 Android 具有开放性、丰富的硬件、方便开发、无缝结合优秀的 Google 服务等优势，但是 Android 也存在耗电量大、流量消耗大、垃圾软件过多等不足。

由于鸿蒙操作系统（HarmonyOS）问世恰逢中国整个软件业亟待补足短板的时期，因此鸿蒙操作系统的问世促进了国产操作系统的全面崛起。华为在 2019 年正式发布鸿蒙操作系统。鸿蒙操作系统的 Logo 如图 3-33 所示。鸿蒙操作系统是一款支持万物互联的操作系统。它基于微内核，面向 5G、物联网和全场景。这个操作系统将打通手机、计算机、电视、工业自动化控制、无人驾驶、车机、智能穿戴等设备，兼容 Android 的所有 Web 应用，鸿蒙操作系统是面向下一代的操作系统。与 Android 相比，鸿蒙操作系统的设计更简洁、运行更流畅，对设备的兼容性更强，更具有安全性。据 Google 全球开发者大会透露，截至 2022 年 11 月，全球范围内搭载鸿蒙操作系统的活跃设备总量突破 3.2 亿台，估算市场占有率约为 9.14%。

图 3-33　鸿蒙操作系统的 Logo

　　鸿蒙操作系统具有分布式和开发性两大技术特性。分布式主要体现在分布式软总线、分布式数据管理和分布式安全三大核心能力。分布式能够大大提高系统的性能。鸿蒙操作系统的开放性体现在以开放的态度拥抱支持的手机厂商，可以同时支持大量智能家居设备，形成无缝的统一操作系统。

　　对一个操作系统而言，建立成熟的软件和硬件生态是非常重要的。因为只有有足够多的产品搭载足够多的用户使用，操作系统才有迭代升级的需求，基于操作系统发展的生态，可以让开发者持续获得效益。华为坚持创新攻坚，持续推动鸿蒙操作系统生态进化，不断完善与高等院校合作的生态人才战略布局，携手开发者步入鸿蒙生态快车道，推进共建生态布局。

　　无论是国产个人计算机操作系统还是手机操作系统，未来要走的路都还很远，这个过程需要我们给它更多的包容和支持。希望国产操作系统能借着这个好的势头实现突破性发展。

习　　题

1. 桌面由桌面图标、背景及（　　　）组成。
　　A．任务栏　　　　　　　　　　　　B．标题栏
　　C．"开始"菜单　　　　　　　　　D．通知区域
2. 在 Windows 10 中，文件组织采用（　　　）目录结构。
　　A．分区　　　　　　　　　　　　　B．关系型
　　C．树形　　　　　　　　　　　　　D．网状
3. Windows 10 是由（　　　）开发的。
　　A．Intel　　　　　　　　　　　　　B．微软
　　C．AMD　　　　　　　　　　　　　D．金山
4. 实现复制的组合键是（　　　）。
　　A．Ctrl+C　　　　　　　　　　　　B．Ctrl+V
　　C．Ctrl+X　　　　　　　　　　　　D．Ctrl+A
5. 下列描述中错误的是（　　　）。
　　A．按住 Ctrl 键可以选择多个不连续的文件或文件夹
　　B．按住 Shift 键可以选择多个连续的文件或文件夹
　　C．使用 Delete 键删除的文件可以从回收站中还原
　　D．使用组合键 Shift+Delete 删除的文件可以从回收站中还原

6. 当一个应用程序的窗口最小化后，该应用程序将（　　）。

　　A. 被转入后台执行　　　　　　　　B. 被暂停执行

　　C. 继续在前台执行　　　　　　　　D. 被终止执行

7. 磁盘清理的主要作用是（　　）。

　　A. 清除磁盘灰尘　　　　　　　　　B. 进行文件清理并释放磁盘

　　C. 删除无用文件　　　　　　　　　D. 格式化磁盘

8. 要弹出快捷菜单，可以通过（　　）来实现。

　　A. 单击　　　　　　　　　　　　　B. 双击

　　C. 右击　　　　　　　　　　　　　D. 拖动鼠标

9. 在"文件资源管理器"窗口左侧的导航窗格中，"文件夹"选项左侧的向右箭头是指（　　）文件夹。

　　A. 展开　　　　　　　　　　　　　B. 折叠

　　C. 删除　　　　　　　　　　　　　D. 新建

10. 在 Windows 10 中，当屏幕上有多个窗口时，（　　）是活动窗口。

　　A. 可以有多个窗口　　　　　　　　B. 有一个固定窗口

　　C. 没有被其他窗口盖住的窗口　　　D. 标题栏颜色与众不同的窗口

二、简答题

1. 怎样修改系统的时间和日期？

2. 请描述复制和移动文件的方法。

3. 窗口主要由哪几部分组成？窗口的操作方法有哪些？

4. 如何使用 Windows 10 中的截图工具？

三、操作题

1. 完成下列操作。

（1）在 D 盘创建名为"文档"的文件夹。在 D 盘搜索以.docx 为后缀的文件，将搜索到的文件复制到"文档"文件夹中。

（2）在 D 盘创建名为"图片"的文件夹。在 D 盘搜索以.jpg 为后缀的文件，将搜索到的文件复制到"图片"文件夹中。

（3）在 D 盘创建名为"音乐"的文件夹。在 D 盘搜索以.wav 为后缀的文件，将搜索到的文件复制到"音乐"文件夹中。

2. 完成下列操作。

（1）将上题中创建的"图片"文件夹复制到 D 盘的"文档"文件夹中。

（2）打开 D 盘的"文档"文件夹，将其内容按"详细信息"方式排列。

（3）将 D 盘的"文档"文件夹固定到快速访问区。

项目四

Word 2016 电子文档

📖 项目描述

　　Word 2016 是微软开发的文字处理软件，用户可以使用 Word 2016 很方便地创建与编辑报告、信件、新闻稿、传真和表格等文档。另外，用户可以使用它来处理文字、表格、图形、图片等。本项目主要介绍 Word 2016 电子文档相关知识。Word 2016 界面友好、功能丰富、易学易用、操作方便，能满足各种文档排版和打印需求，目前已成为常用的计算机办公软件。

　　通过学习本项目，学生可以掌握 Word 2016 电子文档的基本操作、图文混排的操作、长文档排版、表格处理等 Word 2016 电子文档相关知识。

📖 知识导图

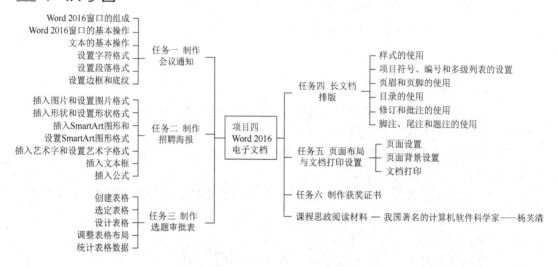

任务一　制作会议通知

📖 学习目标

　　掌握 Word 2016 电子文档的启动、创建、保存等基本操作方法；掌握文本的输入、选定、删除、复制等操作方法；掌握字符格式和段落格式的设置；掌握边框和底纹的设置。

📖 任务要求

制作如图 4-1 所示的关于任课教师培训的通知。

教育部关于开展本科教育课程思政任课教师培训的通知

各二级学院：

　　接到省厅转发的《教育部关于开展本科教育课程思政任课教师培训的通知》，3 月 3 日至 3 月 31 日，教育部邀请多名优秀的课程思政示范课负责人，进行为期　月的课程思政教学线上培训。本次培训为公益性培训，不收取任何费用。培训视频可回放观看 3 天，回放截止时间为 4 月 3 日。完成培训内容的教师可获得结业证书。请各学院转发给本院教师，组织大家按时参加。

　　各学院注意收集保存本院教师完成培训的结业证书电子版，这些资料是本院教师教学能力提升行动有效开展的重要支撑。各学院将收集的结业证书同时发至邮箱XXX@qq.com，后面教务处会将各学院近两年来教师教学能力提升的各种资料进行梳理，进行编印。

　　具体通知见附件。

　　联系人：XXX　联系电话：XXX

　　E-mail：XXX@qq.com

　　附件：《教育部关于开展本科教育课程思政任课教师培训的通知》

教务处

2022 年 2 月 27 日

图 4-1　关于任课教师培训的通知

📖 相关知识

一、Word 2016 窗口的组成

Word 2016 窗口由标题栏、"文件"菜单、选项卡、功能区、文本编辑区、状态栏、智能搜索框、文本插入点等组成，如图 4-2 所示。

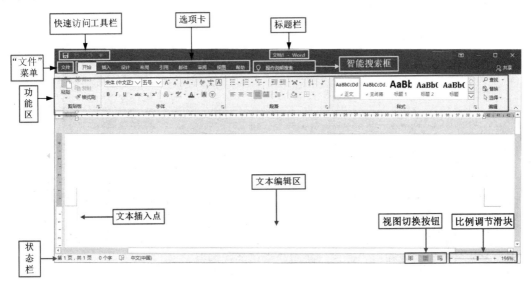

图 4-2　Word 2016 窗口

1）快速访问工具栏

快速访问工具栏显示了一些常用的工具按钮，默认有"保存"按钮、"撤销键入"按钮、"重复键入"按钮。用户还可以自定义按钮，单击"自定义快速访问工具栏"下拉按钮，在打开的下拉菜单中选择相应命令即可，如图4-3所示。

2）标题栏

标题栏包括"快速访问工具栏""文档标题""控制按钮"（"最小化"按钮、"最大化（还原）"按钮和"关闭"按钮），位于Word 2016窗口顶部。

3）"文件"菜单

"文件"菜单中有文档的新建、打开、保存、共享和打印等基本命令，"文件"菜单中的"选项"命令用于打开"Word选项"对话框，进行组件的设置，包括常规、显示、校对、保存、自定义功能区、快速访问工具栏等多项设置，如图4-4所示。

图4-3　"自定义快速访问工具栏"下拉菜单①

图4-4　"Word选项"对话框

4）选项卡

Word 2016窗口中有多个选项卡，单击任意一个选项卡可以打开对应的功能区，单击其他选项卡可以切换到相应的功能区，每个选项卡中包含了相应功能的集合。

（1）"开始"选项卡：包括剪贴板、字体、段落、样式和编辑几个组，主要用于帮助用户对文档进行文字编辑和格式设置，是用户常用的选项卡。

---

① 图4-4中"撤消"的正确写法应为"撤销"。

（2）"插入"选项卡：包含页面、表格、插图、应用程序、媒体、链接、批注、页眉和页脚、文本、符号几个组，主要用于在文档中插入各种元素。

（3）"设计"选项卡：包括文档格式和页面背景两个组，主要用于对文档格式及页面背景进行设置。

（4）"布局"选项卡：包括页面设置、稿纸、段落等组，主要用于帮助用户设置页面样式。

（5）"引用"选项卡：包括目录、脚注、引文与书目、题注、索引等组，主要用于进行插入目录等操作。

（6）"邮件"选项卡：包括创建、开始邮件合并、编写和插入域、预览结果等组，主要用于进行邮件合并等操作。

（7）"审阅"选项卡：包括校对、语言、中文简繁转换、批注、修订、更改、比较等组，主要用于进行校对和修订等操作，适用于多人协作处理长文档。

（8）"视图"选项卡：包括视图、页面移动、显示、缩放、窗口、宏等组，主要用于帮助用户设置视图类型。

5）智能搜索框

智能搜索框是 Word 2016 新增的一项功能，用户通过该搜索框可以轻松地找到相关的选项。

6）文本编辑区

文本编辑区指输入与编辑文本的区域，对文本进行的各种操作都显示在文本编辑区中。新建空白文档后，在文本编辑区左上角将显示一个闪烁的光标，被称为文本插入点，该光标所在位置便是文本的起始输入位置。

7）状态栏

状态栏位于窗口底部，左侧主要显示当前文档的工作状态，包括当前页数、字数和输入状态等，右侧依次显示视图切换按钮和比例调节滑块。

二、Word 2016 窗口的基本操作

1. 启动 Word 2016

启动 Word 2016 主要有以下几种方法。

（1）在任务栏中单击"开始"按钮，在弹出的"开始"菜单中选择"所有程序"→"Word 2016"命令，即可启动 Word 2016，如图 4-5（a）所示。

（2）双击桌面上的"Word 2016"图标，即可启动 Word 2016，如图 4-5（b）所示。

（3）双击任意一个已经存在的 Word 2016 电子文档，在打开文件的同时启动 Word 2016，如图 4-5（c）所示。

2. 退出 Word 2016

退出 Word 2016 主要有以下几种方法。

（1）单击 Word 2016 窗口标题栏右上角的"关闭"按钮，即可退出 Word 2016，这是最常用的方式。

（2）右击标题栏空白处，在弹出的快捷菜单中选择"关闭"命令，即可退出 Word 2016。

（3）选择"文件"→"关闭"命令，即可退出 Word 2016。

（4）按组合键 Alt+F4，即可退出 Word 2016。

（a）　　　　　　　　　　　　　　（b）　　　　　　　（c）

图 4-5　启动 Word 2016 的方式

3. 创建 Word 2016 电子文档

创建 Word 2016 电子文档有以下几种方法。

（1）选择"文件"→"新建"→"空白文档"命令。

（2）按组合键 Ctrl+N。

（3）选择"文件"→"新建"→"书法字帖"命令。

注意，在使用系统自带的模板创建的文档时，系统已经将其模式预设好，用户在使用过程中只需在指定位置填写相关文字即可。除了系统自带的模板，微软还提供了很多专业联机模板，用户可以根据需要自行下载所需模板。

（4）单击"自定义快速访问工具栏"下拉按钮，在打开的下拉菜单中选择"新建"命令，将"新建"按钮添加到快速访问工具栏，单击快速访问工具栏中的"新建"按钮。

（5）右击桌面空白处，在弹出的快捷菜单中选择"新建"→"Word 2016"命令。

4. 保存 Word 2016 电子文档

保存 Word 2016 电子文档有以下几种方法。

（1）选择"文件"→"保存"命令。首次保存 Word 2016 电子文档，会弹出"另存为"子菜单，如图 4-6 所示。在"另存为"子菜单中选择"浏览"命令，弹出"另存为"对话框，如图 4-7 所示。选择保存位置，并在"文件名"文本框中输入文件名，选择保存类型为同类型文档或其他类型文档，单击"保存"按钮即可。

（2）按组合键 Ctrl+S。

（3）单击快速访问工具栏中的"保存"按钮。

（4）单击"关闭"按钮，弹出提示对话框，单击"保存"按钮。

 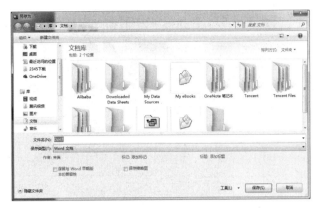

图 4-6　"另存为"子菜单　　　　　　　　　图 4-7　"另存为"对话框

三、文本的基本操作

1．输入文本

用户经常输入的字符主要有 3 种，即普通字符（英文字母、数字等）、特殊字符（@、
®、&、%等）和文字。

1）输入普通字符和文字

在文档中输入普通字符或文字时，首先需要将光标定位到指定位置，其次依次输入普
通字符或文字。

2）输入特殊字符

大部分文本可以通过键盘输入，但一些特殊字符无法通过键盘输入。这时需要选择"插
入"→"符号"→"符号"→"其他符号"命令，打开"符号"对话框进行输入，如图 4-8
所示。

图 4-8　"符号"对话框

在"符号"对话框的"符号"选项卡和"特殊字符"选项卡中，可以插入货币符号、类
似字母的符号、箭头和其他符号等。

3）输入公式

单击"插入"选项卡的"符号"组中的"公式"下拉按钮，在弹出的下拉菜单中选择内
置公式进行输入，如图 4-9 所示，如果没有所需公式，那么可以选择"插入新公式"命令，

使用"公式工具/设计"选项卡中的命令完成公式的输入，如图 4-10 所示。

图 4-9　"公式"下拉菜单

图 4-10　"公式工具/设计"选项卡

2．选定文本

在对文档进行编辑前，需要先选定文本，再对选定的文本进行操作。选定的文本可以是单个字符，也可以是一句话、一个段落或整篇文档。当文本被选定后，文本将以灰底黑字形式显示。选定文本的方法如表 4-1 所示。其中，"按住鼠标左键并拖动鼠标从该部分的开始处到该部分的结束处"和"在开始处插入光标，按住 Shift 键的同时在要选定区域的结尾处单击"两种方法对所有选定文本的范围都适用。

表 4-1　选定文本的方法

选定文本的范围	选定文本的方法
一句话中的一部分	按住鼠标左键并拖动鼠标从该部分的开始处到该部分的结束处
一句话	按住 Ctrl 键的同时在该句话中的任意处单击
一行文本	将鼠标指针移动到该行文本左侧空白处，当鼠标指针的形状变为空心箭头形时单击
一个区域中的所有字符	在开始处插入光标，按住 Shift 键的同时在要选定区域的结尾处单击
一个段落	将鼠标指针移动到该段落左侧空白处后双击，或在该段落中的任意处单击 3 次
一个矩形块	按住 Alt 键的同时按住鼠标左键并拖动鼠标从要选定的文本区域左上角一直到右下角
全部文本	移动鼠标指针到左侧空白区域中的任意处，连续单击 3 次或按组合键 Ctrl+A

3．删除、复制和移动文本

1）删除文本

将不需要的文本从文档中删除，主要有以下几种方法。

（1）以字符为单位进行删除操作：要删除插入点前的文本，按 Backspace 键；要删除插入点后的文本，按 Delete 键。

（2）以文本区域为单位进行删除操作：选择需要删除的文本区域，按 Delete 键或 Backspace 键。

2）复制文本

复制文本是指将原位置的文本在目标位置创建一个副本，执行该操作后，该文本在原位置和目标位置都存在。在 Word 2016 中，剪贴板能保存最近 24 次进行复制或剪切的数据，这 24 次操作的数据会全部显示在剪贴板中，用户可以根据自己的需要进行操作。复制文本前必须先选定所需文本，再采用以下方法进行复制。

（1）在选项卡中实现：选择"开始"→"剪贴板"→"复制"命令复制文本，将光标定位到目标位置，选择"开始"→"剪贴板"→"粘贴"命令粘贴文本。

（2）在快捷菜单中实现：右击选定的文本，在弹出的快捷菜单中选择"复制"命令，将光标定位到目标位置，右击，在弹出的快捷菜单中选择"粘贴选项"命令，根据需要选择相关命令粘贴文本，如图 4-11 所示。

"保留源格式"命令：被粘贴内容保留原内容的格式。

"合并格式"命令：被粘贴内容保留原内容的格式，并且合并应用目标位置的格式。

"仅保留文本"命令：被粘贴内容清除了原内容和目标位置的所有格式，仅保留文本。

图 4-11　粘贴选项

（3）使用组合键实现：这是最快捷的一种方法。按组合键 Ctrl+C 复制文本，将光标定位到目标位置，按组合键 Ctrl+V 粘贴文本；或按住 Ctrl 键的同时按住鼠标左键并拖动鼠标到目标位置即可。

3）移动文本

移动文本是指将原位置的文本移动到目标位置，执行该操作后，该文本只在目标位置存在。文本的移动操作与复制操作类似，必须先选定所需文本，再采用以下方法进行移动。

（1）在选项卡中实现：选择"开始"→"剪贴板"→"剪切"命令剪切文本，将光标定位到目标位置，选择"开始"→"剪贴板"→"粘贴"命令粘贴文本。

（2）在快捷菜单中实现：右击选定的文本，在弹出的快捷菜单中选择"剪切"命令，将光标定位到目标位置，右击，在弹出的快捷菜单中选择"粘贴选项"命令，根据需要选择相关命令粘贴文本。

（3）使用组合键实现：按组合键 Ctrl+X 剪切文本，将光标定位到目标位置，按组合键 Ctrl+V 粘贴文本；或按住鼠标左键并拖动鼠标到目标位置即可。

四、设置字符格式

字符格式主要包括字符的字体、字号、字形、颜色、下画线、着重号，以及字符的阴影、空心、上标、下标等。设置字符格式通常有两种情况，一是改变即将输入字符的格式；

二是改变文档中一部分已有字符的格式，在这种情况下应先选定文本，再进行设置。设置字符格式有以下几种方法。

1. 通过浮动工具栏设置

选定所需文本后，会自动弹出浮动工具栏。浮动工具栏中包含常用的设置选项，选择相应的选项即可对字符格式进行设置，如图4-12所示。其中，宋体 用于设置字体，小四 用于设置字号（字号的度量单位有"字号"和"磅"两种，字号越大文字越小，最大的字号为"初号"，最小的字号为"八号"。当用"磅"做度量单位时，磅值越大文字越大），A 用于增大字体，A 用于减小字体，Aa 用于更改大小写，用于清除所有格式，用于添加拼音标注，B 用于将文本加粗，I 用于将文本倾斜，U 用于为文本添加下画线，用于以不同颜色突出显示文本，A 用于更改文字颜色，表示格式刷。

使用格式刷可以快速将一个段落的排版格式复制到另一个段落中。选定需要改变格式的文本，单击"格式刷"按钮，文档中的鼠标指针的形状变成刷子形状，将其移动到需要改变格式的段落，选定需要改变格式的段落，格式即可发生变化。若想重复使用格式刷，可以在选定需要复制格式的段落后双击"格式刷"按钮。

2. 通过选项卡设置

在"开始"选项卡的"字体"组中可以设置字符格式等，如图4-13所示。其中，abc 用于在文本中添加删除线，x_2 用于在文本下方输入下标，x^2 用于在文本上方输入上标，A 用于添加文本效果（阴影或发光等），A 用于为所选文本添加底纹背景，用于在文本周围放置圆圈或边框加以强调，A 用于在文本周围应用边框。

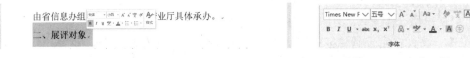

图 4-12　浮动工具栏　　　　　　　　　　　图 4-13　"字体"组

3. 通过"字体"对话框设置

单击"开始"选项卡的"字体"组右下角的"展开"按钮或按组合键 Ctrl+D，打开"字体"对话框。在"字体"选项卡中，可以设置字符格式，还可以实时预览设置字符格式后的效果，如图4-14所示。在"字体"对话框的"高级"选项卡中，可以设置字符的缩放、间距和位置等，如图4-15所示。

五、设置段落格式

段落是指两个段落标记之间的文本。段落格式设置是指以段落为单位的格式设置，主要包括设置段落对齐方式、段落缩进、段落间距和行距等。在设置好一个段落的格式之后，其后面段落的格式将和这个段落的格式一样，但是其前面段落的格式不会发生改变。

选定需要设置的段落，在"开始"选项卡的"段落"组中可以进行简单的段落格式设置，也可以单击"开始"选项卡的"段落"组右下角的"展开"按钮，打开"段落"对话框进行详细的段落格式设置。"段落"对话框如图 4-16 所示。

图 4-14　"字体"对话框的"字体"选项卡

图 4-15　"字体"对话框的"高级"选项卡

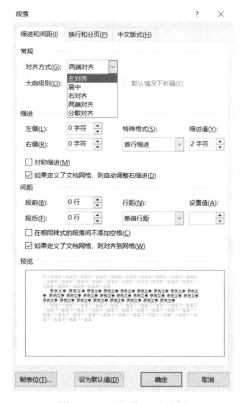

图 4-16　"段落"对话框

1. 设置段落对齐方式

Word 2016 提供的常用的段落对齐方式，主要有左对齐、居中、右对齐、两端对齐和分散对齐 5 种。

2．设置段落缩进

段落缩进是指段落的左缩进、右缩进、首行缩进和悬挂缩进。首行缩进是指段落的第 1 行相对段落的左边距缩进，常见的文本段落格式是首行缩进 2 个字符；悬挂缩进是指段落的第 1 行顶格，其余各行相对缩进；左缩进和右缩进是指段落的左边界和右边界相对左边距、右边距进行缩进。

此外，段落缩进还可以用水平标尺设置。单击滚动条上方的"标尺"按钮，拖动水平标尺中的各个滑块，可以直观地设置段落缩进。其中，▽表示首行缩进，⌐表示悬挂缩进，▫表示左缩进，表示右缩进，如图 4-17 所示。

图 4-17　段落缩进

3．设置段落间距和行距

段落间距是指两个段落之间的距离，而行距是指段落中行与行之间的距离。在"间距"选项组中的"段前"和"段后"数值框中输入值，即可设置段落间距；在"行距"下拉列表中选择相应的选项（单倍行距、1.5 倍行距、2 倍行距、最小值、固定值、多倍行距），即可设置行距。

六、设置边框和底纹

可以为文档中的文本或段落插入边框和底纹，使文档内容更加醒目。设置边框和底纹有以下几种方法。

1．通过选项卡设置

1）设置文本边框与底纹

选择"开始"→"字体"→"字符底纹"命令，为选定的文本设置底纹；选择"开始"→"字体"→"字符边框"命令，为选定的文本设置边框。

2）设置段落边框与底纹

选择"开始"→"段落"→"底纹"命令，为选定的段落设置底纹；选择"开始"→"段落"→"边框"命令，为选定的段落设置边框。

2．通过"边框和底纹"对话框设置

选择"设计"→"页面背景"→"页面边框"命令，弹出"边框和底纹"对话框。该对话框有"边框""页面边框""底纹"3 个选项卡，同时提供预览功能。在"边框"选项卡中，分别选择"设置""样式""颜色""宽度"选项，并选择应用于文字或段落，即可为选定的

文本或段落设置边框，如图 4-18（a）所示；在"页面边框"选项卡中，分别选择"设置""样式""颜色""宽度""艺术型"选项，并根据需要选择"应用于"选项，即可设置页面边框，如图 4-18（b）所示；在"底纹"选项卡中，分别选择"填充""样式"选项，并选择应用于文字或段落，即可为选定的文本或段落设置底纹，如图 4-18（c）所示。

（a）"边框"选项卡

（b）"页面边框"选项卡

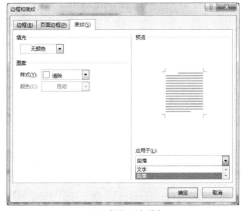

（c）"底纹"选项卡

图 4-18　"边框和底纹"对话框

📖 任务实施

1. 新建空白文档

启动 Word 2016，选择"空白文档"选项，系统会自动建立一个名为"文档 1.docx"的空白文档，将文档重命名为"培训通知.docx"。

2. 添加内容

添加如图 4-19 所示的内容。

1）添加文本

打开新建的空白文档，在文本编辑区添加文本。按组合键 Ctrl+Shift 进行汉字输入法的切换，按 Shift 键进行中英文字符的切换，按 CapsLock 键进行大小写字符的切换。在输入过程中，当满一行时，会自动跳转到下一行。如果需要换行输入，那么可以按 Enter 键来结束一个段落，这时会产生段落标记↩。

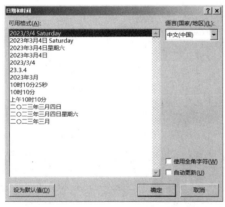

图 4-19　要输入的内容

2）添加日期

将光标定位到需要插入日期和时间的位置，选择"插入"→"文本"→"日期和时间"命令，弹出"日期和时间"对话框，如图 4-20 所示。选择相应的格式，单击"确定"按钮，添加日期和时间。

3）添加符号

在编辑 Word 2016 电子文档时，为了美化版面和使层次清晰，通常会使用符号。

（1）选择"插入"→"符号"→"符号"→"其他符号"命令，弹出"符号"对话框，如图 4-21 所示。

图 4-20　"日期和时间"对话框　　　　图 4-21　"符号"对话框

（2）选择需要添加的符号，先单击"插入"按钮，再单击"关闭"按钮。

3．设置字符格式

（1）选定标题，设置"中文字体"为"宋体"，"字号"为"三号"，"字形"为"加粗"。

（2）选定正文，设置"中文字体"为"宋体"，"英文字体"为"Times New Roman"，"字形"为"常规"，"字号"为"小四"。

（3）选定"各二级学院："，设置"中文字体"为"黑体"。

4．查找和替换文本

将所有"培训"替换为"学习"。选择"开始"→"编辑"→"替换"命令，在弹出的"查找和替换"对话框中，分别输入查找和替换的内容，根据需要单击"替换"按钮、"全部替换"按钮、"查找下一处"按钮，如图 4-22 所示。

图 4-22　"查找和替换"对话框

5．设置段落格式

（1）选定标题，选择"开始"→"段落"→"居中"命令。

（2）选定正文，单击"开始"选项卡的"段落"组右下角的"展开"按钮，在弹出的"段落"对话框中设置"特殊格式"为"首行缩进"，"缩进值"为"2 字符"，"行距"为"1.5 倍行距"。

（3）设置落款。选定"教务处"和"2022 年 2 月 27 日"时间可根据文档的具体创建时间做修改，单击"开始"选项卡的"段落"组右下角的"展开"按钮，在弹出的"段落"对话框中选择"对齐方式"为"右对齐"。

6．设置边框和底纹

（1）选定"联系人：XX""联系电话：XXX""E-mail：XXX@qq.com"，选择"设计"→"页面背景"→"页面边框"命令，弹出"边框和底纹"对话框。在"底纹"选项卡中，选择"填充"为"绿色，个性色 6，淡色 60%"，"样式"为"清除"，"应用于"为"段落"。

（2）依次选择"文件"→"保存"命令。首次保存文件，会弹出"另存为"子菜单。在"另存为"子菜单中选择"浏览"命令，弹出"另存为"对话框，选择保存位置为"E:\"，并在"文件名"文本框中输入"培训通知.docx"，单击"保存"按钮即可保存 Word 2016 电子文档。

任务二　制作招聘海报

📖 学习目标

掌握在 Word 2016 电子文档中插入图片、形状、SmartArt 图形、艺术字、文本框、公式的方法。

📖 **任务要求**

制作如图 4-23 所示的招聘海报。

图 4-23　招聘海报

📖 **相关知识**

图文混排是 Word 2016 电子文档制作和排版中的重要应用，可以在文档中插入图片、形状、SmartArt 图形、艺术字、文本框、公式等。在"插入"选项卡的"插图"组中，可以根据需要选择合适的命令，如图 4-24 所示。

图 4-24　"插入"选项卡的"插图"组

一、插入图片和设置图片格式

在 Word 2016 中可以插入本机图片，也可以插入联机图片。

1. 插入本机图片

将光标定位到需要插入图片的位置，选择"插入"→"插图"→"图片"命令，在弹出的"图片"对话框中选择需要插入的图片，单击"插入"按钮，如图 4-25 所示。

2. 插入联机图片

将光标定位到需要插入图片的位置，选择"插入"→"插图"→"联机图片"命令，打开"联机图片"对话框，在搜索框中输入"华为手机"，在搜索到的相关联机图片中双击要插入的图片，如图 4-26 所示。

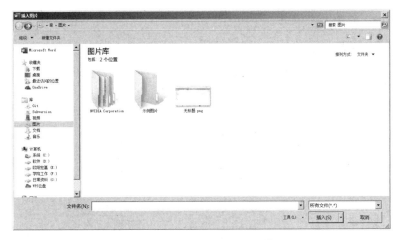

图 4-25　"插入图片"对话框

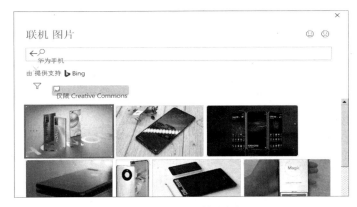

图 4-26　插入联机图片

3．设置图片格式

插入图片后，一般需要进一步设置图片格式。例如，对原图片的大小、位置、角度、环绕方式等进行设置。单击图片，通过弹出的"图片工具/格式"选项卡进行图片格式的设置，如图 4-27 所示；或单击弹出的"图片工具/格式"选项卡的"大小"组右下角的"展开"按钮，弹出的"布局"对话框中提供了"位置""文字环绕""大小"3 个选项卡，在这 3 个选项卡中进行图片格式的设置，如图 4-28 所示；也可以右击图片，在弹出的快捷菜单中选择"设置图片格式"命令，弹出的"设置图片格式"窗格中提供了"填充线条""效果""布局属性""图片"4 个选项卡，在这 4 个选项卡中进行图片格式的设置，如图 4-29 所示。

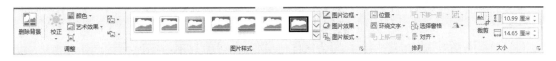

图 4-27　"图片工具/格式"选项卡

1）调整图片的大小

将鼠标指针移动到图片边框上出现的 8 个控制点之一处，当鼠标指针的形状变为双向箭头形时，按住鼠标左键并拖动鼠标即可调整图片的大小；也可以在"图片工具/格式"选项卡的"大小"组中输入高度和宽度调整图片的大小；还可以在"布局"对话框的"大小"选项卡中输入高度和宽度调整图片的大小。

图 4-28　"布局"对话框　　　　　图 4-29　"设置图片格式"窗格

2）调整图片的位置

将鼠标指针移动到图片上，按住鼠标左键并拖动鼠标到文档中的其他位置，松开鼠标左键即可调整图片的位置。

3）调整图片的角度

调整图片的角度即旋转图片，将鼠标指针移动到图片上方出现◎的控制点上，当鼠标指针的形状变为▯时，按住鼠标左键并拖动鼠标即可调整图片的角度；也可以在"图片工具/格式"选项卡的"排列"组中调整图片的角度；还可以在"布局"对话框的"大小"选项卡中通过输入旋转角度调整图片的角度。

4）裁剪图片

选定图片，选择"图片工具/格式"→"大小"→"裁剪"命令，将鼠标指针移动到图片中出现的裁剪边框上，按住鼠标左键并拖动鼠标，松开鼠标左键后按 Enter 键或单击文档中的其他位置即可完成图片的裁剪；也可以在"设置图片格式"窗格的"图片"选项卡的"裁剪"选项组中设置"裁剪位置"选项以完成图片的裁剪，如图 4-30 所示。

图 4-30　"裁剪"选项组

5）设置图片的环绕方式

在"图片工具/格式"选项卡的"排列"组中，设置图片的环绕方式。插入的图片默认应用的"环绕方式"是"嵌入型"。

设置图片的环绕方式有以下 3 种方法。

（1）选定图片，选择"图片工具/格式"→"排列"→"位置"命令，在弹出的下拉菜单中选择一种合适的环绕方式。除了"嵌入文本行中"环绕方式，其他环绕方式都是四周环绕方式，如图 4-31（a）所示。

（2）选定图片，选择"图片工具/格式"→"排列"→"环绕文字"命令，在弹出的下拉菜单中选择一种合适的环绕方式，如图 4-31（b）所示。

（3）选定图片，选择"图片工具/格式"→"排列"→"环绕文字"→"其他布局选项"命令，在弹出的"布局"对话框中进行详细设置，如图 4-31（c）所示。

图 4-31　设置图片的环绕方式

6）调整图片的亮度、对比度、艺术效果等

Word 2016 提供了强大的美化图片功能，选定图片后，在"图片工具/格式"选项卡的"调整"组和"图片样式"组中调整图片的亮度、对比度、艺术效果等。

7）设置图片的外观

单击"图片工具/格式"选项卡的"图片样式"组右下角的"展开"按钮，在弹出"设置图片格式"窗格中设置图片的外观。

二、插入形状和设置形状格式

Word 2016 提供了丰富的自选图形，用户插入形状时要考虑需要表达的效果，从而选择合适的形状，以达到图解文档的目的。插入形状通过选择"插入"→"插图"→"形状"命令来实现。

1. 插入画布

在 Word 2016 中绘制图形时，如果要绘制多个图形，那么应将多个图形放到同一张画布中，以便对多个图形同时进行移动和缩放等。插入画布的方法如下。

选择"插入"→"插图"→"形状"→"新建画布"命令，将会在 Word 2016 电子文档中插入一张新画布。

2．插入形状

将光标定位到需要插入形状的位置，选择"插入"→"插图"→"形状"命令，在弹出的下拉菜单中选择需要插入的形状，如图 4-32 所示。在文本编辑区单击，插入默认尺寸的形状，或在文本编辑区按住鼠标左键并拖动鼠标至适当大小后松开鼠标左键，即可插入形状。

图 4-32　"形状"下拉菜单

3．设置形状格式

"绘图工具/格式"选项卡如图 4-33 所示。

图 4-33　"绘图工具/格式"选项卡

设置形状格式的方法与设置图片格式的方法基本相同。下面介绍更改形状和编辑顶点、在形状中添加文字、美化形状、组合形状、为形状排序的方法。

1）更改形状和编辑顶点

（1）更改形状。选定形状后，选择"绘图工具/格式"→"插入形状"→"编辑形状"→"更改形状"命令，在弹出的下拉菜单中选择需要更改的形状即可，如图 4-34 所示。

（2）编辑顶点。选定形状后，选择"绘图工具/格式"→"插入形状"→"编辑形状"→"编辑顶点"命令，此时形状边框上将显示多个黑色顶点，选定某个顶点后，拖动该顶点可以调整该顶点的位置，如图 4-35（a）所示；拖动顶点两侧的白色控制点可以调整顶点所连接线段的形状，如图 4-35（b）所示。按 Esc 键可退出编辑。

2）在形状中添加文字

右击要添加文字的形状，在弹出的快捷菜单中选择"添加文字"命令，输入文字即可。如果要修改文字，那么可以单击需要修改的位置进行修改；也可以右击要修改文字的形状，在弹出的快捷菜单中选择"编辑文字"命令进行修改。选定文字，选择"绘图工具/格式"→"文本"→"文字方向"命令，改变文字排列方向，如图 4-36 所示。

图 4-34　"更改形状"下拉菜单

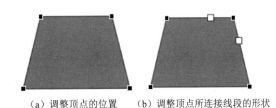

（a）调整顶点的位置　　（b）调整顶点所连接线段的形状

图 4-35　编辑顶点

图 4-36　改变文字排列方向的效果

3）美化形状

插入形状后，可以通过"绘图工具/格式"选项卡的"形状样式"组中的命令美化形状，如图 4-37 所示。

图 4-37　"形状样式"组

（1）"样式"列表框：提供了 Word 2016 形状的主题样式、预设和其他主题填充 3 种方式，可以快速设置样式效果。

（2）"形状填充"命令：提供了 Word 2016 形状的填充颜色、图片填充、渐变填充和纹理填充等方式，可以快速设置填充效果。

（3）"形状轮廓"命令：提供了 Word 2016 形状的轮廓颜色、粗细等方式，可以快速设置轮廓效果。

（4）"形状效果"命令：提供了 Word 2016 形状的预设、阴影、发光等方式，可以快速设置形状效果。

4）组合形状

有时需要将多个形状组合成一个整体，以满足应用的需求，具体操作方法为：在 Word 2016 中，不能将两个图形或将一个图形和一个文本框组合，可以通过下面的方法解决 Word 2016 默认的环绕方式是嵌入型的问题。把环绕方式设置为四周型，确定之后返回编辑状态，单击形状进行组合。在非嵌入型环绕方式下，可以先同时选定多张图片，再在其中任意一张图片上右击，在弹出的快捷菜单中选择"组合"→"组合"命令，组合形状。

反之，则选择"组合"→"取消组合"命令取消组合形状。

5）为形状排序

选定需要排序的形状，选择"绘图工具/格式"→"排列"→"上移一层"命令或选择"绘图工具/格式"→"排列"→"下移一层"命令，设置形状的排列顺序。

三、插入 SmartArt 图形和设置 SmartArt 图形格式

SmartArt 图形提供了一些创建复杂形状的模板，如列表、流程图、组织结构图和关系图等，可以帮助用户设计文档，使文字之间的关联性更加清晰、生动。

1. 插入 SmartArt 图形

选择"插入"→"插图"→"SmartArt"命令，弹出"选择 SmartArt 图形"对话框，如图 4-38 所示。根据右侧的预览效果，在左侧选择所需的类型，在中间选择详细图形，单击"确定"按钮即可插入 SmartArt 图形。

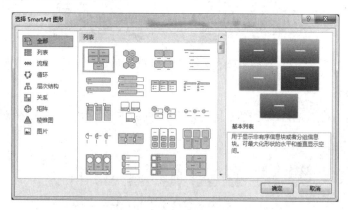

图 4-38 "选择 SmartArt 图形"对话框

2. 设置 SmartArt 图形格式

1）输入文本

在插入 SmartArt 图形之后，可以直接在"[文本]"处输入文本，如图 4-39（a）所示。

也可以选择"SMARTART 工具/设计"→"创建图形"→"文本窗格"命令，在弹出的文本窗格中输入文本，如图4-39（b）所示。

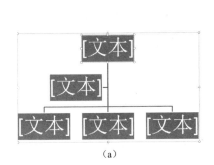

（a）　　　　　　　　　　　　　　　　（b）

图4-39　输入文本

2）添加和删除形状，为形状升级和降级

（1）在文本窗格中添加和删除形状，为形状升级和降级。

形状的添加：按 Enter 键。

形状的升级：按组合键 Shift + Tab 或 Backspace 键。

形状的降级：按 Tab 键。

形状的删除：多次按 Tab 键。

（2）在形状窗格中添加和删除形状，为形状升级和降级。

形状的添加：在"SMARTART 工具/设计"选项卡的"创建图形"组中，单击"添加形状"下拉按钮，在弹出的下拉菜单中选择一种添加形状的方式，或右击某个形状，在弹出的快捷菜单中选择"添加形状"命令，在"添加形状"子菜单中选择一种添加形状的方式。

形状的升级和降级：选择"SMARTART 工具/设计"→"创建图形"→"升级"命令即可完成形状的升级。选择"SMARTART 工具/设计"→"创建图形"→"降级"命令即可完成形状的降级。

形状的删除：选定要删除的形状，按 Delete 键。

3）设置 SmartArt 图形的外观

通过设置"SmartArt 样式"组中的命令，可以改变 SmartArt 图形的外观，如图 4-40所示。

图4-40　"SmartArt 样式"组

四、插入艺术字和设置艺术字格式

为了美化 Word 2016 电子文档需要添加许多新样式，插入艺术字是美化 Word 2016 电子文档的重要方式之一。Word 2016 提供了丰富的艺术字样库。

1. 插入艺术字

将光标定位到需要插入艺术字的位置，选择"插入"→"文本"→"艺术字"命令，在弹出的下拉菜单中选择需要插入艺术字的样式，在插入点出现艺术字编辑框，在艺术字编辑框中输入文字，同时可以在"开始"选项卡的"字体"组中设置字体、字号、加粗、倾斜等格式。

2. 设置艺术字格式

艺术字格式主要包括形状样式、艺术字样式、文字方向和对齐方式等。设置艺术字格式的方法与前面介绍的设置形状格式的方法相同。下面重点讲解形状样式、艺术字样式、文字方向和对齐方式的设置，其均可以通过"绘图工具/格式"选项卡完成，如图 4-41 所示。

图 4-41　"绘图工具/格式"选项卡

1）设置形状样式

选定需要设置的艺术字，在"绘图工具/格式"选项卡的"形状样式"组中，可以设置形状填充、形状轮廓和形状效果等。

2）设置艺术字样式

选定需要设置的艺术字，在"绘图工具/格式"选项卡的"艺术字样式"组中，可以设置文本填充、文本轮廓和文本效果等。

3）设置文字方向和对齐方式

选定需要设置的艺术字，在"绘图工具/格式"选项卡的"文本"组中，可以设置文字方向和对齐文本。

五、插入文本框

文本框是一个可以独立添加到文档中的对象，用于帮助用户在任意位置放置和输入文本，以方便用户根据需要移动文本位置。

1. 插入内置文本框

将光标定位到需要插入文本框的位置，选择"插入"→"文本"→"文本框"命令，在弹出的下拉菜单中，选择合适类型的文本框。

2．绘制文本框

将光标定位到需要插入文本框的位置，选择"插入"→"文本"→"文本框"→"绘制横排文本框"或"绘制竖排文本框"命令，在文本编辑区绘制文本框。

设置文本框格式与设置艺术字格式的方法基本相同，此处不再赘述。

六、插入公式

在 Word 2016 中，用户可以直接插入所需公式，这样可以快速地完成文档的制作。插入公式有以下两种方法。

1．插入公式的方法一

（1）将光标定位到需要插入公式的位置，单击"插入"选项卡的"符号"组中的"公式"下拉按钮，在弹出的如图 4-42 所示的"公式"下拉菜单中显示了内置公式。用户可以根据需要，选择所需公式。用户可以在公式编辑框中对公式数值进行替换。

（2）如果"公式"下拉菜单中没有所需公式，那么可以单击"插入"选项卡的"符号"组中的"公式"下拉按钮，在弹出的下拉菜单中选择"插入新公式"命令，当前插入点会出现公式编辑框（见图 4-43），用户可以根据需要自行输入公式。

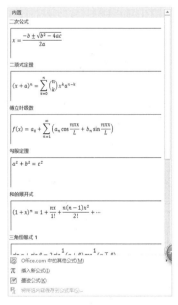

图 4-42　"公式"下拉菜单

图 4-43　公式编辑框

2．插入公式的方法二

选择"插入"→"文本"→"对象"命令，在弹出的"对象"对话框中选择"对象类型"为"Microsoft 公式 3.0"，如图 4-44 所示。弹出"公式"工具栏（见图 4-45），进行公式的编辑。

图 4-44 "对象"对话框

图 4-45 "公式"工具栏

📖 **任务实施**

（1）启动 Word 2016，新建一个文档，命名为"招聘海报.docx"。

（2）输入如图 4-23 所示的文字"就等你来 JOIN US 新科技集团 人才招聘"，为文字"等你"添加下画线。添加下画线的方法为：单击"开始"选项卡的"字体"组中的"下画线"下拉按钮，在弹出的下拉菜单中选择"＿＿＿＿＿＿"，按空格键输入下画线。

（3）设置"中文字体"为"华文新魏"，"字号"为"28"，并设置段落的"对齐方式"为"两端对齐"，"行距"为"单倍行距"。

（4）插入图片。选择"插入"→"插图"→"图片"命令，添加"招聘海报"图片，设置图片的环绕方式为"衬于文字下方"，并将文字和图片调整到合适位置。

（5）插入形状。选择"插入"→"插图"→"形状"→"基本形状"→"云形"命令，在"绘图工具/格式"选项卡的"形式样式"组中，单击"形状填充"下拉按钮，在弹出的下拉菜单中选择"无填充颜色"命令，单击"形状轮廓"下拉按钮，在弹出的下拉菜单中选择"主题颜色"为"蓝色,个性色 1"，并输入文字"期待"，设置好文字大小、颜色、位置。

（6）插入艺术字。选择"插入"→"文本"→"艺术字"命令，在弹出的下拉菜单中选择自己喜欢的样式，在出现的艺术字编辑框中输入文字"聘"，设置好文字大小、颜色、位置，使布局看起来简洁、漂亮。

（7）保存文件。

任务三　制作选题审批表

📖 **学习目标**

掌握 Word 2016 中快速创建表格的方法；掌握选定表格的方法；掌握设计与布局表格的方法；掌握统计表格数据的方法。

📖 **任务要求**

制作如图 4-46 所示的个人选题审批表。

咸阳师范学院本科毕业论文（设计）选题审批表

学生姓名		学号		专业、班级	
指导教师		职称		工作单位	

论文（设计）题目：

课题领域类型：1. 基础☐　　2. 应用基础☐　　3. 应用☐　　4. 其他☐

选题理由（不少于 200 字）

　　　　　　　　　　　　　　　　学生签名 ＿＿＿＿＿＿＿
　　　　　　　　　　　　　　　　　　年　　月　　日 ＿

指导教师对学生选择该题目的意见

　　　　　　　　　　　　　　指导教师签名 ＿＿＿＿＿＿＿
　　　　　　　　　　　　　　　　年　　月　　日 ＿

二级学院审核意见

　　　　　　　　　　　　　　分管院长签名 ＿＿＿＿＿＿＿
　　　　　　　　　　　　　　　　年　　月　　日 ＿

图 4-46　个人选题审批表

📖 **相关知识**

Word 2016 提供了强大的制表功能，Word 2016 可以自动制表也可以手动制表，能够对表格样式进行修改，对单元格进行合并或拆分，对表格数据进行简单的计算和排序，同时可以直接插入表格。

一、创建表格

表格由横行和纵列组成，行和列交叉的部分被称为单元格。

1. 插入表格

将光标定位到需要插入表格的位置，选择"插入"→"表格"→"表格"→"插入表格"命令，在弹出的"插入表格"对话框中设置行数和列数，如图 4-47 和图 4-48 所示。

将光标定位到需要插入表格的位置，选择"插入"→"表格"→"表格"命令，在弹出的下拉菜单中选择需要插入表格的行数和列数，可以快速插入表格，如图4-49所示。

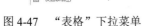

图4-47　"表格"下拉菜单　　　图4-48　"插入表格"对话框　　　图4-49　快速插入表格

2．手动绘制表格

当表格比较复杂时，可以手动绘制表格。选择"插入"→"表格"→"表格"→"绘制表格"命令，鼠标指针的形状变成铅笔形状，按住鼠标左键并拖动鼠标到适当位置，松开鼠标左键，出现一个矩形框，即表格外边框。在边框内部按住鼠标左键并横向拖动鼠标，完成行的绘制。同理纵向拖动鼠标，完成列的绘制。如果需要删除表格线，选择"表格工具/布局"→"绘图"→"橡皮擦"命令，此时鼠标指针的形状变成橡皮形状，在需要删除的表格线上按住鼠标左键并拖动鼠标，即可擦除该表格线。

3．使用内置样式

为了方便用户编辑，Word 2016提供了一些简单的内置样式，如图4-50所示。可以套用内置样式，直接修改内容。将光标定位到需要插入表格的位置，选择"插入"→"表格"→"表格"→"快速表格"命令，在弹出的下拉菜单中选择所需样式，即可完成套用内置样式创建表格。

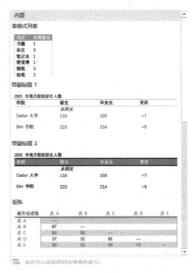

图4-50　内置样式

4. 文本与表格相互转换

1）文本转换为表格

输入待转换的文本并将其选中，如图 4-51 所示。选择"插入"→"表格"→"表格"→"文本转换成表格"命令，在弹出的"将文本转换成表格"对话框中，单击"确定"按钮，自动生成表格，如图 4-52 所示。

学号 姓名 性别↵
1 张三 男↵
2 李四 男↵

图 4-51 待转换文本　　　　图 4-52 "将文本转换成表格"对话框

2）表格转换为文本

单击要转换为文本的表格的任意边框，选择"表格工具/布局"→"数据"→"转换为文本"命令，在弹出的对话框中选择一种文字分隔符，单击"确定"按钮。

二、选定表格

1. 选定单元格

将鼠标指针移动到单元格左侧，当鼠标指针的形状变成黑色箭头形时，单击可以选定单元格。按住鼠标左键并拖动鼠标就可以选定多个连续的单元格，在拖动鼠标的同时按住 Ctrl 键可以选定多个不连续的单元格。

2. 选定整行或整列

将鼠标指针移动到表格左侧，当鼠标指针的形状变成空心箭头形时，单击可以选定当前行。按住鼠标左键并拖动鼠标就可以选定多个连续的行，在拖动鼠标的同时按住 Ctrl 键可以选定多个不连续的行。

将鼠标指针移动到表格上方，当鼠标指针的形状变成黑色箭头形时，单击可以选定当前列，按住鼠标左键并拖动鼠标就可以选定多个连续的列，在拖动鼠标的同时按住 Ctrl 键可以选定多个不连续的列。

3. 选定整个表格

将鼠标指针移动到表格左上角的表格移动控制点上，当鼠标指针的形状改变时，单击可以选定整个表格。

当然，也可以选择"表格工具/布局"→"表"→"选择"命令，选定单元格、行、列或表格。

三、设计表格

选定表格，使用"表格工具/设计"选项卡进行表格的设计，如图 4-53 所示。

图 4-53　"表格工具/设计"选项卡

1．自动套用表格样式

在"表格样式"组中选择合适的样式，即可将系统中定义的样式应用到表格中，用于改变表格的外观。此外，"表格样式"组还提供了修改表格样式、清除表格样式、新建表格样式、设置底纹等功能，可以满足用户的多种需求。

2．自定义表格样式

有时系统提供的样式不能满足用户的需求，这时可以自定义表格样式。

1）设置表格边框

选定需要设置边框的表格，单击"边框"组的"边框样式"下拉按钮，在弹出的下拉菜单中选择边框样式（也可自行设置边框样式）。此时鼠标指针的形状变成笔刷形状，在需要设置边框样式的位置单击，即可完成边框的设置；也可以单击"边框"组的"边框"下拉按钮，在弹出的下拉菜单中选择添加的边框类型，完成边框的设置；还可以选择"边框"下拉菜单中的"边框和底纹"命令，弹出"边框和底纹"对话框。"边框和底纹"对话框的"边框"选项卡如图 4-54 所示。用户根据需要设置边框样式、颜色、宽度，分别单击■、■、■、■按钮可以设置外框线，分别单击■、■按钮可以设置内框线，再次单击可以删除对应设置。

图 4-54　"边框和底纹"对话框的"边框"选项卡

2）设置表格底纹

选定需要设置底纹的表格，单击"表格样式"组中的"底纹"下拉按钮，在弹出的下拉菜单中选择底纹颜色，完成表格底纹的设置。还可以在"边框和底纹"对话框的"底纹"选项卡中，选择填充颜色和图案。要注意，"应用于"选项用于将格式应用于单元格、表格、文字或段落，如图 4-55 所示。

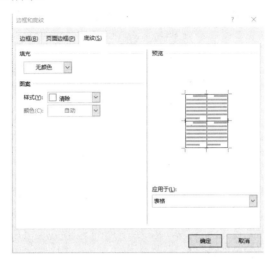

图 4-55 "边框和底纹"对话框的"底纹"选项卡

四、调整表格布局

在一般情况下，不可能一次性创建出完全符合要求的表格，这就需要对表格布局进行适当调整。此外，当表格数据有更改时，也需要对表格布局进行一定的调整。在"表格工具/布局"选项卡中进行表格布局的调整，如图 4-56 所示

图 4-56 "表格工具/布局"选项卡

1．插入行、列、单元格

选定要插入行或列的位置，根据需要选择"表格工具/布局"→"行和列"→"在上方插入""在下方插入""在左侧插入"或"在右侧插入"命令，即可插入行或列。

选定要插入单元格的位置，单击"表格工具/布局"选项卡的"行和列"组右下角的"展开"按钮，打开"插入单元格"对话框，如图 4-57 所示。

活动单元格右移：在选定的单元格左侧添加单元格，此时选定的单元格和其所在行右侧的单元格向右移动相应的列数。

活动单元格下移：在选定的单元格上方添加单元格，此时选定的单元格和其所在列下方的单元格向下移动相应的行数。

整行插入：在当前位置上方插入一行单元格。

整列插入：在当前位置左侧插入一列单元格。

选择所需插入单元格的方式，单击"确定"按钮，完成单元格的插入。

2．删除行、列、单元格、表格

选定要删除的单元格，选择"表格工具/布局"→"行和列"→"删除"命令，在弹出的"删除"下拉菜单中有对单元格、行、列、表格的删除操作命令，如图 4-58 所示。如果选择"删除单元格"命令，那么会弹出一个"删除单元格"对话框，如图 4-59 所示。

图 4-57　"插入单元格"对话框　　　图 4-58　"删除"下拉菜单　　　图 4-59　"删除单元格"对话框

右侧单元格左移：删除选定的单元格，并将其所在行右侧的单元格向左移动。

下方单元格上移：删除选定的单元格，并将其所在列下方的单元格向上移动。需要注意的是，在上移单元格时，会自动在单元格所在列的末尾生成空单元格。

删除整行：删除当前位置的整行。

删除整列：删除当前位置的整列。

选择所需删除单元格的方式，单击"确定"按钮，完成单元格的删除。

选定整个表格，按 Backspace 键即可删除整个表格。

3．合并和拆分单元格

1）合并单元格

选定要合并的单元格区域并右击，在弹出的快捷菜单中选择"合并单元格"命令；也可以选择"表格工具/布局"→"合并"→"合并单元格"命令。

2）拆分单元格

选定要拆分的单元格区域并右击，在弹出的快捷菜单中选择"拆分单元格"命令；也可以选择"表格工具/布局"→"合并"→"拆分单元格"命令，在弹出的"拆分单元格"对话框中，输入要拆分的行数和列数即可，如图 4-60 所示。

4．调整行高和列宽

选定表格并右击，在弹出的快捷菜单中选择"表格属性"命令，弹出"表格属性"对话框，如图 4-61 所示。可以在"表格属性"对话框的"表格"选项卡中设置表格的尺寸和对齐方式，在"行"和"列"选项卡中设置行高和列宽；也可以在"表格工具/布局"选项卡的"单元格大小"组中输入高度和宽度，进行行高和列宽的设置。

5．调整对齐方式与文字方向

在"表格工具/布局"选项卡的"对齐方式"组中，可以设置单元格中文字的对齐方式与文字方向。单元格边距是指单元格中文字到单元格边框的距离。

图 4-60 "拆分单元格"对话框

图 4-61 "表格属性"对话框

6. 设置标题行重复

当表格数据超过一页时，后续页将无法显示标题行，这样会对表格的编辑带来很大的不便。因此，需要设置表格第 1 行作为标题行，自动出现在每页的表格顶部，具体操作方法如下。

可以右击表格第 1 行的任意一个单元格，在弹出的快捷菜单中选择"表格属性"命令，弹出"表格属性"对话框；也可以单击"表格工具/布局"选项卡的"单元格大小"组右下角的"展开"按钮，弹出"表格属性"对话框。在"表格属性"对话框的"行"选项卡中选中"在各页顶端以标题行形式重复出现"复选框，如图 4-62 所示。

五、统计表格数据

表格由行和列组成，Word 2016 规定表格的命名方法为：用字母代表列，用数字代表行，其中行号为 1、2、3……，列号为 A、B、C……，单元格名称由列号加行号组成，如图 4-63 所示。

图 4-62 "表格属性"对话框

A1	B1	……
A2	B2	……

图 4-63 单元格名称

1．公式的使用

用户可以借助 Word 2016 提供的数学公式运算功能对表格数据进行数学运算，包括加、减、乘、除及求和、求平均值等。

将光标定位到计算结果所在单元格中，选择“表格工具/布局”→“数据”→“公式”命令，弹出如图 4-64 所示的“公式”对话框。默认公式为“SUM(LEFT)”，SUM()为求和函数，LEFT 指对左侧数据操作，通过改变参数可以对不同数据求和，ABOVE 指对上方数据操作，RIGHT 指对右侧数据操作，也可以按照 Excel 2016 中单元格的表示形式，用“行号+列号”表示要操作的单元格。例如，D3:F3 指对第 3 行第 4 列到第 3 行第 6 列的数据进行操作。注意，函数中字母的大小写无所谓，但一定要在英文状态下输入，单击“确定”按钮即可计算总分。其余列的计算可以用同样的方法实现，也可以直接复制已计算单元格的结果到其他单元格中并右击，在弹出的快捷菜单中选择“更新域”命令来完成总分的计算。计算结果如图 4-65 所示。如果需要使用其他函数，那么可以在“公式”对话框的“粘贴函数”下拉列表中选择所需函数，并在“公式”文本框中输入参数，单击“确定”按钮。

姓名	学号	班级	大学英语	高等数学	大学语文	总分
张明	1910024101	软件 1901 班	90	85	94	
李潇	1910024102	软件 1901 班	95	89	90	
徐红	1910024203	软件 1901 班	93	90	92	

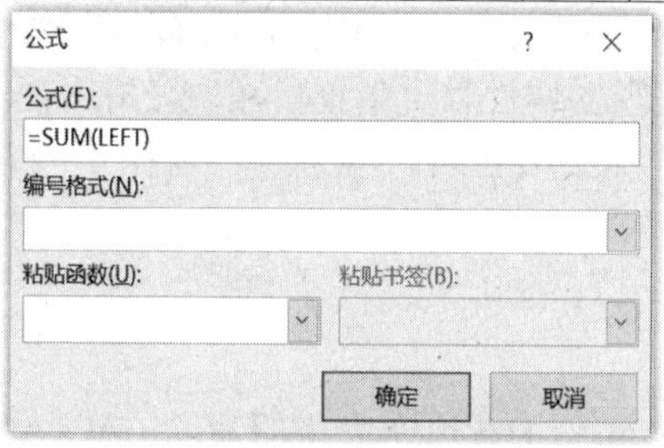

图 4-64　利用公式计算总分

姓名	学号	班级	大学英语	高等数学	大学语文	总分
张明	1910024101	软件 1901 班	90	85	94	269
李潇	1910024102	软件 1901 班	95	89	90	274
徐红	1910024203	软件 1901 班	93	90	92	275

图 4-65　计算结果

2．排序

以某列为标准对表格数据进行排序的具体操作方法如下。

单击任意一个单元格，选择“表格工具/布局”→“数据”→“排序”命令，弹出如图 4-66 所示的“排序”对话框。在“排序”对话框中选择主要关键字、类型、排列顺序（升序或降序），单击“确定”按钮，即可按照排序要求完成表格数据的排序。

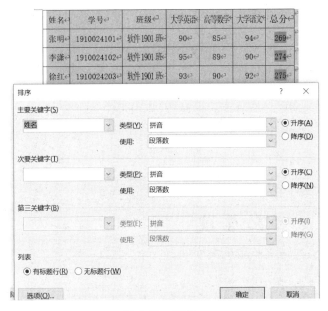

姓名	学号	班级	大学英语	高等数学	大学语文	总分
张明	1910024101	软件1901班	90	85	94	269
李潇	1910024102	软件1901班	95	89	90	274
徐红	1910024203	软件1901班	93	90	92	275

图 4-66　排序

任务实施

（1）新建一个名为"个人选题审批表.docx"的文档。

（2）根据图 4-46 可知，该表格为 7 行 6 列，因此，应插入一个 7 行 6 列的表格。

（3）在第 1 行的第 1 个单元格、第 3 个单元格、第 5 个单元格中，分别输入文字"学生姓名""学号""专业、班级"。

（4）在第 2 行的第 1 个单元格、第 3 个单元格、第 5 个单元格中，分别输入文字"指导教师""职称""工作单位"。

（5）将第 3 行的全部单元格合并，并在第 3 行的单元格中输入文字"论文（设计）题目"。

（6）将第 4 行的全部单元格合并，并在第 4 行的单元格中输入文字"课题领域类型"等。

（7）选定第 5 行，增加单元格高度，输入文字"选题理由（不少于 200 字）""学生签名"等，并完成排版。

（8）选定第 6 行，增加单元格高度，输入文字"指导教师对学生选择该题目的意见""指导教师签名"等，并完成排版。

（9）选定第 7 行，增加单元格高度，输入文字"二级学院审核意见""分管院长签名"等，并完成排版。

（10）根据表格要求，调整表格大小。

（11）保存文件。

任务四　长文档排版

学习目标

对于篇幅较长、文字量较大的文档，格式要求多，排版工作比普通文档更加复杂。通过本任务的学习，学生应掌握新建、修改和删除样式的方法；掌握设置项目符号、编号和多级列表的方法；掌握插入、设置页眉和页脚的方法；掌握创建、更新目录的方法；掌握使用修订和批注，以及脚注、尾注和题注的方法。

📖 **任务要求**

制作如图 4-67 所示的长文档排版效果。

图 4-67　长文档排版效果

📖 **相关知识**

一、样式的使用

要为文档添加目录，应先为文档中的各级标题设置样式，使 Word 2016 能够自动识别出标题应使用的样式，从而自动生成目录。样式是 Word 2016 中强有力的工具，用于设置存储起来的字体、段落等格式。运用样式可以简化操作，保持文档格式和风格的统一，还可以快速建立层次分明的文档，使版面更加整齐和美观。因此，在排版时，首先需要定义文档中用到的各种样式。

1．新建样式

Word 2016 为用户提供了一些内置样式，能够满足一般文档格式化的需要。如果内置样式不能满足需要，那么可以根据需要创建新样式。

（1）单击"开始"选项卡的"样式"组右下角的"展开"按钮，打开"样式"窗格，如图 4-68 所示。单击"选项"按钮，打开"样式窗格选项"对话框，如图 4-69 所示。根据需要进行相应的设置。

图 4-68　"样式"窗格　　　　　　图 4-69　"样式窗格选项"对话框

（2）在"样式"窗格中单击"新建样式"按钮，打开"根据格式化创建新样式"对话框，如图 4-70 所示。

图 4-70　"根据格式化创建新样式"对话框

（3）设置新样式属性。新样式属性包括名称、样式类型、样式基准和后续段落样式。

① 名称：在"名称"文本框中，输入要创建的样式名称。在创建时，可以在自定义样式名称前加上符号前缀，如"#"，用来区分内置样式与自定义样式，同时能够集中显示自定义样式。

② 样式类型：Word 2016 提供了多种样式类型，包括字符、段落、链接段落和字符、表格、列表。用户可以根据内容选取样式类型。字符样式是字体格式的一个集合，包括字体、字形和字号等格式，可应用于选定的文字；段落样式包括字符格式的集合与段落格式的集合，段落格式包括对齐方式、大纲级别、行距、段前、段后等，可应用于整个段落；链接段落和字符样式是在 Word 2007 之后引入的一种新样式，也是段落格式的集合与字符格式的集合，在应用时兼有段落样式和字符样式的特点。

③ 样式基准：基本或原始的文字段落格式，文档中的其他样式以此为基础创建。当要创建的新样式与某个已有的样式具有相似格式时，将"样式基准"选项设置为那个已有样式即可。创建的新样式将以"样式基准"选项中所选的样式为基础来设置新格式，Word 2016 提供的样式之间的继承属性方便了样式格式的设置。

④ 后续段落样式：当前样式所在段落结束后，新段落的默认样式。

（4）设置新样式格式。简单的新样式格式，如字体、字号、对齐方式、段落间距等，可以直接在当前对话框中设置。如果需要更详细地设置新样式格式，那么可以单击"根据格式化创建新样式"对话框左下角的"格式"按钮，在弹出的下拉列表中根据需要选择"字体""段落"等选项。

（5）设置完成后，单击"确定"按钮，完成新样式的创建。

2．修改样式

对于 Word 2016 的内置样式和自定义样式，用户可以根据需要进行修改。修改样式操作与新建样式操作类似，仍然是在"样式"窗格中进行。

选定需要修改的样式，右击或单击所选样式右侧的下拉按钮，在弹出的下拉菜单中选择"修改"命令，弹出"修改样式"对话框，如图 4-71 所示。根据需要进行修改。单击"确定"按钮会自动修改该样式。

对于需要批量修改的样式，可以在"样式"窗格中单击"管理样式"按钮，弹出"管理样式"对话框，如图 4-72 所示。在"编辑"选项卡中，选定需要修改的样式，单击"修改"按钮，在弹出的"修改样式"对话框中对该样式进行修改。重复同样的操作修改其他样式，修改完成后，单击"确定"按钮，应用修改后的样式。

3．删除样式

当不再使用 Word 2016 自定义样式时，用户可以对其进行删除，具体操作方法如下。

在"样式"窗格中单击"管理样式"按钮，在弹出的"管理样式"对话框中，选定需要修改的自定义样式，单击"删除"按钮，在弹出的提示对话框中单击"是"按钮。

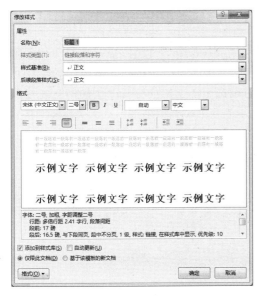

图 4-71　"修改样式"对话框　　　　图 4-72　"管理样式"对话框

二、项目符号、编号和多级列表的设置

项目符号是在段落前用于强调效果的符号，与段落并列，不分先后顺序。使用项目编号可以使文档条理清楚。

1. 设置项目符号

将光标定位到要设置项目符号的文本的起始位置，单击"开始"选项卡的"段落"组中的"项目符号"下拉按钮，弹出"项目符号"下拉菜单，如图 4-73 所示。选择内置项目符号样式，此时被选定的文本前便会立即添加指定的项目符号。如果内置项目符号样式不能满足需要，那么可以在"项目符号"下拉菜单中选择"定义新项目符号"命令，在弹出的"定义新项目符号"对话框中设置项目符号样式，如图 4-74 所示。

图 4-73　"项目符号"下拉菜单　　　　图 4-74　"定义新项目符号"对话框

2．设置编号

编号的作用是为文档中的行或段落排序，有先后顺序。将光标定位到要设置文本的起始位置，单击"开始"选项卡的"段落"组中的"编号"下拉按钮，弹出"编号"下拉菜单，如图 4-75 所示。选择内置编号样式，此时被选定的文本便会立即添加指定的编号。如果内置编号样式不能满足需要，那么可以在"编号"下拉菜单中选择"定义新编号格式"命令，在弹出的"定义新编号格式"对话框中设置编号样式，如图 4-76 所示。

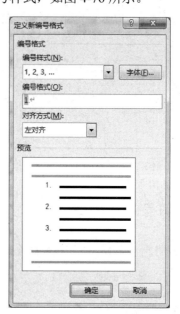

图 4-75　"编号"下拉菜单　　　　图 4-76　"定义新编号格式"对话框

3．设置多级列表

Word 2016 多级列表是在段落缩进的基础上进行设置的。使用 Word 2016 中的多级列表功能，能够自动生成最多达 9 个层次的项目符号或编号。例如，在编辑长文档时经常使用章节编号。

1）应用多级列表样式

将光标定位到章标题所在段落中，选择"开始"→"段落"→"多级列表"命令，打开"多级列表"下拉菜单，如图 4-77 所示。选择内置多级列表样式，即可完成多级列表样式的设置。如果需要在这个样式的基础上做一些更改，那么可以选择"开始"→"段落"→"多级列表"→"更改列表级别"命令，在打开的下拉菜单中选择相应的命令，从而满足需要。

2）定义新多级列表

选择"开始"→"段落"→"多级列表"→"定义新的多级列表"命令，打开"定义新多级列表"对话框，如图 4-78 所示。首先设置"单击要修改的级别"选项，并输入编号的格式，单击"字体"按钮，对字体格式进行设置，然后设置"此级别的编号样式"选项，并设置编号的位置。如果需要设置所有级别的位置，那么可以单击"设置所有级别"按钮。如果需要设置列表的应用区域、级别链接到样式、要在库中显示的级别等，那么应单击"更多"按钮。例如，要设置 1 级编号格式，应首先设置"单击要修改的级别"为"1"，选择"此级别的编号样式"选项，并输入编号的格式，如"第章"，先单击"字体"按钮，然后将光标定位到要插入编号样式的位置，即"第"和"章"之间，选择"此级别的编号样式"为"一,二,三（简）…"，此时会以第一章、第二章、第三章……形式自动编号。采用相同的方法定义其他级别。

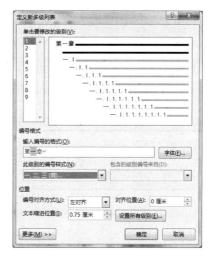

图 4-77　"多级列表"下拉菜单　　　　图 4-78　"定义新多级列表"对话框

3）定义新列表样式

如果 Word 2016 电子文档中的内置多级列表样式不能满足需要，那么可以自定义新列表样式，具体操作方法如下。

选择"开始"→"段落"→"多级列表"→"定义新的列表样式"命令，打开"定义新列表样式"对话框，如图 4-79 所示。用户根据需要，进行相应的设置即可。

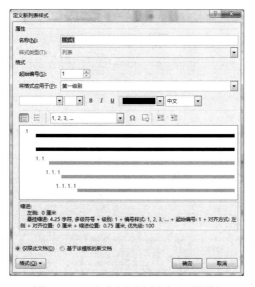

图 4-79　"定义新列表样式"对话框

三、页眉和页脚的使用

页眉指每个页面的顶部区域，常用于显示文档的附加信息，可以在页眉插入时间、图形、公司徽标、文档标题、文件名、作者姓名等；页脚常用于显示页码。要插入页眉和页脚，只需要在某一页页眉或页脚处输入要放置的内容，就会自动添加到每一页中。

1．插入页眉和页脚

选择"插入"→"页眉和页脚"→"页眉"命令，弹出如图4-80所示的"页眉"下拉菜单。选择"插入"→"页眉和页脚"→"页脚"命令，弹出如图4-81所示的"页脚"下拉菜单。在"页眉"下拉菜单中选择"编辑页眉"命令，可以使页眉处于编辑状态，输入内容即可插入页眉。在"页脚"下拉菜单中选择"编辑页脚"命令，可以使页脚处于编辑状态，输入内容即可插入页脚。

选择"插入"→"页眉和页脚"→"页码"命令，可以插入页码。"页码"下拉菜单如图4-82所示。

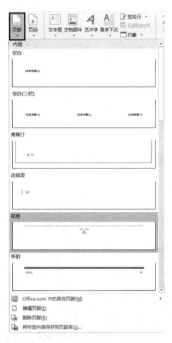

图4-80　"页眉"下拉菜单　　　图4-81　"页脚"下拉菜单　　　图4-82　"页码"下拉菜单

2．设置页眉和页脚

双击页眉或页脚，在"页眉和页脚工具/设计"选项卡中对页眉、页脚及页码进行设置。在"选项"组中，可以根据需要勾选或取消勾选"首页不同"复选框、"奇偶页不同"复选框、"显示文档文字"复选框，如图4-83所示。

图4-83　"页眉和页脚工具/设计"选项卡

首页不同：第一页的页眉和页脚与后续页不同。

奇偶页不同：奇数页的页眉与页脚和偶数页的页眉与页脚不同。

四、目录的使用

目录可以清晰、简洁地列出文档中各级标题及每个小标题所在页码，便于查看各部分内容。使用 Word 2016 根据文档的章节自动生成目录不仅快捷，便于后期修改，而且查找内容方便，只需在按住 Ctrl 键的同时单击目录中的某个标题即可快速定位到该标题所在页。

1．设置标题对应的级别样式

（1）设置标题对应的级别样式的方法，见本任务第一部分，此处不再赘述。

（2）应用标题对应的级别样式。单击"开始"选项卡的"样式"组右下角的"展开"按钮，打开"样式"窗格，选定需要设置样式的标题，在"样式"窗格中选择需要设置的样式。

（3）选定某一级标题，双击"格式刷"按钮，分别在需要设置的同级标题左侧单击，进行标题对应级别样式的设置。

2．创建目录

将光标定位到要插入目录的位置，选择"引用"→"目录"→"目录"命令，弹出"目录"下拉菜单，如图 4-84 所示。选择"自定义目录"命令，弹出"目录"对话框，如图 4-85 所示。在该对话框的"目录"选项卡中，分别设置"制表符前导符""格式""显示级别"选项，单击"确定"按钮将自动生成目录。目录创建好后，可以按照设置文本格式的方法设置目录格式。

图 4-84　"目录"下拉菜单　　　　图 4-85　"目录"对话框

3. 更新目录

目录创建好后，如果对文档进行了修改，那么会导致新目录和原目录结构不一致，此时需要更新目录。更新目录的具体操作方法如下。

选择"引用"→"目录"→"更新目录"命令，弹出"更新目录"对话框，如图 4-86 所示。如果文档的修改仅对页码有影响，那么应选中"只更新页码"单选按钮；如果对文档标题进行了修改，那么应选中"更新整个目录"单选按钮，单击"确定"按钮，完成目录的更新。

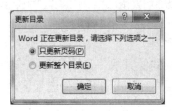

图 4-86　"更新目录"对话框

五、修订和批注的使用

1. 添加修订

修订是指直接对文章进行更改，并以批注的形式显示。使用修订不仅能看出哪些位置进行了修改，而且可以选择接受或不接受修订，将修订痕迹保留下来。在 Word 2016 中进行修订的具体操作方法如下。

（1）打开需要修订的文档，选择"审阅"→"修订"→"修订"命令，即可为文档开启修订状态，如图 4-87 所示。

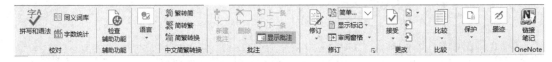

图 4-87　"审阅"选项卡

（2）使用 Word 2016 的修订功能修订文档后，系统将自动显示修改的相关信息。在修订状态下，直接添加的内容以蓝色和下画线进行标记，删除的内容以蓝色和删除线进行标记，如图 4-88 所示。

Java 的历史要追溯到 1991<u>0</u> 年，*由 Sun 公司带领的开发小组*，想设计一种小型的计算机语言，主要用于有线电视转换盒这类消费设备。

1992 年

1992 年，~~Green~~ 项目发了~~第一个产品~~，这个产品可以提供非常智能的远程控制，遗憾的是，Sun 公司对这个产品并不感兴趣。

1993 年

1993 年，Green 项目（新名字"First Person 公司"）在这一整年及 1994 年上半年，一直苦苦寻求买家购买他们的技术。

来宾
带格式的: 字体: 五号, 倾斜, 字体颜色: 红色

图 4-88　修订效果

（3）作者可以对审阅后的文件接受修订，也可以不接受修订。将光标定位到已修订的内容处，选择"审阅"→"更改"→"接受"或"拒绝"命令完成是否接受修订的设置。选择"审阅"→"批注"→"上一条"或"下一条"命令可以定位到相邻的已修订的内容处。

2．添加批注

批注是一种补充，是对内容的解释，是对文章的建议和意见，可以随时删除，而不影响文章内容。当审阅者对文档只需要给出意见，不需要直接修改时，可以使用批注。选择"审阅"→"批注"→"新建批注"命令，即可添加批注。

如果需要删除文档中的某条批注，那么可以右击要删除的批注，在弹出的快捷菜单中选择"删除批注"命令或将光标定位到需要删除的批注上，选择"审阅"→"批注"→"删除"→"删除"命令，如图 4-89 所示。

六、脚注、尾注和题注的使用

1．添加脚注和尾注

脚注和尾注相似，是一种对文本的补充说明。脚注一般位于页面的底部，可以作为文档某处内容的注释；尾注一般位于文档的末尾，用于列出引文的出处等。尾注由两个关联的部分组成，包括注释引用标记和对应的注释文本。在添加、删除或移动自动编号的注释时，Word 2016 将对注释引用标记进行重新编号。

选定需要添加脚注或尾注的文本，或将光标定位到需要添加脚注或尾注的文本后面，选择"引用"→"脚注"→"插入脚注"或"插入尾注"命令，此时将在光标停留的位置插入脚注或尾注。"引用"选项卡如图 4-90 所示。也可以单击"脚注"组右下角的"展开"按钮，在弹出的"脚注和尾注"对话框中设置位置、格式及应用范围，如图 4-91 所示。

图 4-89　删除批注　　　　　　　　　　　图 4-90　"引用"选项卡

2．添加题注

在 Word 2016 中，当需要对插入文档的图片、表格、图表等添加题注（编号、有关的注释等）时，可以使用 Word 2016 提供的题注功能，具体操作方法如下。

选定需要添加题注的对象，选择"引用"→"题注"→"插入题注"命令，弹出"题注"对话框，如图 4-92 所示。单击"新建标签"按钮，打开"新建标签"对话框，在"标签"文本框中输入标签内容，完成设置后，单击"确定"按钮，关闭对话框，在当前插入点将按照设置的样式添加题注。采用这种方法添加题注，在初期看似麻烦，但对长文档后期的修改大有好处，尤其是对有生成图表目录要求的文档，这一步必不可少。

图 4-91 "脚注和尾注"对话框   图 4-92 "题注"对话框

📖 **任务实施**

（1）打开素材文档"文档排版.docx"。

（2）新建标题样式。单击"开始"选项卡的"样式"组右下角的"展开"按钮，在弹出"样式"窗格中单击"新建样式"按钮，在弹出的"根据格式化创建新样式"对话框的"名称"文本框中输入"#标题一"，选择"样式基准"为"标题 1"，单击左下角的"格式"按钮，设置一级标题"#标题一"为宋体、三号、加粗、居中、分页、空一行，如图 4-93 所示。按照同样的方法，设置二级标题"#标题二"为宋体、小三号、加粗、顶格，设置三级标题"#标题三"为宋体、四号、加粗、顶格。

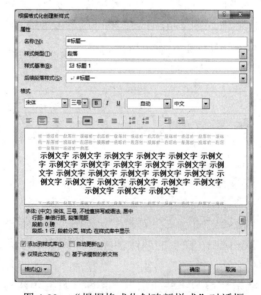

图 4-93 "根据格式化创建新样式"对话框

（3）应用标题样式。选定一级标题，在"样式"窗格中单击"#标题一"，就可以将选定的标题样式设置为一级标题。双击"格式刷"按钮，将一级标题样式应用到其他一级标题。用同样的方法设置二级标题样式和三级标题样式。

（4）设置页眉和页脚。设置页眉奇偶页不同，首页不同。奇数页统一为"咸阳师范学院本科毕业论文（设计）"，偶数页统一为"Java EE 数据持久化技术研究与应用"。奇、偶页页眉效果如图 4-94 所示。在第一页页脚插入页码"1"，并将其设置为宋体、小五、居中。

图 4-94　奇偶页页眉效果

（5）将光标定位到文档标题"第二章"前，选择"布局"→"页面设置"→"分隔符"→"分节符"→"下一页"命令，如图 4-95 所示。

（6）插入目录。选择"引用"→"目录"→"目录"命令，在弹出的下拉菜单中选择一种自动目录格式，即可生成目录。目录效果如图 4-96 所示。

（7）应用标题对应的级别样式。目录应用"#标题一"样式，将其余内容设置为宋体、小四、1.5 倍行距。

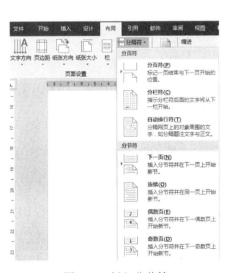

图 4-95　插入分节符

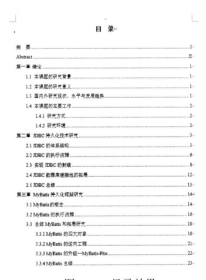

图 4-96　目录效果

（8）为文档添加封面。选择"插入"→"页面"→"封面"命令，在弹出的下拉菜单中选择合适的封面样式，按照提示信息输入文本即可。封面效果如图 4-97 所示。

图 4-97　封面效果

任务五　页面布局与文档打印设置

📖 学习目标

　　掌握 Word 2016 常用的设置文字方向、页边距、纸质方向、纸张大小、文档网络，以及分栏的方法；掌握 Word 2016 常用的设置页面边框和页面颜色的方法；掌握文档打印的方法。

📖 任务要求

　　制作如图 4-98 所示的页面布局与文档打印设置效果。

图 4-98　页面布局与文档打印设置效果

📖 相关知识

一、页面设置

页面设置是在"布局"选项卡的"页面设置"组中进行的,"页面设置"组中有"文字方向""页边距""纸张方向""纸张大小"等命令,如图 4-99 所示。

1. 设置文字方向

Word 2016 提供了水平、垂直等多种文字显示方向。选择"布局"→"页面设置"→"文字方向"命令,弹出如图 4-100 所示的"文字方向"下拉菜单,可以根据实际需要设置文字方向。

图 4-99 "页面设置"组   图 4-100 "文字方向"下拉菜单

2. 设置页边距

页边距是指文本区域与纸张边缘的距离,包括上、下、左、右边距。设置页边距的具体操作方法如下。

选择"布局"→"页面设置"→"页边距"命令,在弹出的下拉菜单中选择 Word 2016 内置页边距样式,如图 4-101 所示。如果内置页边距样式都不能满足需要,那么可以选择"自定义页边距"命令,会自动弹出"页面设置"对话框。在"页边距"选项卡的数值框中输入数值或单击微调按钮设置上、下、左、右页边距。设置"装订线位置"为"靠左"或"靠上",并选中"应用于"选项,Word 2016 提供了"整篇文档"和"插入点之后"两个选项。

3. 设置纸张方向

Word 2016 提供了"纵向"和"横向"两种纸张方向。设置纸张方向的具体操作方法如下。

选择"布局"→"页面设置"→"纸张方向"→"纵向"或"横向"命令,或单击"页面设置"组右下角的"展开"按钮,在弹出的"页面设置"对话框的"页边距"选项卡中设置纸张方向,如图 4-102 所示。

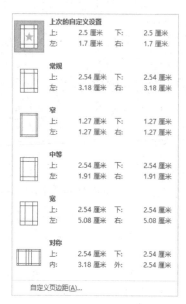

图 4-101 "页边距"下拉菜单

图 4-102 "页边距"选项卡

4. 设置纸张大小

Word 2016 内置了一些常用的纸张大小，默认的纸张大小为 A4，宽度为 21 厘米，高度为 29.7 厘米，A4 是一种常用的纸张大小。设置纸张大小的具体操作方法如下。

选择"布局"→"页面设置"→"纸张大小"命令，在弹出的下拉菜单中选择内置纸张大小，如图 4-103 所示。如果内置纸张大小不能满足需要，那么可以选择"其他纸张大小"命令，在弹出的"页面设置"对话框的"纸张"选项卡中，设置纸张的宽度和高度，如图 4-104 所示。

5. 设置文档网格

文档网格是文本排列位置的依据，其作用类似于物理上的坐标网络。在编辑长文档时，如果需要限定每页的行数和每行的字数，那么需要在"文档网格"选项卡中进行设置，以实现精确排版，保持文档整体一致。设置文档网格的具体操作方法如下。单击"页面设置"组右下角的"展开"按钮，在弹出的"页面设置"对话框的"文档网格"选项卡中进行设置即可，如图 4-105 所示。Word 2016 提供了"无网格""只指定行网格""指定行和字符网格""文字对齐字符网格"4 种网格形式。

6. 分栏

分栏就是将一个页面分为几栏，使页面更具可读性，这种排版方式在编辑报纸、杂志时经常用到。分栏的具体操作方法如下。

选定需要分栏的段落，选择"布局"→"页面设置"→"栏"命令，弹出如图 4-106 所示的"分栏"下拉菜单，选择内置分栏方式即可分栏。如果内置分栏方式不能满足需要，那么可以选择"更多栏"命令，会自动弹出"栏"对话框，如图 4-107 所示。在"栏"话框中可以进行更多设置，如设置栏的宽度和间距等。

 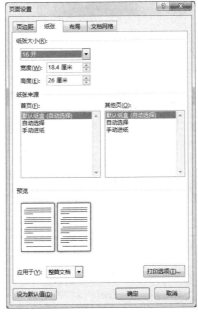 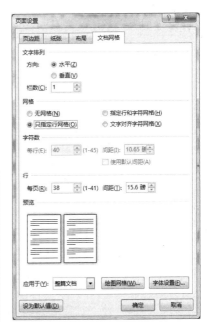

图 4-103　"纸张大小"　　图 4-104　"纸张"选项卡　　图 4-105　"文档网格"选项卡
　　　　下拉菜单

 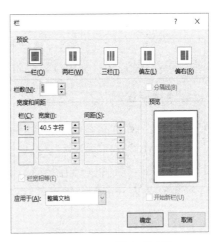

图 4-106　"分栏"下拉菜单　　　　图 4-107　"栏"对话框

二、页面背景设置

在 Word 2016 电子文档中，为了使页面更加美观，可以为页面添加背景。设置页面背景包括设置页面边框和设置页面颜色。

1. 设置页面边框

在 Word 2016 电子文档中设置页面边框时，可以设置普通的线型页面边框和各种图标样式的艺术型页面边框，从而使 Word 2016 电子文档更富有表现力。页面边框示例如图 4-108 所示。设置页面边框的具体操作方法如下。

选择"设计"→"页面背景"→"页面边框"命令，弹出"边框和底纹"对话框，选择

"页面边框"选项卡，如图 4-109 所示。

图 4-108 页面边框示例

图 4-109 "页面边框"选项卡

（1）先选择所需设置边框的种类，再分别设置"样式""颜色""宽度""艺术型""应用于"选项，单击"确定"按钮。

（2）如果要自定义边框，那么应选择"设置"为"自定义"，按照（1）设置好"样式""颜色""宽度""艺术型"选项后，在"预览"栏中选择要设置边框的位置。

（3）如果要设置边框的确定位置，那么应单击"选项"按钮。

2．设置页面颜色

选择"设计"→"页面背景"→"页面颜色"命令，在弹出的下拉菜单中选择页面的背景颜色，如图 4-110 所示。如果需要设置填充效果，那么可以选择"填充效果"命令，会自动弹出"填充效果"对话框，如图 4-111 所示。Word 2016 提供了"渐变""纹理""图案""图片"4 种填充效果，在根据需要进行选择后，单击"确定"按钮，完成设置。

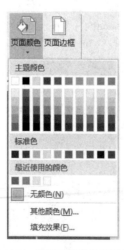

图 4-110 "页面颜色"下拉菜单

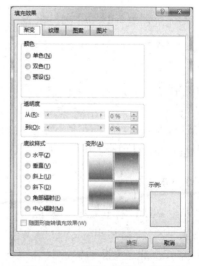

图 4-111 "填充效果"对话框

三、文档打印

文档打印是将电子文档转换成纸质文档的重要途径，在日常办公中经常使用。一般在打印 Word 2016 电子文档之前，可以先通过打印预览功能查看整篇文档的排版效果，确认无误后再打印。文档打印的具体操作方法如下。

选择"文件"→"打印"命令，弹出如图 4-112 所示的"打印"窗格，中间用于显示打印设置选项，可以设置打印份数、选择打印机、设置打印区域、设置打印方式（单面打印、双面打印等）、选择纸张方向和大小等，右侧用于显示打印效果。设置完成后，单击"打印"按钮，即可进行打印。

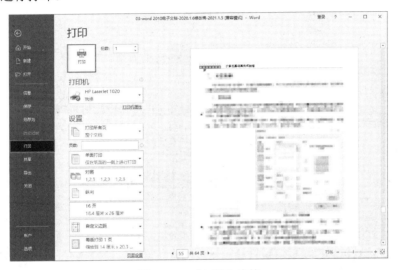

图 4-112　"打印"窗格

📖 **任务实施**

（1）打开素材文档"页面设置.docx"。单击"布局"选项卡的"页面设置"组右下角的"展开"按钮，弹出"页面设置"对话框。在"纸张"选项卡中设置"纸张大小"为"A4"；在"页边距"选项卡中设置"上"为"2.5 厘米"，"下"为"2.5 厘米"，"左"为"2.5 厘米"，"右"为"2 厘米"，"装订线位置"为"左"。

（2）选择"布局"→"页面设置"→"栏"→"两栏"命令进行分栏。

（3）选定标题，设置"中文字体"为"宋体"，"字号"为"小一"。选定全文，设置"中文字体"为"宋体"，"字号"为"小四"。选择"插入"→"文本"→"首字下沉"→"首字下沉选项"命令，设置首字下沉两行。

（4）选择"插入"→"文本"→"艺术字"命令，在弹出的下拉菜单中选择第 1 行的第 2 个样式，输入文字"流感知识和防护"。选定艺术字，选择"绘图工具/格式"→"排列"→"环绕文字"→"四周型"命令，并选择"绘图工具/格式"选项卡→"艺术字样式"→"文本效果"→"三维转换"命令，在弹出的下拉菜单中选择合适的命令进行调整。

（5）选中图 4-98 中"二、流感有哪些症状？"下面的段落，设置"中文字体"为"华文行楷"，"字号"为"四号"。选择"设计"→"页面背景"→"页面边框"命令，在弹出的"边框和底纹"对话框中，选择"设置"为"方框"，"艺术型"为 ☆☆☆☆☆ ，"填充"

为"蓝色-个性色5","样式"为"10%",如图 4-113 所示。

（6）保存文件。

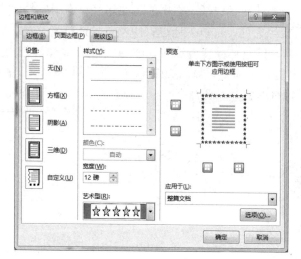

图 4-113　"边框和底纹"对话框

任务六　制作获奖证书

📖 学习目标

理解邮件合并的基本概念；掌握邮件合并的基本操作。

📖 任务要求

制作如图 4-114 所示的获奖证书。

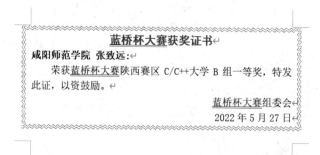

图 4-114　获奖证书

📖 相关知识

邮件合并主要是批量处理文件，该类文件的特点是主要内容和格式相同，只是有些具体数据有变化，一般可以用于批量制作简历、学生成绩单、各类获奖证书、个人声明等。进行邮件合并后的文件可以保存为 Word 2016 电子文档，也可以通过邮件发送。灵活运用 Word 2016 的邮件合并功能，不仅操作简单、快捷，而且可以设置各种格式，打印效果也好，能够满足用户的不同需求。

在进行邮件合并时，需要建立一个主文档和一个数据来源文档，其中主文档是 Word 2016 电子文档，包含所有文件的相同内容；数据来源文档以一个变化的信息表作为数据源，即需要在主文档中插入变化的信息。邮件合并的目标是将主文档和数据来源文档结合起来，其中包含文档中相同的部分和因插入域的不同而发生变化的部分。Word 2016 的邮件合并功能支持的数据源类型包括 Microsoft Office 地址列表、Microsoft Word 数据源、Microsoft Excel 工作表、Microsoft Outlook 联系人列表、Microsoft Access 数据库和 Microsoft SQL Server 数据库。

📖 任务实施

（1）创建主文档。输入如图 4-114 所示的内容，设置纸张大小为 A6，纸张方向为横向；设置文字"蓝桥杯大赛获奖证书"为黑体、小四、加粗、红色，设置文字"蓝桥杯大赛组委会 2022 年 5 月 27 日"为宋体、五号，设置其余文字为宋体、五号，冒号前面的文字加粗；设置页面边框为方框、双波浪线、红色、0.75 磅。

（2）创建数据来源文档。创建如图 4-115 所示的 Word 2016 电子文档"获奖信息表.docx"，并录入数据。

（3）选择"邮件"→"开始邮件合并"→"开始邮件合并"→"邮件合并分布向导"命令，如图 4-116 所示。弹出"邮件合并"窗格。在邮件合并过程中，"邮件合并"窗格为用户提供了创建简单的 Microsoft Office 地址列表的方法，该方法适用于不经常使用的小型、简单列表。

（4）在"邮件合并"窗格中选择文档类型，这里使用默认选项"信函"，如图 4-117（a）所示。Word 2016 提供了信函、电子邮件、信封、标签和目录 5 种文档类型。单击"下一步：开始文档"按钮，使用默认选项"使用当前文档"，如图 4-117（b）所示。

（5）单击"下一步：选择收件人"按钮，使用默认选项"使用现有列表"，如图 4-117（c）所示。单击"浏览"按钮，选择数据来源文档"获奖信息表.docx"。单击"打开"按钮，弹出"邮件合并收件人"对话框，如图 4-118 所示。在该对话框中勾选需要合并的信息，默认全部勾选，如果有不需要合并的信息，那么应取消勾选，单击"确定"按钮，即可将主文档链接到数据来源文档。

（6）单击"下一步：撰写信函"按钮，如图 4-117（d）所示。将光标定位到文字"咸阳师范学院"前，单击"其他项目"按钮，在弹出的"插入合并域"对话框中，选择"域"为"姓名"，单击"插入"按钮，如图 4-119（a）所示。采用相同的方法将合并域"等级"插入到主文档中，完成合并域的插入，单击"关闭"按钮。此时，文档中的相应位置就会出现已插入的域文件，如图 4-119（b）所示。

（7）单击"下一步：预览信函"按钮，如图 4-117（e）所示。预览效果如图 4-120 所示。

（8）单击"下一步：完成合并"按钮，如图 4-117（f）所示。单击"打印"链接可以直接打印生成的证书；单击"编辑单个信函"链接，弹出"合并到新文档"对话框，如图 4-121 所示。在该对话框中选中"全部"单选按钮，单击"确定"按钮，Word 2016 会将表格中收件人的信息自动添加到获奖证书正文中，并将其与获奖证书合并成一个新文档，即批量生成获奖证书，如图 4-122 所示。

图 4-115　数据来源文档

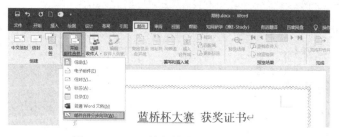

图 4-116　"开始邮件合并"下拉菜单

（a）选择文档类型　　　　　（b）选择开始文档　　　　　（c）选择收件人

（d）撰写信函　　　　　（e）预览信函　　　　　（f）完成合并

图 4-117　邮件合并步骤

图 4-118　将主文档连接到数据来源文档

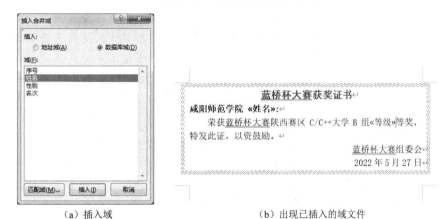

（a）插入域　　　　　　　　　（b）出现已插入的域文件

图 4-119　插入域操作

图 4-120　预览效果　　　　　图 4-121　"合并到新文档"对话框

图 4-122　批量生成获奖证书

图 4-122　批量生成获奖证书（续）

课程思政阅读材料

我国著名的计算机软件科学家——杨芙清

　　杨芙清是中国科学院院士、国内外知名的计算机软件科学技术的研究者和实践者，长期从事计算机科学技术的研究和教学工作。在系统软件、软件工程基础理论、软件工程环境、软件复用和软件构件技术，以及软件工业化生产技术等方面进行了开创性和系统性的研究，取得了富有创造性的科研成果，为我国计算机科学技术的发展、软件学科的建设和软件产业的发展做出了重要贡献。

　　杨芙清自 20 世纪 50 年代末开始从事程序自动化的早期研究。她独立设计和实现的分析程序（逆编译程序）以独创性被西方杂志称为"程序自动化研究早期的优秀工作"。20 世纪 60 年代末至 70 年代初，杨芙清主持了我国第一台百万次集成电路计算机（150 机）操作系统的研制工作，研制成功了国内第一个规模大、功能强、支持多道程序运行的计算机操作系统，该成果获得全国科学大会奖。在此基础上，杨芙清完成了《管理程序》一书的编写。该书成为当时我国发展多道运行计算机操作系统的启蒙教材，为我国早期的一批计算机科技工作者的培养起到了重要作用。

　　20 世纪 70 年代中后期，杨芙清又主持研制成功了我国第一个全部用高级语言书写的操作系统（DJS240 机操作系统）DJS200/XT2。在该系统的研制过程中，她研究并提出了层次管程结构模型、PCM 设计方法、活跃管程和活跃管程结构模型等，并在我国自行设计的系统程序设计语言 XCY 中，引入了描述并发成分的数据结构和控制设施。为此编写的《操作系统结构设计》一书成为北京大学教材，并成为国内很多高校的操作系统教材或重要参考书籍。

　　20 世纪 80 年代以来，杨芙清主要致力于软件工程的研究。在软件工程基础研究方面，她在国内率先提出，要解决大型复杂软件系统高（复杂程度高）、长（研制周期长）、难（正确性保证难）的问题，关键是有良好的软件结构、先进的软件开发方法和高效的软件工具。从 20 世纪 80 年代中期开始，杨芙清开始主持我国软件工程技术与环境的研究工作，这就是历经多年延续至今的青鸟工程。青鸟工程是国家重点支持的知识创新工程，青鸟工程的主要目标是研究以软件复用为基线、基于构件/构架模式、采用集成组装方式的软件工业化生产技术。杨芙清在国内首先倡导基于构件/构架模式的软件工业化生产技术，领导研制了支持基于构件/构架模式复用的应用系统集成（组装）环境——青鸟软件生产线系统，该系统从管理、组织机制、技术和系统等方面为我国软件企业提供了整体解决方案。

　　近些年来，杨芙清致力于我国软件产业建设。她主持的青鸟工程始终以支持我国软件产业的建设为首要目标。在国家的支持下，杨芙清组建了软件工程化基地和成果转化基地——软件工程国家工程研究中心和北大青鸟集团，并提出了一整套发展软件产业的建议，其中许多已经被政府有关部门采用。她提出了软件企业健康发展的 TRDC（教学培养—研究—开发—产品营销服务）模式，北大青鸟集团的快速发展验证了 TRDC 模式的正确性。目前，北大青鸟集团已经成为国内影响力很大的大型信息企业集团。

杨芙清在学科建设、人才培养方面做了大量工作。她倡导和推动成立北京大学计算机科技系。1983—1999 年，杨芙清在担任系主任期间，将该系建成国内一流和国际知名的计算机科学技术研究和人才培养基地，创办了国内第一个软件工程学科。2002 年，杨芙清负责筹备和建设的北京大学软件学院成立。2021 年 10 月，杨芙清担任北京大学计算机学院名誉院长，同年，北京大学信息科学技术学院网站显示，杨芙清培养了 150 余名硕士、博士和博士后。在中国计算机软件事业发展史上，杨芙清发挥了举足轻重的作用。她是我国第一代计算机软件科学家、教育家、软件学科奠基人，在软件理论研究、技术研发、产业发展、人才培养等方面都做出了巨大贡献。

习 题

一、单项选择题

1. Word 2016 是一种（   ）。
   - A. 视频编辑软件
   - B. 文字处理软件
   - C. 操作系统
   - D. 数据库管理系统

2. Word 2016 把格式分为（   ）3 种。
   - A. 字符、段落和句子
   - B. 字符、页面和句子
   - C. 段落、句子和页面
   - D. 字符、段落和页面

3. 下列关于 Word 2016 表格操作的叙述中错误的是（   ）。
   - A. 可以将表格中的两个单元格或多个单元格合并成一个单元格
   - B. 可以将两张表格合并成一张表格
   - C. 不能将一张表格拆分成多张表格
   - D. 可以为表格添加实线边框

4. 在 Word 2016 中，当插入点在表格右下角的单元格中时，按 Tab 键的作用是（   ）。
   - A. 增加单元格所在行的行高
   - B. 在表格底部增加一个空行
   - C. 在单元格所在列右侧插入一个空列
   - D. 把插入点右移一个制表位

5. 在 Word 2016 中，已知 A、B 为前后两个列数不同的表格，若将两个表格合并，则（   ）。
   - A. 合并后的表格的列数为表格 A 的列数
   - B. 合并后的表格的列数为表格 B 的列数
   - C. 合并后的表格的上半部分为表格 A 的列数，下半部分为表格 B 的列数
   - D. 合并后的表格的列数为表格 A、B 中列数较多者的列数

6. 在 Word 2016 中，节是一个重要的概念。下列关于节的叙述中错误的是（　　　）。

A．在 Word 2016 中，默认整篇文档为一节

B．可以对一篇文档设定多节

C．可以对不同的节设定不同的页码

D．删除某一节的页码，不会影响其他节的页码

7. Word 2016 在编辑状态下，不可以进行的操作是（　　　）。

A．对选定的段落进行页眉和页脚设置

B．对选定的段落进行查找和替换

C．对选定的段落进行拼写和语法检查

D．对选定的段落进行字数统计

8. 下列关于 Word 2016 中的多文档窗口操作的叙述中错误的是（　　　）。

A．Word 2016 窗口可以拆分为两个文档窗口

B．多个文档编辑工作结束后，只能一个一个地存储或关闭文档窗口

C．Word 2016 允许同时打开多个文档进行编辑，每个文档有一个文档窗口

D．多文档窗口之间的内容可以进行剪切、粘贴和复制等

9. 下列关于页眉和页脚的设置的叙述中错误的是（　　　）。

A．允许为文档的第一页设置不同的页眉和页脚

B．允许为文档的每节设置不同的页眉和页脚

C．允许为偶数页和奇数页设置不同的页眉和页脚

D．不允许页眉或页脚的内容超出页边距范围

二、操作题

1. 新建一个 Word 2016 电子文档，输入如图 4-123 所示的内容，并按下列要求完成排版。

（1）将标题"计算机学院召开'开学第一讲'学术讲座活动"设置为三号、黑体、红色、加粗、居中，并为其添加下画线（波浪式）。

（2）将正文的各段文字设置为 12 磅、宋体。第一段首字下沉，下沉两行，距正文 0.2 厘米；除第一段外的其余各段左、右各缩进 1.5 个字符，首行缩进 2 个字符，段前间距为 1 行。

（3）将正文第三段文字设置为等宽两栏，栏宽为 17 个字符。

计算机学院召开"开学第一讲"学术讲座活动
3 月 24 日计算机学院在 3 号教学楼 109 教室举办了以"元宇宙与新一代信息技术发展"为主题的"开学第一讲"学术讲座活动。活动由科研秘书胡学伟博士主持。
学院邀请到国家高等院校师资培训特邀专家邓人铭作为主讲人。
邓人铭从云计算、大数据、物联网、人工智能、智能制造几个维度让大家了解了智能社会及核心组成；从传感器、执行器、视觉感知和系统集成的科学组合让大家认识到神秘的元宇宙；同时从电路分析、系统设计、应用开发等方面，围绕中国芯阐明了信息技术核心岗位能力素质。邓人铭耐心解答了同学们提出的疑问。本次讲座活动内容深入浅出、脉络清晰可循，让师生耳目一新，同学们更加清晰地认识到了今后学习的方向，能够更好地规划自己的职业生涯。本次讲座活动让同学们享科技盛宴，抒爱国之情，坚定了为实现科技强国而努力奋斗的决心。

图 4-123　需要排版的内容

2．按照要求制作如下表格。

（1）设置表格标题“咸阳师范学院毕业论文（设计）任务书”为黑体、居中、四号，并为其添加双下画线。

（2）插入一个 6 列 6 行的表格，除第 1 行外其余各行都合并单元格。

（3）设置第 1 行和第 2 行的行高为 1 厘米，第 3 行、第 4 行、第 5 行的行高为 5 厘米，第 6 行的行高为 2 厘米。

（4）参照图 4-124，填写每个单元格中的文字。

（5）设置单元格中的文字为楷体、五号、加粗。

咸阳师范学院毕业论文（设计）任务书

<table>
<tr><td>学院名</td><td></td><td>学生姓名</td><td></td><td>专业、班级</td><td></td></tr>
<tr><td colspan="6">论文（设计）题目：</td></tr>
<tr><td colspan="6">论文（设计）选题目的、工作任务：</td></tr>
<tr><td colspan="6">目前资料收集情况（含指定参考资料）：</td></tr>
<tr><td colspan="6">论文（设计）完成计划（含时间进度）：</td></tr>
<tr><td colspan="6">接受任务日期：　　年　　月　　日　　要求完成任务日期：　　年　　月　　日
学生（签名）：
指导教师（签名）：　　　　二级学院负责人审定（签名）：</td></tr>
</table>

图 4-124　咸阳师范学院毕业论文（设计）任务书

项目五

Excel 2016 电子表格

📖 项目描述

　　Excel 2016 是 Microsoft Office 2016 的重要组件之一，可以进行数据记录与整理、数据计算、数据分析、图表创建等操作。Excel 2016 较之前的版本有了一些改进，该版本实现了数据可视化、高效的数据分析、强大的数据访问、定位准确的数据点、超大的表格空间、全新的条件格式、迷你图和随时随地访问。Excel 2016 拥有丰富的数据演示功能和简化访问功能，在 Excel 2016 中可以创建较大、较复杂的电子表格。

　　本项目内容包括制作学生成绩表、格式化学生成绩表、统计分析学生成绩、管理教师基本信息和综合案例。通过学习本项目，学生可以掌握 Excel 2016 电子表格相关知识。

📖 知识导图

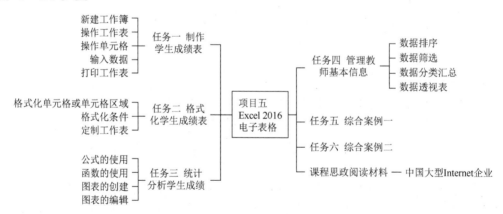

任务一　制作学生成绩表

📖 学习目标

　　掌握 Excel 2016 启动和退出的方法，了解 Excel 2016 窗口的组成；熟悉选定、插入、删除、重命名、移动和复制工作表的方法；掌握在 Excel 2016 工作表中输入数据的方法及工作表的打印设置等。

📖 **任务要求**

创建如图 5-1 所示的某学院在校大三学生的 2020—2021 年期末考试成绩汇总表。

学号	姓名	计算机基础	英语	高数	C语言	Python语言	物理	体育
					2020—2021年期末考试成绩汇总表			
20202001	陈元浩	78	85	80	83	91	88	75
20202002	赵敏	84	87	78	78	89	76	79
20202003	李一鸣	77	88	86	77	85	80	80
20202004	周鑫	84	78	83	80	84	83	84
20202005	朱桢	86	79	80	87	80	79	88
20202006	张媛媛	74	90	87	84	78	76	82
20202007	王薇	89	88	76	83	76	73	77
20202008	董欣茹	86	66	78	75	79	78	90
20202009	周新宇	76	89	82	78	74	77	58
20202010	郭子凡	65	85	85	83	80	84	88
20202011	季杨杨	82	91	78	80	82	80	87
20202012	杨国超	79	83	77	59	83	81	83
20202013	王英凯	66	76	75	75	80	79	79
20202014	王静然	63	0	80	82	78	87	71
20202015	尹燕茹	88	80	83	88	79	85	79
20202016	何文昭	76	81	89	80	83	86	78
20202017	陈佳佳	68	85	78	85	86	83	74
20202018	刘莹莹	89	57	80	83	90	75	82
20202019	徐浩洋	80	89	77	84	88	73	80
20202020	袁弘莅	89	77	76	80	84	45	69
20202021	杨静	81	83	82	82	87	77	79
20202022	蒲嘉洋	80	79	80	78	85	70	80

图 5-1　某学院在校大三学生的 2020—2021 年期末考试成绩汇总表

📖 **相关知识**

一、新建工作簿

1．启动 Excel 2016、创建 Excel 2016 文件

1）启动 Excel 2016

启动 Excel 2016 的常用方法如下。

（1）在"开始"菜单中选择"Excel 2016"命令，双击"空白工作簿"选项，如图 5-2 所示。

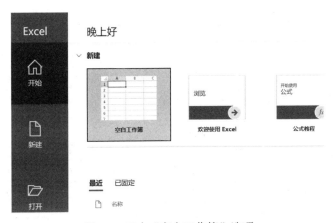

图 5-2　双击"空白工作簿"选项

（2）双击桌面上的 图标。

（3）若计算机中保存有某个 Excel 2016 文件，则双击该 Excel 2016 文件图标。

2）创建 Excel 2016 文件

打开 Excel 2016 以后会出现 Excel 2016 模板界面，跳过模板选项快速创建一个基础工作簿的操作步骤如下。

（1）在建立的工作簿中打开"文件"菜单，如图 5-3 所示。

（2）选择"选项"命令，如图 5-4 所示。

图 5-3　"文件"菜单　　　　　　　　图 5-4　选择"选项"命令

（3）在"Excel 选项"对话框中，选择"常规"选项，如图 5-5 所示。

图 5-5　"Excel 选项"对话框

（4）取消勾选"此应用程序启动时显示开始屏幕"复选框，单击"确定"按钮，就可以实现在打开 Excel 2016 后立即创建一个 Excel 2016 文件，如图 5-6 所示。

图 5-6　取消勾选"此应用程序启动时显示开始屏幕"复选框

2．退出 Excel 2016

退出 Excel 2016 的常用方法如下。

（1）单击标题栏中的"关闭"按钮。

（2）双击快速访问工具栏最左侧的按钮。

（3）按组合键 Alt+F4。

3．Excel 2016 窗口的组成

Excel 2016 窗口由标题栏、菜单栏、功能区、名称框、编辑栏、工作区和状态栏等组成，如图 5-7 所示。

1）工作簿

工作簿是包含一个或多个工作表的文件。一个工作簿就是一个 Excel 文件，工作表是工作簿中组织数据的部分。启动 Excel 2016 后，系统会自动创建一个名为"工作簿 1.xlsx"的工作簿，.xlsx 是扩展名。在默认情况下，工作簿内包含一张工作表，默认工作表名为 Sheet1。

2）工作表

工作表是由很多行和列组成的二维表格。工作表存储在工作簿中，每个工作表最多可以有 1 048 576 行、16 384 列。

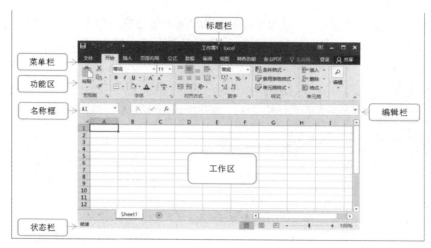

图 5-7 Excel 2016 窗口

3）工作表标签

工作表标签用于显示工作表名。单击工作表标签，可以在不同的工作表之间切换。当前可以编辑的工作表被称为活动工作表。

4）列号、行号及单元格

列号在每列的顶端显示，用英文字母表示，范围为 A～XFD；行号在每行的最左侧显示，范围为 1～1 048 576。单元格是工作表操作的最小对象。单元格按所在的行和列的位置来命名，如 A1、D3、C6 等。单元格区域是指一组被选中的单元格。它们可以是彼此相邻的，也可以是彼此不相邻的。

5）单元格地址的引用

单元格地址的引用如表 5-1 所示。

表 5-1 单元格地址的引用

引 用	说 明
A10	第 A 列和第 10 行交叉的单元格
A10:A15	第 A 列第 10～15 行的单元格区域
C12:E12	第 12 行第 C～E 列的单元格区域
6:6	第 6 行中的全部单元格
5:10	第 5～10 行中的全部单元格
J:J	第 J 列中的全部单元格
H:J	第 H～J 列中的全部单元格
A2:E10	第 A 列第 2 行到第 E 列第 10 行的单元格区域

6）名称框

名称框用于显示或定义单元格或单元格区域。

7）编辑栏

编辑栏不仅可以显示单元格中的内容，而且可以输入内容以显示在单元格中，还可以对输入的内容进行编辑。

二、操作工作表

1．选定工作表

在编辑工作表之前，必须先选定工作表。

（1）选定一个工作表。单击要选定工作表的工作表标签，此工作表会成为当前工作表。

（2）选定多个相邻的工作表。先单击要选定多个工作表中的第一个工作表的工作表标签，再在按住 Shift 键的同时单击要选定的多个工作表中的最后一个工作表的工作表标签。

（3）选定多个不相邻的工作表。在按住 Ctrl 键的同时分别单击要选定的工作表的工作表标签。

2．插入、删除、重命名工作表

创建的空白工作簿在默认情况下包含一个工作表，用户可以根据自己的需要，插入、删除、重命名工作表。

（1）插入工作表。右击当前工作表的工作表标签，在弹出的快捷菜单中选择"插入"命令，打开"插入"对话框，如图 5-8 所示，在"插入"对话框中进行相应的操作。

图 5-8　"插入"对话框

（2）删除工作表。右击要删除的工作表的工作表标签，在弹出的快捷菜单中选择"删除"命令。

（3）重命名工作表。为了方便用户一目了然地管理工作表，可以对工作表名进行修改。修改工作表名的方法如下。

① 双击工作表标签。

② 右击工作表标签，在弹出的快捷菜单中选择"重命名"命令。

3．移动和复制工作表

1）在同一个工作簿中移动和复制工作表

（1）单击要移动的工作表的工作表标签，沿着工作表标签所在行水平拖动工作表标签到目标位置。

（2）单击要复制的工作表的工作表标签，在按住 Ctrl 键的同时沿着工作表标签所在行水平拖动工作表标签到目标位置。

2）在不同的工作簿之间移动和复制工作表

在原工作簿中，右击要移动或复制的工作表标签，在弹出的快捷菜单中选择"移动或复制"命令，打开"移动或复制工作表"对话框，在"工作簿"下拉列表中选择目标工作簿，在"下列选定工作表之前"列表框中选择插入的位置，如图 5-9 所示。

图 5-9　"移动或复制工作表"对话框

三、操作单元格

1．选定单元格

（1）单击工作表中的单元格。
（2）在名称框中直接输入单元格地址。

2．选定单元格区域

1）选定一行/列或多行/列

（1）单击某行/列的行/列号，此时会选中该行/列。
（2）单击需要选定的行/列的首行/列号，按住鼠标左键并拖动鼠标指针到末行/列号，此时会选定连续的多行/列。
（3）按住 Ctrl 键时同时单击所需选定的行/列号，此时会选定不连续的多行/列。

2）选定全部单元格

单击行号 1 的上方（列号 A 的左侧），此时会选定工作表中的全部单元格，如图 5-10 所示。

图 5-10　选定全部
单元格

3．选定矩形区域

以选定 A2:F4 矩形区域为例，单击 A2 单元格，按住鼠标左键并拖动鼠标指针到 F4 单元格。

4．选定若干个不相邻的区域

按住 Ctrl 键，使用选定矩形区域的方法，选定若干个不相邻的区域。

5．插入单元格、单元格区域、行、列

1）插入单元格或单元格区域

选定单元格或单元格区域并右击，在弹出的快捷菜单中选择"插入"命令，打开"插入"对话框，如图5-11所示。在"插入"对话框中选中"活动单元格右移"单选按钮，使单元格右移，或选中"活动单元格下移"单选按钮，使单元格下移，即可插入单元格或单元格区域。

2）插入行或列

选定单元格或单元格区域并右击，在弹出的快捷菜单中选择"插入"命令，在打开的"插入"对话框中选中"整行"或"整列"单选按钮，即可插入行或列。

6．删除单元格、单元格区域、行、列

1）删除单元格或单元格区域

选定单元格或单元格区域并右击，在弹出的快捷菜单中选择"删除"命令，打开"删除"对话框，如图5-12所示。在"删除"对话框中选中所需单选按钮，即可删除单元格或单元格区域。

图5-11　"插入"对话框

图5-12　"删除"对话框

2）删除行或列

选定单元格或单元格区域并右击，在弹出的快捷菜单中选择"删除"命令，在打开的"删除"对话框中选中"整行"或"整列"单选按钮，即可删除行或列。

7．复制和移动单元格

复制和移动单元格可以分别通过"复制"命令和"粘贴"命令，或"剪切"命令和"粘贴"命令来实现。在Excel 2016中，粘贴功能有了很大的改变。当出现"粘贴"按钮时，单击"粘贴"按钮或按Ctrl键即可完成粘贴操作，但这种方法不能进行预览。图5-13所示为粘贴选项。当鼠标指针悬停到某个粘贴选项上时，Excel 2016会给出名称提示，各粘贴选项的功能如下。

（1）粘贴：将原区域中的所有内容粘贴到目标区域中。

（2）公式：仅粘贴原区域中的文本、数值、日期、公式等。

（3）公式和数字格式：除粘贴原区域中的内容外，还粘贴原区域中的数字格式。数字格式包括数字、货币、会计专用、短日期、长日期、时间、百分比、分数等。

（4）保留原格式：复制原区域中的所有内容和格式，这个选项似乎与直接粘贴没有什么不同。但有一点值得注意，当原区域中包含用公式设置的条件格式时，在同一个工作簿中的不同工作表之间用这种方法粘贴后，目标区域中条件格式的公式会引用原工作表中对

应的单元格区域。

（5）无边框：粘贴全部内容，仅删除原区域中的边框。

（6）保留原列宽：与"保留原格式"选项的功能类似，但使用此选项还复制了原区域中的列宽。这与"选择性粘贴"对话框中的"列宽"选项不同，"选择性粘贴"对话框中的"列宽"选项仅用于复制列宽而不用于粘贴内容。

（7）转置：粘贴时互换行和列。

（8）值：将文本、数值、日期等粘贴到目标区域中。

（9）值和数字格式：将包含数字格式的公式结果粘贴到目标区域中。

（10）值和原格式：与"保留原格式"选项的功能类似，将公式结果粘贴到目标区域中，同时复制原区域中的格式。

（11）格式：仅复制原区域中的格式，而不复制原区域中的内容。

（12）粘贴链接：在目标区域中创建引用原区域中的公式。

（13）图片：将原区域作为图片进行粘贴。

（14）链接的图片：将原区域粘贴为图片，图片会根据原区域中数据的变化而变化。类似于 Excel 2016 中的照相机功能。

图 5-13　粘贴选项

在复制单元格时，单元格中包含公式、数值、格式等内容。如果只复制单元格中特定的内容，那么除了可以使用粘贴选项来实现，还可以使用"选择性粘贴"对话框来实现。

四、输入数据

在单元格中可以输入的数据包括文本、数值、日期和时间等。

1. 在单元格中输入数据

1）输入文本

汉字、英文字母、数字和符号都属于文本。一般文本可以直接输入，系统默认的文本对齐方式为左对齐。

每个单元格最多可以容纳 32 000 个字符，当一个单元格中容纳不下字符时，就需要占用相邻的单元格的空间；当相邻的单元格中已填入数据时，就会截断显示。若这时想全部显示，可以按组合键 Alt+Enter 分行显示。

例如，要输入学号 03020126，需要在数字前加单引号，将其转换成文本型数据，即'03020126。

2）输入数值

由数字 0～9 组成的字符串，以及"+""−""E""e""$""/""%""（）"等特殊字符都属于数值。系统默认的数值对齐方式为右对齐。

在输入多于 11 位的数值时，Excel 2016 会自动以科学计数法显示。在输入数值 12 345 678 912 345 时，单元格中用 1.23457E+13 来显示。

（1）负数：在数值前加负号或把数值放到小括号中，都可以输入负数。例如，若要在单元格中输入负 66，则可以输入−66 或（66），并按 Enter 键。

（2）分数：若要在单元格中输入分数，则应在编辑栏中先输入 0 和一个空格，再输入分数，否则 Excel 2016 会把分数当作日期处理。例如，要在单元格中输入分数 2/3，应在编辑栏中先输入 0 和一个空格，再输入 2/3，并按 Enter 键。

3）输入日期和时间

Excel 2016 内置了一些日期和时间格式，具体如下。

常见的日期格式：mm/dd/yy、dd−mm−yy。

常见的时间格式：hh:mm AM/PM。

组合键 Ctrl+分号插入当前系统日期。

组合键 Ctrl+Shift+分号插入当前系统时间。

（1）输入日期：可以用"/"或负号来分隔日期的年、月、日。例如，输入 2020/7/21 或 2020-7-21 并按 Enter 键后，Excel 2016 将其转换为默认日期格式，即 2020 年 7 月 21 日或 2020/7/21。

（2）输入时间：时、分、秒之间用冒号分隔，Excel 2016 一般把输入的时间默认为上午。若要输入下午，则应在时间后面添加一个空格，并输入 PM，如输入 5:05:05 PM，会显示 17:05:05。也可以直接输入 24 小时制时间，如直接输入 17:05:05。

4）确认输入内容

确认输入内容有以下方法。

（1）按 Enter 键，活动单元格下移一行。

（2）按 Tab 键，活动单元格右移一列。

（3）单击编辑栏中的"输入"按钮，活动单元格位置不变。

2．在单元格区域中输入相同数据

先选定单元格区域（连续或不连续），再输入数据，最后按组合键 Ctrl+ Enter 确认。

3．自动填充数据

当输入的数据有规律时，可以使用 Excel 2016 的填充柄进行自动填充，以加快数据输入速度。

使用填充柄只能在一行或一列连续的单元格中自动填充数据，自动填充是根据初始值决定以后的选项。

在填充数据时，首先将鼠标指针移动到初始值所在单元格的右下角，此时鼠标指针的形状变成十字形（填充柄），然后拖动填充柄至要填充的最后一个单元格，即可完成自动填充。自动填充效果如图 5-14 所示。

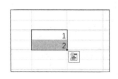

图 5-14　自动填充效果

1）填充序列功能

在输入序号时，需恰当使用填充柄。例如，在输入 1～200 时，有以下两种输入方法。

（1）先输入 1，再把鼠标指针放到 1 所在单元格的右下角，按住 Ctrl 键的同时，拖动填充柄，即可完成填充 1～200 的操作。

（2）先输入 1 和 2，再选定 1 和 2 所在单元格，并把鼠标指针放到 1 和 2 所在单元格的右下角，拖动填充柄，即可完成填充 1～200 的操作。

2）复制功能

直接拖动填充柄，即可复制单元格中的内容。例如，在单元格中输入一个数字，并把鼠标指针放到输入的数字所在单元格右下角，拖动填充柄，可以复制单元格中的内容。

3）插入或删除单元格功能

按住 Shift 键的同时把鼠标指针放到单元格的右下角，当鼠标指针的形状变成"等号上下都有箭头"形状（填充柄）时，若向上拖动填充柄，则删除单元格；若向下拖动填充柄，则插入单元格。

五、打印工作表

Excel 2016 特意把打印功能独立出来。打印设置选项包括打印份数、打印机、设置 3 项，如图 5-15 所示。

图 5-15　打印设置选项

使用打印设置选项，可以快速调整页面布局，及时预览打印效果，提高打印效率。

Excel 2016 为页面设置专门增加了"页面布局"选项卡。"页面布局"选项卡包括"主题""页面设置""调整为合适大小""工作表选项""排列"5 个组。下面介绍"主题""页面设置""调整为合适大小"3 个组。

1．主题

Excel 2016 设置了一些默认的表格主题效果。通过应用表格主题效果，可以快速、轻松地设置整个表格的格式。"主题"组中的命令用于设置颜色、字体等。

2．页面设置

Excel 2016 的"页面设置"组，比 Word 2016 的"页面设置"组多了"打印区域""背景""打印标题"3 个命令，如图 5-16 所示。

图 5-16　Excel 2016 的"页面设置"组

1）打印区域

一个工作表中的表格可能很大，有时可能只需要截取一小部分打印，这时可以通过设置"打印区域"命令完成。

先选定需要打印的单元格区域，再选择"打印区域"→"设置打印区域"命令。

2）背景

"背景"命令用于选择自己喜欢的图片作为工作表的背景图片。

3）打印标题

如果想在打印时让每页都有相同的标题，那么可以通过"打印标题"命令来完成。选择"打印标题"命令，弹出"页面设置"对话框，如图 5-17 所示。在"工作表"选项卡的"打印标题"选项组中，根据标题位置选择标题所在单元格区域。

图 5-17　"页面设置"对话框

3．调整为合适大小

当表格比一页纸大，若想在一页纸中把表格全部打印出来，则可以在"调整为合适大小"组中设置合适的缩放比例，如图 5-18 所示。

📖 任务实施

图 5-18　调整为合适大小

1．新建工作簿

在"开始"菜单中选择"Excel 2016"命令，双击"空白工作簿"选项。

2．操作工作表、操作单元格、输入数据

在默认的工作表 Sheet1 中输入图 5-1 中的数据。单击 A1 单元格，使之成为活动单元格，先在 A1 单元格中输入"2020－2021 年期末考试成绩汇总表"，按 Enter 键，再在 A2、B2、C2 等单元格中依次输入"学号""姓名""计算机基础"等。

提示：（1）学号、姓名使用文本格式输入。在使用文本格式输入学号时，应在其前面加上单引号，如' 20202001。

（2）各科目分数使用数字格式输入。使用相同的方法输入其余数据。

3．打印工作表

选择"文件"→"打印"命令，预览打印效果，如图 5-19 所示。注意，调整页边距，尽量把表格放在一页中显示（要调整页边距，可以通过设置正常边距进行）。

2020-2021年期末考试成绩汇总表							
学号	姓名	计算机基础	英语	高数	C语言	python语言	物理	体育
20202001	陈元浩	78	85	80	83	91	88	75
20202002	赵敏	84	87	78	78	89	76	79
20202003	李一鸣	77	88	86	77	85	80	80
20202004	周鑫	84	78	83	80	84	83	84
20202005	朱桢	86	79	80	87	80	79	88
20202006	张媛媛	74	90	87	84	78	76	82
20202007	王薇	89	88	76	83	76	73	77
20202008	董欣茹	86	66	78	75	79	78	90
20202009	周新宇	76	89	82	78	74	77	58
20202010	郭子凡	65	85	85	83	80	84	88
20202011	季杨杨	82	91	78	80	82	80	87
20202012	杨国超	79	83	77	59	83	81	83
20202013	王英凯	66	76	75	75	80	79	79
20202014	王静然	63	0	80	82	78	87	71
20202015	尹燕茹	88	80	83	88	79	85	79
20202016	何文昭	76	81	89	80	83	86	78
20202017	陈佳佳	68	85	78	85	86	83	74
20202018	刘莹莹	89	57	80	83	90	75	82
20202019	徐浩洋	80	89	77	84	88	73	80
20202020	袁弘苡	89	77	76	80	84	45	69
20202021	杨静	81	83	82	82	87	77	79
20202022	蒲嘉洋	80	79	80	78	85	70	80

图 5-19　打印效果

调整好页边距后，设置打印份数及打印机，单击"打印"按钮即可打印。

任务二　格式化学生成绩表

学习目标

掌握格式化单元格或单元格区域、格式化条件，以及定制工作表的方法。

任务要求

在完成任务一的基础上，继续格式化某学院在校大三学生的 2020—2021 年期末考试成绩汇总表。

合并 A1:I1 单元格区域，设置标题"2020－2021 年期末考试成绩汇总表"为宋体、14号、加粗，其他文本为宋体、12 号，列标题居中，学号和姓名左对齐，成绩居中，各科目不及格的成绩以红色数值、黄色底纹显示，并把缺考的学生标注出来。格式化后的 2020—2021 年期末考试成绩汇总表如图 5-20 所示。

2020-2021年期末考试成绩汇总表								
学号	姓名	所属院系	计算机基础	英语	高数	C语言	python语言	物理	体育
20202001	陈元浩		78	85	80	83	91	88	75
20202002	赵敏		84	87	78	78	89	76	79
20202003	李一鸣		77	88	86	77	85	80	80
20202004	周鑫		84	78	83	80	84	83	84
20202005	朱桢		86	79	80	87	80	79	88
20202006	张媛媛		74	90	87	84	78	76	82
20202007	王薇		89	88	76	83	76	73	77
20202008	董欣茹		86	66	78	75	79	78	90
20202009	周新宇		76	89	82	78	74	77	58
20202010	郭子凡		65	85	85	83	80	84	88
20202011	季杨杨		82	91	78	80	82	80	87
20202012	杨国超		79	83	77	59	83	81	83
20202013	王英凯		66	76	75	75	80	79	79
20202014	王静然		63	0	80	82	78	87	71
20202015	尹燕茹		88	80	83	85	79	85	79
20202016	何文昭		76	81	89	80	83	86	78
20202017	陈佳佳		68	85	78	85	86	83	74
20202018	刘莹莹		89	57	80	83	90	75	82
20202019	徐浩洋		80	89	77	84	88	73	80
20202020	袁弘苾		89	77	76	80	84	45	69
20202021	杨静		81	83	82	82	87	77	79
20202022	蒲嘉洋		80	79	80	78	85	70	80

图 5-20　格式化后的 2020—2021 年期末考试成绩汇总表

相关知识

一、格式化单元格或单元格区域

1. 设置字符格式

字符格式包括字符的字体、字号、字形、颜色、下画线等。如果要对所有单元格中的字符设置相同的格式，那么应选定所有单元格中的字符；如果只对部分单元格中的字符设置格式，那么应双击单元格，在单元格中选定要设置格式的字符。Excel 2016 中设置字符格式的方法与 Word 2016 中设置字符格式的方法相同。

设置字符格式的方法如下。

（1）在"开始"选项卡的"字体"组中，对字符格式进行设置，如图 5-21 所示。

图 5-21 "字体"组

（2）选定需要设置字符格式的单元格或单元格区域并右击，在弹出的快捷菜单中选择"设置单元格格式"命令，在弹出的"设置单元格格式"对话框的"字体"选项卡中，进行字符格式的设置，如图 5-22 所示。

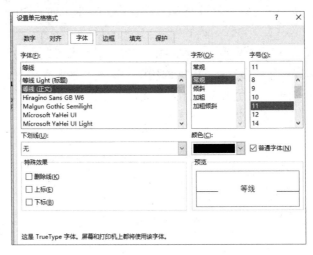

图 5-22 "设置单元格格式"对话框的"字体"选项卡

2．设置数字格式

Excel 2016 提供了多种数字格式，主要包括数字、货币、会计专用、短日期、长日期、时间、百分比等，还可以自定义数字格式。

设置数字格式的方法如下。

（1）在"开始"选项卡的"数字"组中，对数字格式进行设置，如图 5-23 所示。单击"常规"下拉按钮，在弹出的下拉菜单中选择数字格式，如货币等，如图 5-24 所示。

图 5-23 "数字"组　　　　图 5-24 选择数字格式

（2）选定需要设置数字格式的单元格或单元格区域并右击，在弹出的快捷菜单中选择

"设置单元格格式"命令，在弹出的"设置单元格格式"对话框中，选择"数字"选项卡，在"分类"列表框中选择需设置的数字格式，单击"确定"按钮，如图 5-25 所示。

图 5-25　"设置单元格格式"对话框的"数字"选项卡

3．设置对齐方式

在默认情况下，单元格中的文本左对齐，数值右对齐。对于对齐方式，用户可以根据自己的需求修改。设置对齐方式的方法如下。

（1）在"开始"选项卡的"对齐方式"组中，对对齐方式进行设置，如图 5-26 所示。对齐方式包括顶端对齐、垂直居中、底端对齐、左对齐、居中、右对齐。若文字过长不能在一行中全部显示，则可以选择"自动换行"命令，此时文字会自动换行。

图 5-26　"对齐方式"组

（2）选定需要设置对齐方式的单元格或单元格区域并右击，在弹出的快捷菜单中选择"设置单元格格式"命令，弹出"设置单元格格式"对话框。"设置单元格格式"对话框的"对齐"选项卡如图 5-27 所示。

① 文本对齐方式：用于设置单元格对齐方式。

② 文本控制：用于设置自动换行、缩小字体填充、合并单元格。

③ 方向：用于设置单元格中内容的旋转角度。

④ 从右到左：用于设置文字方向。

4．设置边框与底纹

1）设置边框

设置边框的方法如下。

选定需要设置边框的单元格或单元格区域并右击，在弹出的快捷菜单中选择"设置单元格格式"命令，在弹出的"设置单元格格式"对话框的"边框"选项卡中，分别设置"样式""颜色""预置"选项，如图 5-28 所示。当然，也可以使用"开始"选项卡中的"边框"命令，添加边框。

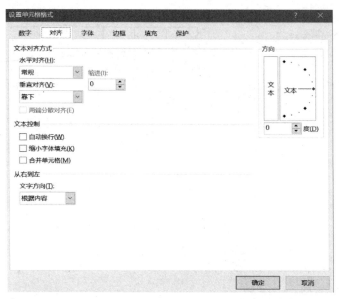

图 5-27　"设置单元格格式"对话框的"对齐"选项卡

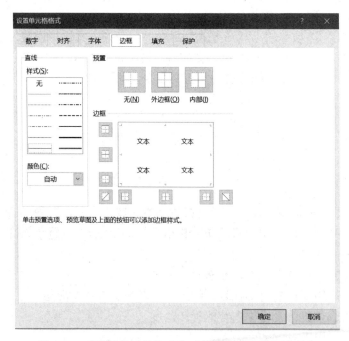

图 5-28　"设置单元格格式"对话框的"边框"选项卡

2）设置底纹

设置底纹就是给选定的单元格或单元格区域设置背景图案。在 Excel 2016 中，底纹被改为填充。在"设置单元格格式"对话框的"填充"选项卡中进行底纹的设置。

二、格式化条件

为了让数据突出表现出来，在工作表中把满足一定条件的数据明显地标记出来，就是格式化条件。例如，在显示成绩时，为了明显地标记出不及格的成绩，可以将不及格的成绩以红色数值、黄色底纹显示。

格式化条件的方法如下。

选定要设置格式的单元格或单元格区域，选择"开始"→"样式"→"条件格式"→"突出显示单元格规则"命令，在弹出的下拉菜单中有"大于""小于""介于""等于"等命令，用户可以根据实际情况进行选择，如图 5-29 所示。若选择"小于"命令，则在弹出的如图 5-30 所示的"小于"对话框的"为小于以下值的单元格设置格式"文本框中输入"60"，在"设置为"下拉列表中选择"自定义格式"选项。在"设置单元格格式"对话框中修改文字颜色为红色，底纹颜色为黄色。

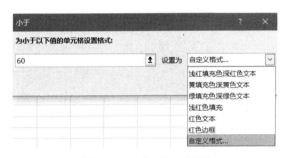

图 5-29　"突出显示单元格规则"下拉菜单　　　　图 5-30　"小于"对话框

三、定制工作表

1．添加批注

用户可以根据工作需要，为工作表添加批注。例如，如果有些学生没有参加考试，那么可以添加批注。又如，教师在修改学生作业时，也可以添加批注。

添加批注的方法如下。

右击需要添加批注的单元格，在弹出的快捷菜单中选择"插入批注"命令，弹出用于输入批注的文本框，在文本框可以输入批注。添加批注成功后，单元格右上角会出现红色三角形。当鼠标指针移动到该单元格上时，会显示批注，如图 5-31 所示。

图 5-31　显示批注

2．数据验证

1）设置序列

序列就是对一组数据预先设置好顺序。可以按序列排列数据，也可以按序列填充数据。在填写学生所属院系等时，都可以使用数据验证中的序列来完成。

例如，在 C 列"所属院系"单元格中输入序列"外国语学院,体育学院,音乐学院,计算机学院,美术学院,经济与管理学院,文学与传播学院"，效果如图 5-32 所示。

	A	B	C	D	E	F	G	H	I	J
1				2020—2021年期末考试成绩汇总表						
2	学号	姓名	所属院系	计算机基础	英语	高数	C语言	Python语言	物理	体育
3	20202001	陈元浩		78	85	80	83	91	88	75
4	20202002	赵敏	外国语学院	84	87	78	78	89	76	79
5	20202003	李一鸣	体育学院	77	88	86	77	85	80	80
6	20202004	周鑫	音乐学院 计算机学院	84	78	83	80	84	83	84
7	20202005	朱桢	美术学院	86	79	80	87	80	79	88
8	20202006	张媛媛	经济与管理学院	74	90	87	84	78	76	82
9	20202007	王薇	文学与传播学院	89	88	76	83	76	73	77
10	20202008	董欣茹		86	66	78	75	79	78	90
11	20202009	周新宇		76	89	82	78	74	77	58
12	20202010	郭子凡		65	85	85	83	80	84	88
13	20202011	季杨杨		82	91	78	80	82	80	87
14	20202012	杨国超		79	83	77	59	83	81	83
15	20202013	王英凯		66	76	75	75	80	79	79
16	20202014	王静然		63	0	80	82	78	87	71
17	20202015	尹燕茹		88	80	83	88	79	85	79
18	20202016	何文昭		76	81	89	80	83	86	78
19	20202017	陈佳佳		68	85	78	85	86	83	74
20	20202018	刘莹莹		89	57	80	83	90	75	82
21	20202019	徐浩洋		80	89	77	84	88	73	80
22	20202020	袁弘蓓		89	77	76	80	84	45	69
23	20202021	杨静		81	83	82	82	87	77	79
24	20202022	蒲嘉洋		80	79	80	78	85	70	80

图 5-32　输入序列的效果

设置序列的方法如下。

选定 C3:C22 单元格区域，单击"数据"选项卡的"数据工具"组中的"数据验证"下拉按钮，在弹出的下拉菜单中选择"数据验证"命令，弹出"数据验证"对话框。在"验证条件"选项组的"允许"下拉列表中选择"序列"选项，在"来源"文本框中输入"外国语学院,体育学院,音乐学院,计算机学院,美术学院,经济与管理学院,文学与传播学院"，各选项之间以英文状态下输入的逗号分隔，如图 5-33 所示。设置完成后，"所属院系"单元格旁会出现一个下拉按钮。

图 5-33　"数据验证"对话框 1

2）限制数值范围

可以限制输入单元格中的数值范围，在出错时进行提示。例如，将输入成绩范围限制在 0～100，以免出现输入错误，相关设置如图 5-34 所示。

图 5-34　"数据验证"对话框 2

限制数值范围的方法如下。

（1）选定 D3:D11 单元格区域，单击"数据"选项卡的"数据工具"组中的"数据验证"下拉按钮，在弹出的下拉菜单中选择"数据验证"命令，弹出"数据验证"对话框。在"验证条件"选项组的"允许"下拉列表中选择"整数"选项，在"数据"下拉列表中选择"介于"选项，在"最小值"文本框中输入"0"，在"最大值"文本框中输入"100"，如图 5-35 所示。此步骤限制输入单元格的数值范围。

（2）在"数据验证"对话框的"输入信息"选项卡的"选定单元格时显示下列输入信息"选项组的"标题"文本框中输入"请输入该科目的分数"，在"输入信息"文本框中输入"介于 0～100 的数"，如图 5-36 所示。如果输入错误，那么选择"出错警告"选项卡，在"输入无效数据时显示下列出错警告"选项组的"样式"下拉列表中选择"停止"选项，在"标题"文本框中输入"请重新输入"，在"错误信息"文本框中输入"不是介于 0～100"，如图 5-37 所示。

图 5-35　"数据验证"对话框 3

图 5-36　"输入信息"选项卡

图 5-37 "出错警告"选项卡

当输入错误时，会弹出如图 5-38 所示的"请重新输入"对话框。

图 5-38 "请重新输入"对话框

📖 **任务实施**

1. 格式化单元格或单元格区域

合并 A1:I1 单元格区域，设置标题"2020—2021 年期末考试成绩汇总表"为宋体、14 号、加粗，其他文本为宋体、12 号，列标题居中，学号和姓名左对齐，成绩居中，方法如下。

（1）先选定 A1:I1 单元格区域，选择"开始"→"对齐方式"→"合并后居中"命令，再选定标题"2020—2021 年期末考试成绩汇总表"，在"开始"选项卡的"字体"组中选择字体为"宋体"，字号为"14"，并选择"加粗"命令。使用同样的方法，选择其他字体为"宋体"，字号为"12"。

也可以选定标题"2020—2021 年期末考试成绩汇总表"并右击，在弹出的快捷菜单中选择"设置单元格格式"命令，在"设置单元格格式"对话框的"字体"选项卡中选择"字体"为"宋体"，"字形"为"加粗"，"字号"为"14"。选定其他文本并右击，在弹出的快捷菜单中选择"设置单元格格式"命令，在"设置单元格格式"对话框的"字体"选项卡当中选择"字体"为"宋体"，"字号"为"12"。

（2）选定列标题"学号""姓名"，以及各科目名，选择"开始"→"对齐方式"→"居中"命令。选定学号和姓名（A3:B24 单元格区域），选择"开始"→"对齐方式"→"左对齐"命令。选定成绩（D3:G24 单元格区域），选择"开始"→"对齐方式"→"居中"命令。

也可以选定列标题"学号""姓名"，以及各科目名并右击，在弹出的快捷菜单中选择"设置单元格格式"命令，在弹出的"设置单元格格式"对话框的"对齐"选项卡的"水平对齐"和"垂直对齐"下拉列表中都选择"居中"选项。选定学号和姓名，在"水平对齐"下拉列表中选择"靠左"选项。选定成绩，在"水平对齐"下拉列表中选择"居中"选项。

2．格式化条件

各科目不及格的成绩以红色数值、黄色底纹显示并把缺考的学生标注出来。
格式化条件的步骤前面已介绍过，此处不再赘述。

3．定制工作表

右击 E16 单元格，在弹出的快捷菜单中选择"插入批注"命令，弹出用于输入批注的文本框，在文本框中可以输入"缺考"。

任务三　统计分析学生成绩

📖 学习目标

掌握 Excel 2016 公式和函数的使用方法，掌握 Excel 2016 中图表的创建及编辑的操作步骤。

📖 任务要求

统计 2020—2021 年期末考试成绩汇总表中学生的总分、各名学生的平均分及总评。统计班级中学生总分的最高分、英语成绩的最低分，以及班级总人数。统计完成的学生成绩表如图 5-39 所示。基于图 5-39 中的部分数据单元格区域创建二维簇状柱形图。

	A	B	C	D	E	F	G	H	I	J	K	L	M	N	O	P
1					2020—2021年期末考试成绩汇总表											
2	学号	姓名	所属院系	计算机基础	英语	高数	C语言	Python语言	物理	体育	总分	平均分	总评			
3	20202001	陈元浩	计算机学院	78	85	80	83	91	88	75	580	83	合格		总分的最高分	582
4	20202003	李一鸣	计算机学院	77	88	86	77	85	80	80	573	82	合格		英语成绩的最低分	57
5	20202017	陈佳佳	计算机学院	68	85	78	85	86	83	74	559	80	合格		班级总人数	22
6	20202019	徐浩洋	计算机学院	80	89	77	84	88	73	80	571	82	合格			
7	20202005	袁弘苪	计算机学院	89	77	76	80	84	45	69	520	74	合格			
8	20202006	张媛媛	经济与管理学院	74	90	87	84	78	76	82	571	82	合格			
9	20202012	杨国超	经济与管理学院	79	83	77	59	83	81	83	545	78	合格			
10	20202013	王英凯	经济与管理学院	66	74	75	75	80	79	79	530	76	合格			
11	20202018	刘莹莹	经济与管理学院	89	57	80	83	90	75	82	556	79	合格			
12	20202022	蒲嘉洋	经济与管理学院	80	79	80	78	85	70	80	552	79	合格			
13	20202002	赵敏	美术学院	84	87	78	78	89	76	79	571	82	合格			
14	20202011	季杨杨	美术学院	82	91	78	80	82	80	87	580	83	合格			
15	20202004	周鑫	体育学院	84	78	83	80	84	83	84	576	82	合格			
16	20202005	朱桢	体育学院	86	79	80	87	80	79	88	579	83	合格			
17	20202010	郭子凡	体育学院	65	85	83	80	84	88	73	570	81	合格			
18	20202016	王静然	体育学院	63	57	80	82	78	87	71	518	74	合格			
19	20202014	何文昭	体育学院	76	81	89	80	83	86	78	573	82	合格			
20	20202007	王薇	外国语学院	89	76	83	76	73	77	562	80	合格			
21	20202009	周新宇	外国语学院	76	89	82	78	74	77	58	534	76	合格			
22	20202021	尹燕茹	外国语学院	88	80	83	88	79	85	79	582	83	合格			
23	20202021	杨静	外国语学院	81	83	82	82	87	77	79	571	82	合格			
24	20202008	董欣茹	文传院	86	66	78	75	79	90	78	552	79	合格			

注：平均分按照四舍五入计算，后文同。

图 5-39　统计完成的学生成绩表

📖 相关知识

一、公式的使用

1. 公式的输入

公式的输入操作类似于文本的输入操作，在输入一个公式时应先输入一个等号，再输入公式表达式。输入公式的方法如下。

选定要输入公式的单元格，在编辑栏中先输入等号或双击单元格输入等号，再输入用于计算的数值及运算符，建立公式，按 Enter 键或单击✔按钮，显示计算结果。

2. 公式中的运算符

公式中的运算符用来对数据进行运算。Excel 2016 中有算术运算符、文本运算符、比较运算符和引用运算符。

1）算术运算符

算术运算符用于完成基本的数学运算，有加号、减号、乘号、除号等，运算结果为数值型数据。

2）文本运算符

文本运算符用于连接多个文本形成新文本。&为文本运算符。例如，"计算机系" & "软件技术专业"的计算结果为"计算机系软件技术专业"。

3）比较运算符

比较运算符用于比较两个值的大小，结果是 True 或 False。比较运算符有等于号、大于号、小于号、大于或等于号、小于或等于号、不等于号。

4）引用运算符

引用运算符用于将单元格区域合并运算。引用运算符有以下几种。

（1）冒号：对两个引用之间单元格区域中的所有单元格进行引用，如 SUM(A1:B3)。

（2）逗号：将多个引用合并为一个引用，如 AVERAGE(A1,B2,C3,D4)。

（3）空格：对空格前后两个单元格区域的交集进行引用，如 SUM(A1:B2　C3:D4)。

如果公式中同时包含多个相同优先级的运算符，那么按照从左到右的顺序进行运算。若要改变运算顺序，则要使用小括号把需要优先运算的部分括起来。运算符的优先级如表 5-2 所示。

表 5-2　运算符的优先级

运算符（优先级从高到低）	说明
冒号、逗号、空格	引用运算符
负号	算术运算符
百分号	
指数	
加号、减号、乘号、除号	
&	文本运算符
等于号、大于号、小于号	比较运算符
大于或等于号、小于或等于号、不等于号	

3．公式的编辑

公式也可以像单元格中其他数据一样进行编辑，包括修改、复制等。

1）修改公式

若公式有错，则可以选定要修改公式的单元格，在编辑栏中对公式进行修改，并按 Enter 键或单击✓按钮，完成修改。

2）复制公式

把 2020—2021 年期末考试成绩汇总表的 J3 单元格中的公式复制到 J4 单元格中，属于相邻单元格公式的复制。

复制公式的方法如下。

（1）直接进行常规复制、粘贴操作。

（2）使用粘贴公式的方法进行选择性粘贴。

4．单元格引用

在公式中经常需要使用单元格中的数据，通过单元格引用可以使用单元格中的数据，即用单元格名称替代数据本身，使公式的计算结果可以随着单元格位置的变化而变化。单元格引用有相对引用、绝对引用和混合引用 3 种。

1）相对引用

当公式被复制时，在新单元格的公式中的引用也随之改变；当公式被移动时，在新单元格的公式中的引用不改变。相对引用的表示方法为“列号+行号”，如 A2。若将 2020—2021 年期末考试成绩汇总表的 K3 单元格中的公式=SUM(D3:J3)复制到 K4 单元格中，则 K4 单元格中的公式为=SUM(D4:J4)，这就是相对引用，如图 5-40 所示。

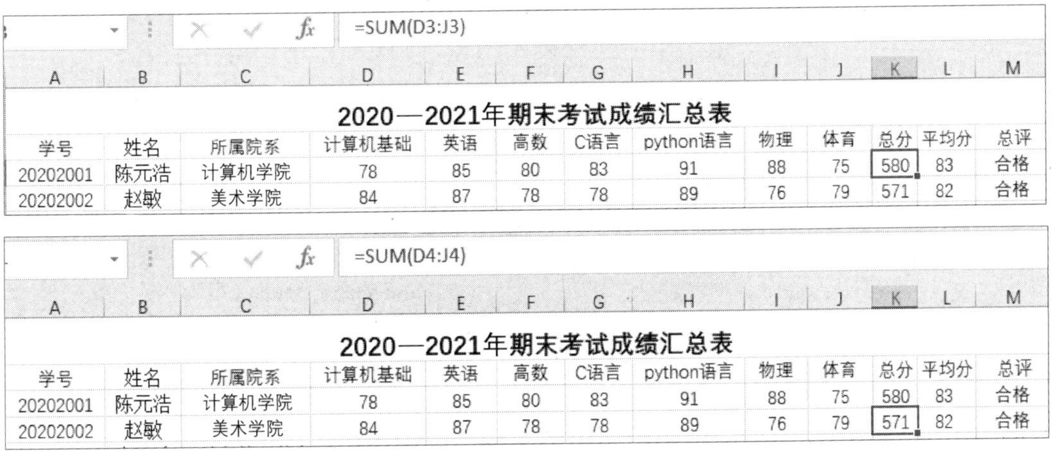

=SUM(D3:J3)

A	B	C	D	E	F	G	H	I	J	K	L	M
2020—2021年期末考试成绩汇总表												
学号	姓名	所属院系	计算机基础	英语	高数	C语言	python语言	物理	体育	总分	平均分	总评
20202001	陈元浩	计算机学院	78	85	80	83	91	88	75	580	83	合格
20202002	赵敏	美术学院	84	87	78	78	89	76	79	571	82	合格

=SUM(D4:J4)

A	B	C	D	E	F	G	H	I	J	K	L	M
2020—2021年期末考试成绩汇总表												
学号	姓名	所属院系	计算机基础	英语	高数	C语言	python语言	物理	体育	总分	平均分	总评
20202001	陈元浩	计算机学院	78	85	80	83	91	88	75	580	83	合格
20202002	赵敏	美术学院	84	87	78	78	89	76	79	571	82	合格

图 5-40 相对引用的例子

2）绝对引用

不管公式被复制还是被移动，新单元格的公式中的引用均不改变。绝对引用的表示方法为“$列号+$行号”，如$A$1、$B$3。例如，2020—2021 年期末考试成绩汇总表的 J3 单元格中的公式=$D$3+$E$3+$F$3+$G$3+$H$3+$I$3+$J$3 计算的结果是 580，复制到 K4 单元格中，K4 单元格的公式=$D$3+$E$3+$F$3+$G$3+$H$3+$I$3+$J$3 计算的结果也是 580，这就是绝对引用。

3）混合引用

混合引用具有绝对列和相对行或相对列和绝对行。

绝对列和相对行混合引用的表示方法为"$列号+行号"，如$A1。

相对列和绝对行混合引用的表示方法为"列号+$行号"，如 A$1。

5．公式引用

根据图 5-41 求各院系人数占全校人数的比例。

所属院系	人数	占全校人数的比例
计算机学院	705	17.85%
音乐学院	800	20.25%
美术学院	1278	32.35%
体育学院	1167	29.54%
总人数	3950	

注：比例数值按照四舍五入计算，因为存在四舍五入，所以"占全校人数的比例"总和不为100%。

图 5-41　各院系人数占全校人数的比例

1）求各院系人数占全校人数的比例

利用绝对引用计算计算机学院人数占全校人数的比例，方法如下。

选定 C2 单元格，在编辑栏中输入公式=B2/$B$6，按 Enter 键，选定 C 列并右击，在弹出的快捷菜单中选择"设置单元格格式"命令，在弹出的"设置单元格格式"对话框的"数字"选项卡的"分类"列表框中选择"百分比"选项，并设置"小数位数"为"2"。

2）复制公式

选定 C2 单元格，将鼠标指针移动到 C2 单元格右下角，此时鼠标指针的形状变成十字形，拖动填充柄到 C5 单元格。

二、函数的使用

函数由函数名和用小括号括起来的参数组成，是一个预先定义好的内置公式。使用函数可以大大提高数据计算效率。

函数的使用方法如下。

选定需要输入函数值的单元格，选择"公式"→"函数库"→"插入函数"命令，编辑栏中会出现"="，并弹出"插入函数"对话框，从"选择函数"列表框中选择所需函数即可，如图 5-42 所示。

1．常用函数

1）SUM 函数

用途：计算一组数据之和。

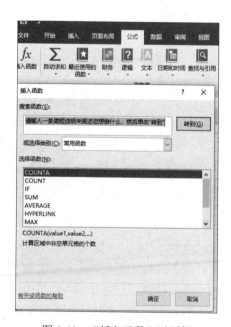

图 5-42　"插入函数"对话框

代码格式：

```
SUM(num1,num2…)
```

2）AVERAGE 函数

用途：计算一组数据的平均值。

代码格式：

```
AVERAGE(num1,num2…)
```

3）MAX 函数

用途：计算一组数据中的最大值。

代码格式：

```
MAX(num1,num2…)
```

4）MIN 函数

用途：计算一组数据中的最小值。

代码格式

```
MIN(num1,num2…)
```

5）INT 函数

用途：计算小于这个数据的最大整数。

代码格式：

```
INT(num)
```

6）ROUND 函数

用途：按指定的小数位数对数据进行四舍五入。

代码格式：

```
ROUND(number,num)
```

num>0：四舍五入到指定的小数位数。

num=0：四舍五入成整数。

num<0：四舍五入到小数点左侧的指定位数。

7）IF 函数

用途：当参数 logical 的逻辑值为 True 时，返回 value1 的结果，否则返回 value2 的结果。

代码格式：

```
IF(logical,value1,value2)
```

8）COUNT 函数

用途：统计数值的个数，不能用来统计文本的个数。

代码格式：

```
COUNT(value1,value2…)
```

9）VLOOKUP 函数

用途：搜索首列满足条件的元素，确定待检索单元格在单元格区域中的行号，并进一步返回选定单元格的值。在默认情况下，工作表是以升序排列的。

代码格式：

```
VLOOKUP(lookup_value,table_array,col_index_num,range_lookup)
```

10）SUMIF 函数

用途：对满足条件的单元格求和。

代码格式：

```
SUMIF(range, criteria, sum_range)
```

11）RANK 函数

用途：返回某个数据在一列数据中相对其他数据的大小排名。

代码格式：

```
RANK(number, ref, order)
```

12）SUMIFS 函数

用途：对指定单元格区域中符合多组条件的单元格进行求和。

代码格式：

```
SUMIFS(sum_range,criteria_range1,criteria1,[criteria_range1,criteria1]…)
```

2．公式返回的错误值及其产生的原因

公式返回的错误值及其产生的原因如表 5-3 所示。

表 5-3　公式返回的错误值及其产生的原因

公式返回的错误值	产生的原因
#####!	公式计算的结果太长，单元格宽度不够
#div/0!	除数为零
#N/A	公式中无可用的数值或缺少函数参数
#NAME?	删除了公式中使用的名称、使用了不存在的名称或名称拼写出错
#NULL!	使用了不正确的区域或不正确的单元格进行运算
#REF!	删除了由其他公式引用的单元格，或将活动单元格粘贴到其他公式引用的单元格中
#VALUE!	在需要数字或逻辑值时输入了文本

三、图表的创建

图表是工作表中数据的图形表示，可以帮助用户分析和比较数据之间的差异。图表与工作表中的数据相连，当工作表中的数据改变时，图表也随之变化。用户可以根据自己的需要将图表放到当前工作表或新工作表中。

1．创建图表

在 Excel 2016 中，创建图表有了新突破。Excel 2016 中创建的图表比 Excel 2013 中创建的图表更清晰，更多样，创建步骤更简单，可选图表类型更丰富，设计更人性化。图表有柱形图、折线图、饼图、条形图、面积图、散点图和其他图表。

下面以插入 2020—2021 年期末考试成绩汇总表柱形图为例介绍。插入图表的方法如下。

选定要创建图表的单元格区域（见图 5-43），选择"插入"→"图表"→"柱形图"→"二维柱形图"→"簇状柱形图"命令。当鼠标指针移动到"簇状柱形图"命令上时，会在工作表中出现对应的柱形图。

2. 自动生成图表

自动生成图表的效果如图 5-44 所示。

	A	B	C	D	E	F	G	H	I	J	K	L	M
1					2020—2021年期末考试成绩汇总表								
2	学号	姓名	所属院系	计算机基础	英语	高数	C语言	Python语言	物理	体育	总分	平均分	总评
3	20202001	陈元浩	计算机学院	78	85	80	83	91	88	75	580	83	合格
4	20202003	李一鸣	计算机学院	77	88	86	77	85	80	80	573	82	合格
5	20202017	陈佳佳	计算机学院	68	85	78	85	86	83	74	559	80	合格
6	20202019	徐浩洋	计算机学院	80	89	77	84	88	73	80	571	82	合格
7	20202020	袁弘莅	计算机学院	89	77	76	80	84	45	69	520	74	合格
8	20202006	张媛媛	经济与管理学院	74	90	87	84	78	76	82	571	82	合格
9	20202012	杨国超	经济与管理学院	79	83	77	59	83	81	83	545	78	合格
10	20202013	王英凯	经济与管理学院	66	76	75	75	80	79	79	530	76	合格

图 5-43 选定要创建图表的单元格区域

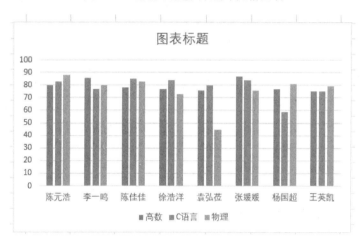

图 5-44 自动生成图表的效果

四、图表的编辑

1. 更改图表布局

根据实际要求可以更改图表布局。单击图表,在"图表工具/设计"选项卡的"图表布局"组中选择合适的布局,如图 5-45 所示。

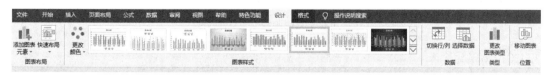

图 5-45 "图表工具/设计"选项卡

图表包括图表区、绘图区、图表标题、网络线、图例、坐标轴和坐标标题几部分,如图 5-46 所示。如果要修改其中的内容,那么应先选择相应的区域,然后执行相应的命令。也可以选择"图表工具/设计"→"图表布局"→"添加图表元素"命令,在弹出的下拉菜单中选择相应的命令,如图 5-47 所示。

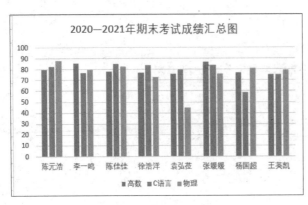

图 5-46　图表的组成　　　　　　　　　　　图 5-47　"添加图表元素"下拉菜单

2．添加或删除图表数据

在 Excel 2016 中，使用任何方式创建的图表都会自动链接到工作表中的原数据。如果改变与图表有关的工作表中的原数据，那么会自动更新图表。当然，也可以向工作表中添加更多数据来更新图表，方法如下。

选定图表，选择"图表工具/设计"→"数据"→"选择数据"命令，弹出"选择数据源"对话框，如图 5-48 所示。单击"图表数据区域"文本框右侧的按钮，重新选择图表数据区域，单击"确定"按钮，自动更新图表。

在"选择数据源"对话框中也可以进行切换行/列，图例项（系列）的添加、编辑、删除，水平（分类）轴标签的编辑等操作。

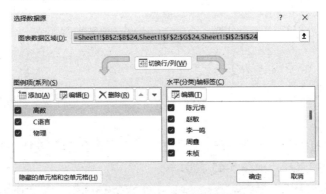

图 5-48　"选择数据源"对话框

3．格式化图表

要想把创建的图表设计得漂亮、美观，就需要对图表中各组成部分设置合适的颜色、图案、字体等。例如，设置绘图区的背景墙的格式、坐标轴的格式等。可以使用"图表工具/格式"选项卡格式化图表。"图表工具/格式"选项卡如图 5-49 所示。

格式化图表的方法如下。

在"当前所选内容"组中选择需要修改的区域，如"图表区"，根据颜色搭配或用户需求，分别在"形式样式""艺术字样式""排列""大小"4 个组中进行修改。

图 5-49　"图表工具/格式"选项卡

📖 任务实施

1. 公式的使用

统计 2020—2021 年期末考试成绩汇总表中学生的总分、各名学生的平均分及总评。统计班级中学生总分的最高分、英语成绩的最低分，以及班级总人数，方法如下。

1）统计总分

（1）在 K～M 列分别增加"总分""平均分""总评"3 列。选定 K3 单元格，选择"开始"→"编辑"→"自动求和"命令，选择 D3:J3 单元格区域，按 Enter 键。

（2）复制公式。选定 K3 单元格，将鼠标指针移动到 K3 单元格右下角，此时鼠标指针的形状变成十字形，拖动填充柄到 K24 单元格。

2）统计平均分

（1）选定 L3 单元格，单击"开始"选项卡的"编辑"组中的"自动求和"下拉按钮，在弹出的下拉菜单中选择"平均值"命令，选定 D3:J3 单元格区域，按 Enter 键。

（2）复制公式。选定 L3 单元格，将鼠标指针移动到 L3 单元格右下角，此时鼠标指针的形状变成十字形，拖动填充柄到 L24 单元格。

3）统计总评

（1）选定 M3 单元格，单击"开始"选项卡的"编辑"组中的"自动求和"下拉按钮，在弹出的下拉菜单中选择"其他函数"命令，选择 D3:J3 单元格区域，按 Enter 键，在弹出的如图 5-50 所示的"函数参数"对话框的"Logical_test"文本框中输入"L3>70"，当条件为真时，输出"合格"，否则输出"不合格"。

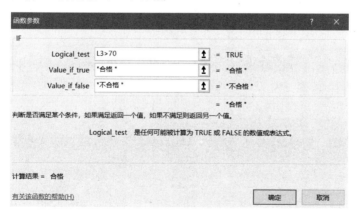

图 5-50　"函数参数"对话框

（2）复制公式。选定 M3 单元格，将鼠标指针移动到 M3 单元格右下角，此时鼠标指针的形状变成十字形，拖动填充柄到 M24 单元格。

4）统计总分的最高分

选定 P4 单元格，单击"开始"选项卡的"编辑"组中的"自动求和"下拉按钮，在弹出的下拉菜单中选择"最大值"命令，选择 K3:K24 单元格区域，按 Enter 键。

5）统计英语成绩的最低分

选定 P5 单元格，单击"开始"选项卡的"编辑"组中的"自动求和"下拉按钮，在弹出的下拉菜单中选择"最小值"命令，选择 E3:E24 单元格区域，按 Enter 键。

6）统计班级总人数

选定 P6 单元格，单击"开始"选项卡的"编辑"组中的"自动求和"下拉按钮，在弹出的下拉菜单中选择"计数"命令，选择 B3:B24 单元格区域，按 Enter 键。

2．创建图表

基于图 5-39 中的部分数据创建二维簇状柱形图，如图 5-51 所示。

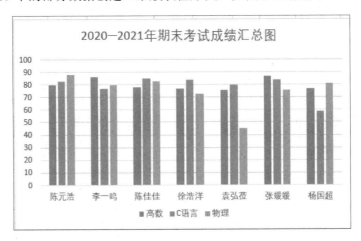

图 5-51　二维簇状柱形图

创建图表的方法在前面已介绍过，此处不再赘述。

任务四　管理教师基本信息

📖 学习目标

掌握 Excel 2016 中的数据排序、数据筛选、数据分类汇总，以及数据透视表的应用。

📖 任务要求

根据图 5-52 所示的教师基本信息表，以"部门"为第一关键字进行升序排列，以"教工号"为第二关键字进行升序排列，并分类统计各部门人数。筛选教师基本信息表中实发工资大于或等于 6000 元的记录，并筛选职称为中级或所得税在 110 元及以上的记录，统计不同性别、不同职称的人数。

A	B	C	D	E	F	G	H	I	J	K
教工号	姓名	性别	部门	职称	基本工资	岗位津贴	课时费	应发工资	所得税	实发工资
2006367	陈元浩	男	计算机学院	讲师	3500	600	1200	5300	185	5115
2006368	赵敏	女	计算机学院	副教授	5500	900	500	6900	120	6780
2006369	李一鸣	女	计算机学院	助教	2800	300	900	4000	80	3920
2006370	周鑫	男	计算机学院	讲师	3500	600	1200	5300	124	5176
2006371	朱桢	男	计算机学院	教授	5500	1000	500	7000	190	6810
2006372	张媛媛	女	计算机学院	讲师	3500	600	1200	5300	85	5215
2006373	王薇	女	计算机学院	中级	3500	600	1200	5300	85	5215
2006374	董欣茹	女	计算机学院	中级	3500	600	1200	5300	85	5215
2006383	陈佳佳	女	美术学院	中级	3500	600	1200	5300	90	5210
2006384	刘莹莹	男	美术学院	讲师	3500	600	1200	5300	102	5198
2006385	徐浩洋	女	美术学院	讲师	3500	600	1200	5300	107	5193
2006386	袁弘茝	男	美术学院	助教	2800	300	900	4000	134	3866
2006387	杨静	女	美术学院	助教	2800	300	900	4000	115	3885
2006388	蒲嘉洋	男	美术学院	讲师	3500	600	1200	5300	109	5191
2006389	刘钰	女	美术学院	中级	3500	600	1200	5300	113	5187
2006390	肖瑜	男	美术学院	讲师	3500	600	1200	5300	132	5168
2006375	周新宇	女	音乐学院	副教授	5500	900	500	6900	167	6733
2006376	郭子凡	女	音乐学院	讲师	3500	600	1200	5300	120	5180
2006377	季杨杨	女	音乐学院	讲师	3500	600	1200	5300	98	5202
2006378	杨国超	男	音乐学院	讲师	3500	600	1200	5300	98	5202
2006379	王英凯	女	音乐学院	讲师	3500	600	1200	5300	98	5202
2006380	王静然	女	音乐学院	助教	2800	300	900	4000	78	3922
2006381	尹燕茹	男	音乐学院	中级	3500	600	1200	5300	110	5190
2006382	何文昭	女	音乐学院	中级	3500	600	1200	5300	112	5188

图 5-52　教师基本信息表

📖 相关知识

一、数据排序

数据排序是把数据清单中的数据按一定的顺序重新排列，分为升序排列和降序排列两种。排序时依据的特征值被称为关键字，Excel 2003 中最多可以有 3 个关键字，依次包括"主要关键字""次要关键字""第三关键字"，而 Excel 2016 中最多可以有 64 个关键字。

在排序时，先根据主要关键字进行排序，如果主要关键字相同，则根据次要关键字进行排序，以此类推。

1. 简单排序

简单排序是只针对一列数据对整个数据清单中的数据进行的排序。简单排序的方法步骤比较简单，即先单击某个单元格，然后选择"开始"→"编辑"→"排序和筛选"命令，最后根据要求选择"升序"或"降序"命令，按指定列进行相应的排序。

2. 复杂排序

复杂排序是针对多列数据对整个数据清单中的数据进行的排序。例如，根据2020—2021年期末考试成绩汇总表中的"总分"进行降序排列。如果总分相同，则根据"高数"成绩进行降序排列；如果"高数"成绩相同，则根据"C 语言"成绩进行降序排列；如果"C 语言"成绩相同，则根据"物理"成绩降序排列。

这里的主要关键字是"总分"，次要关键字是"高数"，第三关键字是"C 语言"，第四关键字是"物理"，如图 5-53 所示。

图 5-53　"排序"对话框

复杂排序的方法如下。

（1）选定数据清单中的任意一个单元格，选择"开始"→"编辑"→"排序和筛选"→"自定义排序"命令，弹出"排序"对话框 。

（2）在左侧的"排序依据"下拉列表中选择"总分"选项，在中间的"排序依据"下拉列表中选择"单元格值"选项，在右侧的"次序"下拉列表中选择"降序"选项。

（3）单击"添加条件"按钮，在左侧的"次要关键字"下拉列表中选择"高数"选项，在中间的"排序依据"下拉列表中选择"单元格值"选项，在右侧的"次序"下拉列表中选择"降序"选项。

（4）单击"添加条件"按钮，在左侧的"次要关键字"下拉列表中选择"C 语言"选项，在中间的"排序依据"下拉列表中选择"单元格值"选项，在右侧的"次序"下拉列表中选择"降序"选项。

（5）单击"添加条件"按钮，在左侧的"次要关键字"下拉列表中选择"物理"选项，在中间的"排序依据"下拉列表中选择"单元格值"选项，在右侧的"次序"下拉列表中选择"降序"选项。

（6）排序结果如图 5-54 所示。

2020-2021年期末考试成绩汇总表

学号	姓名	所属院系	计算机基础	英语	高数	C语言	Python语言	物理	体育	总分	平均分
20202015	尹燕茹	外国语学院	88	80	83	88	79	85	79	582	83
20202001	陈元浩	计算机学院	78	85	80	83	91	88	75	580	83
20202011	季杨杨	美术学院	82	91	78	80	82	80	87	580	83
20202005	朱桢	体育学院	86	79	80	87	80	79	88	579	83
20202004	周鑫	体育学院	84	78	83	80	84	83	84	576	82
20202016	何文昭	体育学院	76	81	89	80	83	86	78	573	82
20202003	李一鸣	计算机学院	77	88	85	77	85	80	80	573	82
20202006	张媛媛	经济与管理学院	74	90	87	84	78	76	82	571	82
20202021	杨静	外国语学院	81	83	82	82	87	77	79	571	82
20202002	赵敏	美术学院	84	87	78	78	89	76	79	571	82
20202019	徐浩洋	计算机学院	80	89	77	84	88	73	80	571	82
20202010	郭子凡	体育学院	65	85	85	82	80	84	88	570	81
20202007	王薇	外国语学院	89	88	76	80	76	73	77	562	80
20202017	陈佳佳	计算机学院	68	85	78	85	86	83	74	559	80
20202018	刘莹莹	经济与管理学院	89	57	80	83	90	75	82	556	79
20202022	蒲嘉洋	经济与管理学院	80	79	80	78	85	70	80	552	79
20202008	董欣茹	文传院	86	66	78	75	79	78	90	552	79
20202012	杨国超	经济与管理学院	79	83	77	59	83	81	83	545	78
20202009	周新宇	外国语学院	76	89	82	78	80	81	48	534	76
20202013	王英凯	经济与管理学院	66	76	75	75	80	79	79	530	76
20202020	袁弘茈	计算机学院	89	77	76	80	84	45	69	520	74
20202014	王静然	体育学院	63	57	80	82	78	87	71	518	74

图 5-54　排序结果

简单排序和复杂排序的操作也可以通过"数据"选项卡的"排序和筛选"组设置。

二、数据筛选

数据筛选是筛选出满足条件的数据，Excel 2016 一次只能对工作表中的一个数据清单使用筛选功能。数据筛选包括自动筛选和高级筛选。

1. 自动筛选

自动筛选是对某个字段中的条件进行快速筛选。它的特点是条件简单，且隐藏不满足条件的记录。

自动筛选的方法如下。

（1）选定数据清单中的任意一个单元格。

（2）选择"数据"→"排序和筛选"→"筛选"命令，此时每个字段名右下角会出现一个下拉按钮，如图 5-55 所示。

（3）要查看某列数据中的特定值，如筛选"赵敏"的数据，可以单击字段名右下角的下拉按钮，在弹出的快捷菜单的搜索框中输入"赵敏"，并单击"确定"按钮，如图 5-56 所示。

进行自动筛选后，会隐藏不需要的数据，只显示"赵敏"的数据。进行自动筛选后，下拉按钮的形状会变成 形状，行号会变成蓝色。

学号	姓名	所属院系	计算机基	英语	高数	C语	Python语	物理	体育	总
20202001	陈元浩	计算机学院	78	85	80	83	91	88	75	580
20202003	李一鸣	计算机学院	77	88	86	77	85	80	80	573
20202017	陈佳佳	计算机学院	68	85	78	85	86	83	74	559
20202019	徐浩洋	计算机学院	80	89	77	84	88	73	80	571
20202020	袁弘茜	计算机学院	89	77	76	80	84	45	69	520
20202006	张媛媛	经济与管理学院	74	90	87	84	78	76	82	571
20202012	杨国超	经济与管理学院	79	83	77	59	83	81	83	545
20202013	王英凯	经济与管理学院	66	76	75	75	80	79	79	530
20202018	刘莹莹	经济与管理学院	89	57	80	83	90	75	82	556
20202022	蒲嘉洋	经济与管理学院	80	79	80	78	85	70	80	552
20202002	赵敏	美术学院	84	87	78	78	89	76	79	571

图 5-55　出现下拉按钮

图 5-56　弹出的快捷菜单

用户可以根据自己设定的条件进行筛选。例如，要筛选"计算机基础"成绩在 70～80

分的记录，可以使用"自定义筛选"命令，方法如下。

（1）单击"计算机基础"右下角的下拉按钮，在弹出的快捷菜单中，选择"数字筛选"→"自定义筛选"命令，弹出"自定义自动筛选"对话框，如图 5-57 所示。

（2）在"自定义自动筛选"对话框中最多可以定义两个条件，它们之间可以是"与"关系或"或"关系。"与"关系用于表示同时满足两个条件；"或"关系用于表示满足任意一个条件。在"自定义自动筛选"对话框中，输入筛选条件，单击"确定"按钮。自动筛选结果如图 5-58 所示。

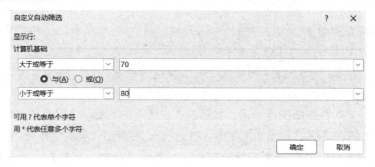

图 5-57　"自定义自动筛选"对话框

学号	姓名	所属院系	计算机基础	英语	高数	C语言	Python语言	物理	体育	总分
0202001	陈元浩	计算机学院	78	85	80	83	91	88	75	580
0202003	李一鸣	计算机学院	77	88	86	77	85	80	80	573
0202019	徐浩洋	计算机学院	80	89	77	84	88	73	80	571
0202006	张媛媛	经济与管理学院	74	90	87	84	78	76	82	571
0202012	杨国超	经济与管理学院	79	83	77	59	83	81	83	545
0202022	蒲嘉洋	经济与管理学院	80	79	80	78	85	70	80	552
0202016	何文昭	体育学院	76	81	89	80	83	86	78	573
0202009	周新宇	外国语学院	76	89	82	78	74	77	58	534

图 5-58　自动筛选结果

要取消对"计算机基础"成绩的筛选，可以单击"计算机基础"右下角的下拉按钮，在弹出的快捷菜单中选择"从'计算机基础'中清除筛选"命令。要取消所有筛选，直接选择"数据"→"排序和筛选"→"筛选"命令即可。

2. 高级筛选

要设置多个筛选条件，需要使用"高级筛选"命令，先在工作表中创建条件区域，再按照条件进行筛选。

高级筛选的方法如下。

（1）创建条件区域。

① 条件区域的组成：字段名和条件。

② 条件区域的分类：条件区域中的第 1 行为字段名，第 2 行为条件，条件区域中的字段名必须与数据清单中的字段名相同。

③ 同一条件行不同单元格的条件互为"与"关系，表示同时满足的条件。

④ 不同条件行不同单元格的条件互为"或"关系，表示满足任意一个条件即可。

（2）选择"数据"→"排序和筛选"→"高级"命令。

（3）确定数据区域。

（4）确定条件区域。

（5）确定复制位置。

例如，筛选“计算机基础”成绩在 88 分及以上，并且总分在 250 分以上的数据，方法如下。

① 在数据清单以外的任意一个位置创建条件区域。

② 选定数据清单中的任意一个单元格，选择“数据”→“排序和筛选”→“高级”命令，弹出“高级筛选”对话框，如图 5-59 所示。

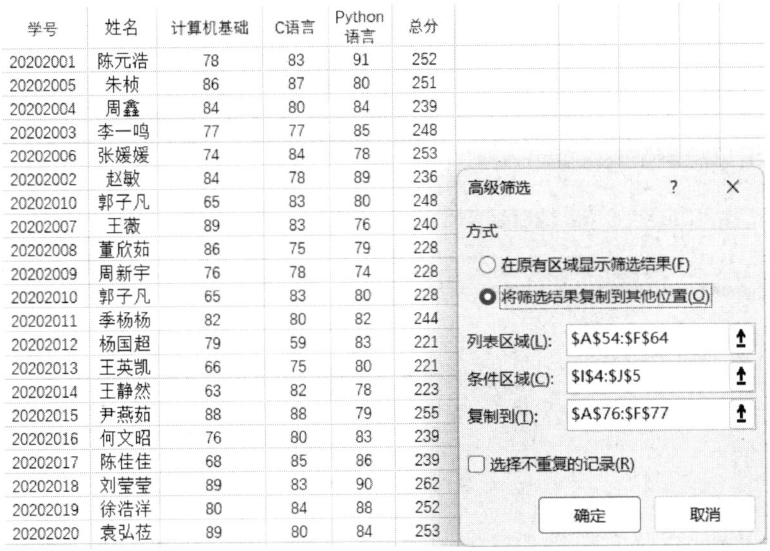

学号	姓名	计算机基础	C语言	Python 语言	总分
20202001	陈元浩	78	83	91	252
20202005	朱桢	86	87	80	251
20202004	周鑫	84	80	84	239
20202003	李一鸣	77	77	85	248
20202006	张媛媛	74	84	78	253
20202002	赵敏	84	78	89	236
20202010	郭子凡	65	83	80	248
20202007	王薇	89	83	76	240
20202008	董欣茹	86	75	79	228
20202009	周新宇	76	78	74	228
20202010	郭子凡	65	83	80	228
20202011	季杨杨	82	80	82	244
20202012	杨国超	79	59	83	221
20202013	王英凯	66	75	80	221
20202014	王静然	63	82	78	223
20202015	尹燕茹	88	88	79	255
20202016	何文昭	76	80	83	239
20202017	陈佳佳	68	85	86	239
20202018	刘莹莹	89	83	90	262
20202019	徐浩洋	80	84	88	252
20202020	袁弘莅	89	80	84	253

图 5-59　“高级筛选”对话框

③ 单击“列表区域”文本框右侧的按钮，选择数据区域。

④ 单击“条件区域”文本框右侧的按钮，选择条件区域。

⑤ 选中“将筛选结果复制到其他位置”单选按钮，在“复制到”文本框中指定筛选结果放置的起始单元格。

⑥ 单击“确定”按钮。高级筛选结果如图 5-60 所示。

20202015	尹燕茹	88	88	79	255
20202018	刘莹莹	89	83	90	262
20202020	袁弘莅	89	80	84	253

图 5-60　高级筛选结果

三、数据分类汇总

数据分类汇总是根据需要将数据库的某个字段中的数据按类别归结到一起，并按某种方式进行求和、计数、求平均值等操作，以便对数据库中的数据进行分析和总结。

1．分类汇总的方法

（1）选定要分类汇总的数据库或者数据清单中的任意一个单元格。

（2）根据分类汇总的字段进行排序。

（3）选择"数据"→"分级显示"→"分类汇总"命令（见图 5-61），在弹出的"分类汇总"对话框中分别设置"分类字段"选项、"汇总方式"选项、"选定汇总项"选项，单击"确定"按钮。

图 5-61 选择"分类汇总"命令

注意，在设置"分类字段"选项时，选定的字段一定要和排序时的字段相同。

2. 分类汇总的例子

对图 5-62 所示的学生成绩表根据所属院系进行分类，统计各院系人数，方法如下。

学号	姓名	所属院系	计算机基础	英语	高数	C语言	Python语言	物理	体育	总分	平均分	总评
20202001	陈元浩	计算机学院	78	85	80	83	91	88	75	580	83	合格
20202002	赵敏	美术学院	84	87	78	78	89	76	79	571	82	合格
20202003	李一鸣	音乐学院	77	88	86	77	85	80	80	573	82	合格
20202004	周鑫	体育学院	84	78	83	80	84	83	84	576	82	合格
20202005	朱帧	舞蹈学院	86	79	80	87	80	79	88	579	83	合格
20202006	张媛媛	经济与管理学院	74	90	87	84	78	76	82	571	82	合格
20202007	王薇	外国语学院	89	88	76	83	76	73	77	562	80	合格
20202008	董欣茹	文传院	86	66	78	75	79	78	90	552	79	合格
20202009	周新宇	建筑工程学院	76	89	82	78	74	77	58	534	76	合格
20202010	郭子凡	体育学院	65	85	85	83	80	84	88	570	81	合格
20202011	季杨杨	美术学院	82	91	78	80	82	80	87	580	83	合格
20202012	杨国超	经济与管理学院	79	83	77	59	83	81	83	545	78	合格
20202013	王英凯	经济与管理学院	66	76	75	75	80	79	79	530	76	合格
20202014	王静然	体育学院	63	0	80	82	78	87	71	461	66	不合格
20202015	尹燕茹	外国语学院	88	88	83	88	79	85	79	582	83	合格
20202016	何文昭	舞蹈学院	76	81	89	80	83	86	78	573	82	合格
20202017	陈佳佳	音乐学院	68	85	78	85	86	83	74	559	80	合格
20202018	刘莹莹	经济与管理学院	89	57	80	83	90	75	82	556	79	合格
20202019	徐浩洋	计算机学院	80	89	77	84	88	73	80	571	82	合格
20202020	袁弘葩	计算机学院	89	77	76	80	84	45	69	520	74	合格
20202021	杨静	建筑工程学院	81	83	82	82	87	77	79	571	82	合格
20202022	蒲嘉洋	经济与管理学院	80	79	80	78	85	70	80	552	79	合格

图 5-62 学生成绩表

（1）选定要分类汇总的数据库或数据清单中的任意一个单元格，如 A3 单元格。

（2）根据分类汇总的字段进行排序。选择"数据"→"排序和筛选"→"排序"命令，弹出"排序"对话框，选择"主要关键字"下拉列表中的"所属院系"选项，单击"确定"按钮，此时所属院系相同的数据汇总在一起。

（3）选择"数据"→"分级显示"→"分类汇总"命令，弹出"分类汇总"对话框，选择"分类字段"下拉列表中的"所属院系"选项，"汇总方式"下拉列表中的"计数"选项，并勾选"选定汇总项"列表框中的"所属院系"复选框，如图 5-63 所示。

（4）单击"确定"按钮。数据分类汇总结果如图 5-64 所示。

3. 分级显示数据

对数据进行分类汇总后，在行标题的左侧会出现分级显示符号，单击对应的分级显示符号，即可显示或隐藏某些数据。

图 5-63 "分类汇总"对话框

学号	姓名	所属院系	计算机基础	英语	高数	C语言	Python语言	物理	体育	总分	平均分	总评
20202001	陈元浩	计算机学院	78	85	80	83	91	88	75	580	83	合格
20202003	李一鸣	计算机学院	77	88	86	77	85	80	80	573	82	合格
20202017	陈佳佳	计算机学院	68	85	78	85	86	83	74	559	80	合格
20202019	徐浩洋	计算机学院	80	89	77	84	88	73	80	571	82	合格
20202020	袁弘苤	计算机学院	89	77	76	80	84	45	69	520	74	合格
		计算机学院	5									5
20202006	张媛媛	经济与管理学院	74	90	87	84	78	76	82	571	82	合格
20202012	杨国超	经济与管理学院	79	83	77	59	83	81	83	545	78	合格
20202013	王英凯	经济与管理学院	66	76	75	75	80	79	79	530	76	合格
20202018	刘莹莹	经济与管理学院	89	57	80	83	90	75	82	556	79	合格
20202022	蒲嘉洋	经济与管理学院	80	79	80	78	85	70	80	552	79	合格
		经济与管理学院	5									5
20202002	赵敏	美术学院	84	87	78	78	89	76	79	571	82	合格
20202011	季杨杨	美术学院	82	91	78	80	82	80	87	580	83	合格
		美术学院 计	2									2
20202004	周鑫	体育学院	84	78	83	80	84	83	84	576	82	合格
20202005	朱桢	体育学院	86	79	80	87	80	79	88	579	83	合格
20202010	郭子凡	体育学院	65	85	85	83	80	84	88	570	81	合格
20202014	王静然	体育学院	63	0	80	82	78	87	71	461	66	不合格
20202016	何文昭	体育学院	76	81	89	80	83	86	78	573	82	合格
		体育学院 计	5									5
20202007	王薇	外国语学院	89	88	76	83	76	73	77	562	80	合格
20202009	周新宇	外国语学院	76	89	82	78	74	77	58	534	76	合格
20202015	尹燕茹	外国语学院	88	80	83	88	79	85	79	582	83	合格
20202021	杨静	外国语学院	81	83	82	82	87	77	79	571	82	合格
		外国语学院	4									4
20202008	董欣茹	文传院	86	66	78	75	79	78	90	552	79	合格
		文传院 计	1									1
		总计数	22									22

图 5-64 数据分类汇总结果

4．取消数据分类汇总

单击数据清单中的任意一个单元格，选择"数据"→"分级显示"→"分类汇总"命令，弹出"分类汇总"对话框，单击"全部删除"按钮，即可取消数据分类汇总。

四、数据透视表

分类汇总功能只适用于根据一个字段进行分类的情况，如果用户想根据多个字段进行分类，通过分类汇总功能实现有些困难，使用数据透视表可以解决此类问题。

例如，根据图 5-65 所示的学生成绩表，求不同院系学生的英语平均分，方法如下。

（1）选定数据清单中的任意一个单元格，如 C3 单元格。

（2）选择"插入"→"表格"→"数据透视表"命令，打开"创建数据透视表"对话框。

学号	姓名	所属院系	计算机基础	英语	高数	C语言	Python语言	物理	体育	总分	平均分	总评
20202001	陈元浩	计算机学院	78	85	80	83	91	88	75	580	83	合格
20202003	李一鸣	计算机学院	77	88	86	77	85	80	80	573	82	合格
20202017	陈佳佳	计算机学院	68	85	78	85	86	83	74	559	80	合格
20202019	徐浩洋	计算机学院	80	89	77	84	88	73	80	571	82	合格
20202020	袁弘莅	计算机学院	89	77	76	80	84	45	69	520	74	合格
20202006	张媛媛	经济与管理学院	74	90	87	84	78	76	82	571	82	合格
20202012	杨国超	经济与管理学院	79	83	77	59	83	81	83	545	78	合格
20202013	王英凯	经济与管理学院	66	76	75	75	80	79	79	530	76	合格
20202018	刘莹莹	经济与管理学院	89	57	80	83	90	75	82	556	79	合格
20202022	蒲嘉洋	经济与管理学院	80	79	80	78	85	70	80	552	79	合格
20202002	赵敏	美术学院	84	87	78	78	89	76	79	571	82	合格
20202011	季杨杨	美术学院	82	91	78	80	82	80	87	580	83	合格
20202004	周鑫	体育学院	84	78	83	80	82	83	84	576	82	合格
20202005	朱桢	体育学院	86	79	80	80	80	79	88	579	83	合格
20202010	郭子凡	体育学院	65	85	80	80	80	84	88	570	81	合格
20202014	王静然	体育学院	63	0	80	82	78	87	71	461	66	不合格
20202016	何文昭	体育学院	76	81	80	80	83	86	78	573	82	合格
20202007	王薇	外国语学院	89	88	76	83	76	73	77	562	80	合格
20202009	周新宇	外国语学院	76	89	82	78	74	77	58	534	76	合格
20202015	尹燕茹	外国语学院	88	80	83	88	79	85	79	582	83	合格
20202021	杨静	外国语学院	81	83	82	82	87	77	79	571	82	合格
20202008	董欣茹	文传院	86	66	78	75	79	78	90	552	79	合格

图 5-65　学生成绩表

（3）选定一个单元格或单元格区域，会自动选择数据区域。在"选择放置数据透视表的位置"选项组中选中"新工作表"单选按钮，单击"确定"按钮，如图 5-66 所示。

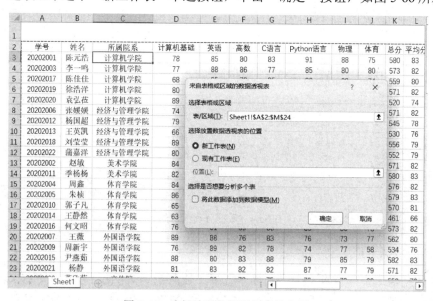

图 5-66　选择放置数据透视表的位置

（4）出现一个新工作表和一个空白数据透视表。可以拖动"所属院系"等字段到空白数据透视表中，也可以拖动"所属院系"等字段到"在以下区域间拖动字段"选项组中。"数据透视表字段"窗格如图 5-67 所示。这里把"所属院系"字段拖动到行字段位置，把"英语"字段拖动到数据区域。

（5）数据的默认计算方式是求和，如果采用新计算方式，那么可以双击要改变的字段名，在弹出的"值字段设置"对话框中将"分类汇总"选项组中的"计算类型"改为"平均值"。

（6）生成的数据透视表如图 5-68 所示。

行标签	▼	平均值项:英语
计算机学院		84.8
经济与管理学院		77
美术学院		89
体育学院		64.6
外国语学院		85
文传院		66
总计		**78**

图 5-67　"数据透视表字段"窗格　　　　图 5-68　生成的数据透视表

📖 任务实施

1. 数据排序

根据图 5-52 所示的教师基本信息表，以"部门"为第一关键字进行升序排列，以"教工号"为第二关键字进行升序排列，并分类统计各部门人数，方法如下。

（1）选定数据清单中的任意一个单元格，选择"开始"→"编辑"→"排序和筛选"→"自定义排序"命令，弹出"排序"对话框 。

（2）在左侧的"排序依据"下拉列表中选择"部门"选项，在中间的"排序依据"下拉列表中选择"单元格值"选项，在右侧的"次序"下拉列表中选择"升序"选项。

（3）单击"添加条件"按钮，在左侧的"次要关键字"下拉列表中选择"教工号"选项，在中间的"排序依据"下拉列表中选择"单元格值"选项，在右侧的"次序"下拉列表中选择"升序"选项。

排序结果如图 5-69 所示。

2. 数据筛选

1）自动筛选

筛选教师基本信息表中实发工资大于或等于 6000 元的记录，方法如下。

（1）选定数据清单中的任意一个单元格。

（2）选择"数据"→"排序和筛选"→"筛选"命令，此时每个字段名右下角会出现一个下拉按钮。

（3）单击"实发工资"右下角的下拉按钮，在弹出的快捷菜单中，选择"数字筛选"→"大于或等于"命令，弹出"自定义自动筛选方式"对话框，输入"6000"。

教工号	姓名	性别	部门	职称	基本工资	岗位津贴	课时费	应发工资	所得税	实发工资
2006367	陈元浩	男	计算机学院	讲师	3500	600	1200	5300	185	5115
2006368	赵敏	女	计算机学院	副教授	5500	900	500	6900	120	6780
2006369	李一鸣	女	计算机学院	助教	2800	300	900	4000	80	3920
2006370	周鑫	男	计算机学院	讲师	3500	600	1200	5300	124	5176
2006371	朱桢	男	计算机学院	教授	5500	1000	500	7000	190	6810
2006372	张媛媛	女	计算机学院	讲师	3500	600	1200	5300	85	5215
2006373	王薇	女	计算机学院	中级	3500	600	1200	5300	85	5215
2006374	董欣茹	男	计算机学院	中级	3500	600	1200	5300	85	5215
2006383	陈佳佳	女	美术学院	中级	3500	600	1200	5300	90	5210
2006384	刘莹莹	男	美术学院	讲师	3500	600	1200	5300	102	5198
2006385	徐浩洋	女	美术学院	讲师	3500	600	1200	5300	107	5193
2006386	袁弘莅	男	美术学院	助教	2800	300	900	4000	134	3866
2006387	杨静	女	美术学院	助教	2800	300	900	4000	115	3885
2006388	蒲嘉洋	男	美术学院	讲师	3500	600	1200	5300	109	5191
2006389	刘钰	女	美术学院	中级	3500	600	1200	5300	113	5187
2006390	肖瑜	男	美术学院	讲师	3500	600	1200	5300	132	5168
2006375	周新宇	女	音乐学院	副教授	5500	900	500	6900	167	6733
2006376	郭子凡	女	音乐学院	讲师	3500	600	1200	5300	120	5180
2006377	季杨杨	女	音乐学院	讲师	3500	600	1200	5300	98	5202
2006378	杨国超	男	音乐学院	讲师	3500	600	1200	5300	98	5202
2006379	王英凯	女	音乐学院	讲师	3500	600	1200	5300	98	5202
2006380	王静然	女	音乐学院	助教	2800	300	900	4000	78	3922
2006381	尹燕茹	男	音乐学院	中级	3500	600	1200	5300	110	5190
2006382	何文昭	女	音乐学院	中级	3500	600	1200	5300	112	5188

图 5-69　排序结果

自动筛选结果如图 5-70 所示。

	教工号	姓名	性别	部门	职称	基本工	岗位津	课时费	应发工	所得税	实发工
3	2006368	赵敏	女	计算机学院	副教授	5500	900	500	6900	120	6780
6	2006371	朱桢	男	计算机学院	教授	5500	1000	500	7000	190	6810
18	2006375	周新宇	女	音乐学院	副教授	5500	900	500	6900	167	6733
26											

图 5-70　自动筛选结果

2）高级筛选

筛选职称为中级或所得税在 110 元及以上的记录，方法如下。

（1）在数据清单以外的任意一个位置创建条件区域，如图 5-71 所示。

	A	B	C	D	E	F	G	H	I	J	K	L	M	N
1	教工号	姓名	性别	部门	职称	基本工资	岗位津贴	课时费	应发工资	所得税	实发工资			
2	2006367	陈元浩	男	计算机学院	讲师	3500	600	1200	5300	185	5115		职称	所得税
3	2006368	赵敏	女	计算机学院	副教授	5500	900	500	6900	120	6780		中级	
4	2006369	李一鸣	女	计算机学院	助教	2800	300	900	4000	80	3920			>=110
5	2006370	周鑫	男	计算机学院	讲师	3500	600	1200	5300	124	5176			
6	2006371	朱桢	男	计算机学院	教授	5500	1000	500	7000	190	6810			
7	2006372	张媛媛	女	计算机学院	讲师	3500	600	1200	5300	85	5215			
8	2006373	王薇	女	计算机学院	中级	3500	600	1200	5300	85	5215			
9	2006374	董欣茹	男	计算机学院	中级	3500	600	1200	5300	85	5215			
10	2006383	陈佳佳	女	美术学院	中级	3500	600	1200	5300	90	5210			
11	2006384	刘莹莹	男	美术学院	讲师	3500	600	1200	5300	102	5198			
12	2006385	徐浩洋	女	美术学院	讲师	3500	600	1200	5300	107	5193			
13	2006386	袁弘莅	男	美术学院	助教	2800	300	900	4000	134	3866			
14	2006387	杨静	女	美术学院	助教	2800	300	900	4000	115	3885			
15	2006388	蒲嘉洋	男	美术学院	讲师	3500	600	1200	5300	109	5191			
16	2006389	刘钰	女	美术学院	中级	3500	600	1200	5300	113	5187			
17	2006390	肖瑜	男	美术学院	讲师	3500	600	1200	5300	132	5168			
18	2006375	周新宇	女	音乐学院	副教授	5500	900	500	6900	167	6733			
19	2006376	郭子凡	女	音乐学院	讲师	3500	600	1200	5300	120	5180			
20	2006377	季杨杨	女	音乐学院	讲师	3500	600	1200	5300	98	5202			
21	2006378	杨国超	男	音乐学院	讲师	3500	600	1200	5300	98	5202			
22	2006379	王英凯	女	音乐学院	讲师	3500	600	1200	5300	98	5202			
23	2006380	王静然	女	音乐学院	助教	2800	300	900	4000	78	3922			
24	2006381	尹燕茹	男	音乐学院	中级	3500	600	1200	5300	110	5190			
25	2006382	何文昭	女	音乐学院	中级	3500	600	1200	5300	112	5188			

图 5-71　创建条件区域

（2）选定数据清单中的任意一个单元格，选择"数据"→"排序和筛选"→"高级"命令，弹出"高级筛选"对话框。

（3）单击"列表区域"文本框右侧的按钮，选择数据区域。

（4）单击"条件区域"文本框右侧的按钮，选择条件区域。

（5）选中"将筛选结果复制到其他位置"单选按钮，在"复制到"文本框中指定筛选结果放置的起始单元格。

（6）单击"确定"按钮。高级筛选结果如图 5-72 所示。

	教工号	姓名	性别	部门	职称	基本工资	岗位津贴	课时费	应发工资	所得税	实发工资
29											
30	2006373	王薇	女	计算机学院	中级	3500	600	1200	5300	85	5215
31	2006374	董欣茹	男	计算机学院	中级	3500	600	1200	5300	85	5215
32	2006383	陈佳佳	女	美术学院	中级	3500	600	1200	5300	90	5210
33	2006389	刘钰	女	美术学院	中级	3500	600	1200	5300	113	5187
34	2006381	尹燕茹	男	音乐学院	中级	3500	600	1200	5300	110	5190
35	2006382	何文昭	女	音乐学院	中级	3500	600	1200	5300	112	5188

图 5-72　高级筛选结果

3．数据分类汇总

分类统计各部门人数，方法如下。

（1）选定要分类汇总的数据库或数据清单中的任意一个单元格，如 B2 单元格。

（2）根据分类汇总的字段进行排序。选择"数据"→"排序和筛选"→"排序"命令，弹出"排序"对话框，在"排序依据"下拉列表中选择"部门"选项，单击"确定"按钮，此时同一个部门的数据汇总在一起。

（3）选择"数据"→"分级显示"→"分类汇总"命令，弹出"分类汇总"对话框，选择"分类字段"下拉列表中的"部门"选项，"汇总方式"下拉列表中的"计数"选项，并勾选"选定汇总项"列表框中的"部门"复选框。

（4）单击"确定"按钮。数据分类汇总结果如图 5-73 所示。

	A 教工号	B 姓名	C 性别	D 部门	E 职称	F 基本工资	G 岗位津贴	H 课时费	I 应发工资	J 所得税	K 实发工资
1	教工号	姓名	性别	部门	职称	基本工资	岗位津贴	课时费	应发工资	所得税	实发工资
2	2006367	陈元浩	男	计算机学院	讲师	3500	600	1200	5300	185	5115
3	2006368	赵敏	女	计算机学院	副教授	5500	900	500	6900	120	6780
4	2006369	李一鸣	女	计算机学院	助教	2800	300	900	4000	80	3920
5	2006370	周鑫	男	计算机学院	讲师	3500	600	1200	5300	124	5176
6	2006371	朱桢	男	计算机学院	教授	5500	1000	500	7000	190	6810
7	2006372	张媛媛	女	计算机学院	讲师	3500	600	1200	5300	85	5215
8	2006373	王薇	女	计算机学院	中级	3500	600	1200	5300	85	5215
9	2006374	董欣茹	男	计算机学院	中级	3500	600	1200	5300	85	5215
10				计算机学						8	
11	2006383	陈佳佳	女	美术学院	中级	3500	600	1200	5300	90	5210
12	2006384	刘莹莹	男	美术学院	讲师	3500	600	1200	5300	102	5198
13	2006385	徐浩洋	女	美术学院	讲师	3500	600	1200	5300	107	5193
14	2006386	袁弘芷	男	美术学院	助教	2800	300	900	4000	134	3866
15	2006387	杨静	女	美术学院	助教	2800	300	900	4000	115	3885
16	2006388	蒲嘉洋	男	美术学院	中级	3500	600	1200	5300	109	5191
17	2006389	刘钰	女	美术学院	中级	3500	600	1200	5300	113	5187
18	2006390	肖瑜	男	美术学院	讲师	3500	600	1200	5300	132	5168
19				美术学院						8	
20	2006375	周新宇	女	音乐学院	副教授	5500	900	500	6900	167	6733
21	2006376	郭子凡	女	音乐学院	中级	3500	600	1200	5300	120	5180
22	2006377	季杨杨	女	音乐学院	讲师	3500	600	1200	5300	98	5202
23	2006378	杨国超	男	音乐学院	讲师	3500	600	1200	5300	98	5202
24	2006379	王英凯	男	音乐学院	讲师	3500	600	1200	5300	98	5202
25	2006380	王静然	女	音乐学院	助教	2800	300	900	4000	78	3922
26	2006381	尹燕茹	男	音乐学院	中级	3500	600	1200	5300	110	5190
27	2006382	何文昭	女	音乐学院	中级	3500	600	1200	5300	112	5188
28				音乐学院						8	
29				总计数						24	

图 5-73　数据分类汇总结果

4．数据透视表

统计不同性别、不同职称的人数，方法如下。

（1）选定单元数据清单中的任意一个单元格。

（2）选择"插入"→"表格"→"数据透视表"命令，打开"创建数据透视表"对话框。

（3）选定一个单元格或单元格区域，会自动选择数据区域，在"选择放置数据透视表的位置"选项组中选中"新工作表"单选按钮，单击"确定"按钮。

（4）出现一个新工作表和一个空白数据透视表，把"职称"字段拖动到行字段位置，把"性别"字段拖动到列字段位置，把"姓名"字段拖动到数据区域。

（5）数据默认为计数项，无须修改。

（6）生成的数据透视表如图 5-74 所示。

图 5-74　生成的数据透视表

任务五　综合案例一

📖 学习目标

能够运用学到的 Excel 2016 相关知识，解决实际问题，提高分析问题和解决问题的能力。

📖 任务要求

小李在某公司担任行政助理，年底小李对该公司员工信息进行了分析和汇总。请根据该公司员工档案表，按照如下要求完成统计和分析工作。

（1）对员工档案表的格式进行调整，将"基本工资""工龄工资""基础工资"3 列的数据均保留两位小数，适当加大行高和列宽。

（2）适当调整员工档案表中数据的字体，加大字号，并改变颜色，为数据区域增加边框线。

（3）根据入职时间，使用 TODAY 函数和 INT 函数计算员工的工龄，工作满一年才计入工龄。

（4）计算员工档案表中员工的工龄工资，在"基础工资"列中计算每个员工的基础工资。（基础工资=基本工资+工龄工资）

（5）根据员工档案表中的数据，统计所有员工的基础工资总额，并将其填写到统计报告中。

（6）根据员工档案表中的数据，统计职务为项目经理的员工的基本工资总额，并将其填写到统计报告中。

（7）对员工档案表中的数据使用多个关键字进行排序，先按照部门进行升序排列，若部门相同则按照职务进行升序排列，若职务相同则按照基本工资进行降序排列。

（8）根据职务进行分类，统计平均基本工资。

完成结果如图 5-75～图 5-77 所示。

员工档案表

员工编号	姓名	性别	部门	职务	出生日期	学历	入职时间	工龄	基本工资	工龄工资	基础工资
DF007	曾晓军	男	管理	部门经理	1964年12月27日	硕士	2001年3月	19	10000.00	950	10950.00
DF015	李北大	男	管理	人事行政经理	1974年09月28日	硕士	2006年12月	14	9500.00	700	10200.00
DF002	郭晶晶	女	行政	文秘	1989年03月04日	大专	2012年3月	8	3500.00	400	3900.00
DF013	苏三强	男	研发	项目经理	1972年02月21日	硕士	2003年8月	17	12000.00	850	12850.00
DF017	曾令瘟	男	研发	项目经理	1964年10月02日	博士	2001年6月	19	18000.00	950	18950.00
DF008	齐小小	女	管理	销售经理	1973年05月12日	硕士	2001年10月	19	15000.00	950	15950.00
DF003	侯大文	男	管理	研发经理	1977年12月12日	硕士	2003年7月	17	12000.00	850	12850.00
DF004	宋子文	男	研发	员工	1975年10月09日	本科	2003年7月	17	5600.00	850	6450.00
DF005	王清华	男	人事	员工	1972年09月02日	本科	2001年6月	19	5600.00	950	6550.00
DF009	孙小红	女	行政	员工	1986年07月31日	本科	2010年5月	10	4000.00	500	4500.00
DF001	菜一丁	男	管理	总经理	1963年01月02日	博士	2001年2月	19	40000.00	950	40950.00
DF014	张秦秦	男	行政	员工	1981年11月02日	本科	2009年5月	11	4700.00	550	5250.00
DF018	杜学江	女	销售	员工	1981年11月09日	中专	2008年12月	12	3500.00	600	4100.00
DF020	苏解放	男	研发	员工	1985年08月09日	硕士	2010年3月	10	8500.00	500	9000.00
DF021	谢如康	男	研发	员工	1978年09月12日	本科	2010年3月	10	7500.00	500	8000.00
DF022	张桂花	女	行政	员工	1980年10月12日	高中	2010年3月	10	2500.00	500	3000.00
DF032	李娜娜	女	研发	员工	1975年10月12日	本科	2011年1月	10	7500.00	500	8000.00
DF033	倪东卢	男	研发	员工	1984年12月09日	硕士	2011年1月	10	9000.00	500	9500.00
DF035	张国庆	男	研发	员工	1983年07月19日	本科	2011年1月	10	5000.00	500	5500.00

图5-75　工作表格式化及计算相关数据的最终结果

员工档案表

员工编号	姓名	性别	部门	职务	出生日期	学历	入职时间	工龄	基本工资	工龄工资	基础工资
DF007	曾晓军	男	管理	部门经理	1964年12月27日	硕士	2001年3月	19	10000.00	0	10000.00
DF015	李北大	男	管理	人事行政	1974年09月28日	硕士	2006年12月	14	9500.00	0	9500.00
DF008	齐小小	女	管理	销售经理	1973年05月12日	硕士	2001年10月	19	15000.00	0	15000.00
DF003	侯大文	男	管理	研发经理	1977年12月12日	硕士	2003年7月	17	12000.00	0	12000.00
DF001	菜一丁	男	管理	总经理	1963年01月02日	博士	2001年2月	19	40000.00	0	40000.00
DF005	王清华	男	人事	员工	1972年09月02日	本科	2001年6月	19	5600.00	0	5600.00
DF018	杜学江	女	销售	员工	1981年11月09日	中专	2008年12月	12	3500.00	0	3500.00
DF002	郭晶晶	女	行政	文秘	1989年03月04日	大专	2012年3月	8	3500.00	0	3500.00
DF014	张秦秦	男	行政	员工	1981年11月02日	本科	2009年5月	11	4700.00	0	4700.00
DF009	孙小红	女	行政	员工	1986年07月31日	本科	2010年5月	10	4000.00	0	4000.00
DF022	张桂花	女	行政	员工	1980年10月12日	高中	2010年3月	10	2500.00	0	2500.00
DF017	曾令瘟	男	研发	项目经理	1964年10月02日	博士	2001年6月	19	18000.00	0	18000.00
DF013	苏三强	男	研发	项目经理	1972年02月21日	硕士	2003年8月	17	12000.00	0	12000.00
DF033	倪东卢	男	研发	员工	1984年12月09日	硕士	2011年1月	10	9000.00	0	9000.00
DF020	苏解放	男	研发	员工	1985年08月09日	硕士	2010年3月	10	8500.00	0	8500.00
DF021	谢如康	男	研发	员工	1978年09月12日	本科	2010年3月	10	7500.00	0	7500.00
DF032	李娜娜	女	研发	员工	1975年10月12日	本科	2011年1月	10	7500.00	0	7500.00
DF004	宋子文	男	研发	员工	1975年10月09日	本科	2003年7月	17	5600.00	0	5600.00
DF035	张国庆	男	研发	员工	1983年07月19日	本科	2011年1月	10	5000.00	0	5000.00

图5-76　多个关键字排序的结果

员工档案表

员工编号	姓名	性别	部门	职务	出生日期	学历	入职时间	工龄	基本工资	工龄工资	基础工资
DF007	曾晓军	男	管理	部门经理	1964年12月27日	硕士	2001年3月	19	10000.00	0	10000.00
				部门经理 平均值							10000.00
DF015	李北大	男	管理	人事行政	1974年09月28日	硕士	2006年12月	14	9500.00	0	9500.00
				人事行政经理 平均值							9500.00
DF002	郭晶晶	女	行政	文秘	1989年03月04日	大专	2012年3月	8	3500.00	0	3500.00
				文秘 平均值							3500.00
DF013	苏三强	男	研发	项目经理	1972年02月21日	硕士	2003年8月	17	12000.00	0	12000.00
DF017	曾令瘟	男	研发	项目经理	1964年10月02日	博士	2001年6月	19	18000.00	0	18000.00
				项目经理 平均值							15000.00
DF008	齐小小	女	管理	销售经理	1973年05月12日	硕士	2001年10月	19	15000.00	0	15000.00
				销售经理 平均值							15000.00
DF003	侯大文	男	管理	研发经理	1977年12月12日	硕士	2003年7月	17	12000.00	0	12000.00
				研发经理 平均值							12000.00
DF004	宋子文	男	研发	员工	1975年10月09日	本科	2003年7月	17	5600.00	0	5600.00
DF005	王清华	男	人事	员工	1972年09月02日	本科	2001年6月	19	5600.00	0	5600.00
DF009	孙小红	女	行政	员工	1986年07月31日	本科	2010年5月	10	4000.00	0	4000.00
DF014	张秦秦	男	行政	员工	1981年11月02日	本科	2009年5月	11	4700.00	0	4700.00
DF018	杜学江	女	销售	员工	1981年11月09日	中专	2008年12月	12	3500.00	0	3500.00
DF020	苏解放	男	研发	员工	1985年08月09日	硕士	2010年3月	10	8500.00	0	8500.00
DF021	谢如康	男	研发	员工	1978年09月12日	本科	2010年3月	10	7500.00	0	7500.00
DF022	张桂花	女	行政	员工	1980年10月12日	高中	2010年3月	10	2500.00	0	2500.00
DF032	李娜娜	女	研发	员工	1975年10月12日	本科	2011年1月	10	7500.00	0	7500.00
DF033	倪东卢	男	研发	员工	1984年12月09日	硕士	2011年1月	10	9000.00	0	9000.00
DF035	张国庆	男	研发	员工	1983年07月19日	本科	2011年1月	10	5000.00	0	5000.00
				员工 平均值							5763.64
DF001	菜一丁	男	管理	总经理	1963年01月02日	博士	2001年2月	19	40000.00		
				总经理 平均值							40000.00
				总计 平均值							9652.63

图5-77　分类汇总结果

案例分析

本案例主要针对员工档案表，需要完成以下具体任务。

（1）打开"员工工资表.xlsx"工作簿，选择员工档案表。

（2）对员工档案表的文本格式、边框和底纹格式、行高及列宽等进行设置。

（3）使用公式及函数计算员工档案表中的工龄、工龄工资及基础工资。

（4）根据员工档案表中的数据，统计所有员工的基础工资总额，以及职务为项目经理的员工的基本工资总额，并将其填写到统计报告中。

（5）在多关键字排序表中，按照要求进行排序。

（6）在分类汇总表中，根据职务进行分类汇总，统计平均基本工资。

实现步骤

（1）打开桌面上的"Excel 2016 案例"文件夹，双击打开"员工工资表.xlsx"工作簿，选择员工档案表。

（2）选定 J3:J21 单元格区域，选择"开始"→"单元格"→"格式"→"设置单元格格式"命令，弹出"设置单元格格式"对话框，在"数字"选项卡的"分类"列表框中选择"数值"选项，并设置"小数位数"为"2"，单击"确定"按钮。

（3）选定第 1 行，选择"开始"→"单元格"→"格式"→"行高"命令，弹出"行高"对话框，设置"行高"为"30"，单击"确定"按钮。按照同样的方法设置 A2:L21 单元格区域的"行高"为"16"。

（4）选定 A2:L21 单元格区域，选择"开始"→"单元格"→"格式"→"自动调整列宽"命令。

（5）在工作表中右击，在弹出的快捷菜单中选择"设置单元格格式"命令，在弹出的"设置单元格格式"对话框中选择"字体"选项卡，设置"字体"为"楷体"，"字号"为"12"。

（6）在"边框"选项卡中，分别设置外边框和内边框，其中外边框为蓝色、粗实线，内边框为绿色、细虚线，如图 5-78 所示。

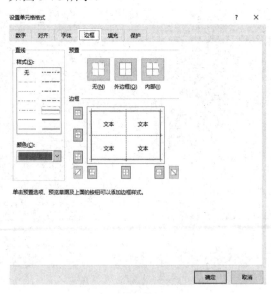

图 5-78 "边框"选项卡

（7）选定 A2:L21 单元格区域，按照同样的方法打开"设置单元格格式"对话框，在"填充"选项卡中，单击"填充效果"按钮，打开"填充效果"对话框，在"颜色"选项组中选择"双色"单选按钮，设置"颜色1"为白色、"颜色2"为浅灰色，并在"底纹样式"选项组中选中"中心辐射"单选按钮，单击"确定"按钮，如图 5-79 所示。

图 5-79 "填充效果"对话框

（8）按照上述方法为 A1 单元格中的数据设置合适的字体，这里设置"字体"为"隶书"，"字号"为"28"，"颜色"为橙色。格式化后的员工档案表如图 5-80 所示。

员工档案表

员工编号	姓名	性别	部门	职务	出生日期	学历	入职时间	工龄	基本工资	工龄工资	基础工资
DF007	曾晓军	男	管理	部门经理	1964年12月27日	硕士	2001年3月	19	10000.00	950	10950.00
DF015	李北大	男	管理	人事行政经理	1974年09月28日	硕士	2006年12月	14	9500.00	700	10200.00
DF002	郭晶晶	女	行政	文秘	1989年03月04日	大专	2012年3月	8	3500.00	400	3900.00
DF013	苏三强	男	研发	项目经理	1972年02月21日	硕士	2003年8月	17	12000.00	850	12850.00
DF017	曾令煊	男	研发	项目经理	1964年10月02日	博士	2001年6月	19	18000.00	950	18950.00
DF008	齐小小	女	管理	销售经理	1973年05月12日	硕士	2001年10月	19	15000.00	950	15950.00
DF003	侯大文	男	管理	研发经理	1977年12月12日	硕士	2003年7月	17	12000.00	850	12850.00
DF004	宋子文	男	研发	员工	1975年10月09日	本科	2003年4月	17	5600.00	850	6450.00
DF005	王清华	男	人事	员工	1972年09月02日	本科	2001年6月	19	5600.00	950	6550.00
DF009	孙小红	女	行政	员工	1986年07月31日	本科	2010年5月	10	4000.00	500	4500.00
DF001	莫一丁	男	管理	总经理	1963年01月02日	博士	2001年2月	19	40000.00	950	40950.00
DF014	张秦秦	男	行政	员工	1981年11月02日	本科	2009年5月	11	4700.00	550	5250.00
DF018	杜学江	女	销售	员工	1981年11月09日	中专	2008年12月	12	3500.00	600	4100.00
DF020	苏解放	男	研发	员工	1985年08月09日	硕士	2010年3月	10	8500.00	500	9000.00
DF021	谢如康	男	研发	员工	1978年09月12日	本科	2010年3月	10	7500.00	500	8000.00
DF022	张桂花	女	行政	员工	1980年10月12日	高中	2010年3月	10	2500.00	500	3000.00
DF032	李娜娜	女	研发	员工	1975年10月12日	本科	2011年1月	10	7500.00	500	8000.00
DF033	倪东声	男	研发	员工	1984年12月09日	硕士	2011年1月	10	9000.00	500	9500.00
DF035	张国庆	男	研发	员工	1983年07月19日	本科	2011年1月	10	5000.00	500	5500.00

图 5-80 格式化后的员工档案表

（9）选定 I3 单元格，在 I3 单元格中输入"=INT((TODAY()−H3)/365)"，表示当前日期减去入职时间的值除以 365 后向下取整，按 Enter 键确认，向下填充公式到 I21 单元格，求出所有员工的工龄。其中，INT 函数是取整函数，TODAY 函数用于求当前日期。

（10）选定 K3 单元格，在 K3 单元格中输入"=I3* $B$27"，按 Enter 键确认，向下填充公式到 K21 单元格。其中，每满一年，工龄工资增加 50 元，50 存放在 B27 单元格中。

（11）选定 L3 单元格，在 L3 单元格中输入"=J3+K3"，按 Enter 键确认，向下填充公式到 L21 单元格。

（12）在统计报告的 B2 单元格中输入"=SUM(员工档案表!J3:J21)"，按 Enter 键确认，统计所有员工的基础工资总额。其中，引用不同工作表中的单元格区域的格式为"工作表名!单元格区域"。

（13）在统计报告的 B3 单元格中输入"=SUMIF(员工档案表!E3:E21,"项目经理",员工档案表!J3:J21)"，按 Enter 键确认，统计项目经理的基础工资总额。其中，SUMIF 函数用于对满足条件的单元格求和。

（14）复制员工档案表，并将其重命名为"多关键字排序表"。

（15）在多关键字排序表中，选定 D3 单元格。

（16）选择"数据"→"排序和筛选"→"排序"命令，弹出"排序"对话框。

（17）在左侧的"排序依据"下拉列表中选择"部门"选项，在中间的"排序依据"下拉列表中选择"单元格值"选项，在右侧的"次序"下拉列表中选择"升序"选项。单击"添加条件"按钮，在左侧的"次要关键字"下拉列表中选择"职务"选项，在右侧的"次序"下拉列表中选择"升序"选项。单击"添加条件"按钮，在中间的"排序依据"下拉列表中选择"单元格值"选项，在左侧的"次要关键字"下拉列表中选择"基本工资"选项，在中间的"排序依据"下拉列表中选择"单元格值"选项，在右侧的"次序"下拉列表中选择"降序"选项，如图 5-81 所示。

（18）复制员工档案表，并将其重命名为"分类汇总表"。

（19）选定 E3 单元格，选择"开始"→"编辑"→"排序和筛选"→"升序"命令。

（20）选定分类汇总表中的任意一个单元格，选择"数据"→"分级显示"→"分类汇总"命令，弹出"分类汇总"对话框，选择"分类字段"下拉列表中的"职务"选项，以及"汇总方式"下拉列表中的"平均值"选项，并勾选"选定汇总项"列表框中的"基本工资"复选框，如图 5-82 所示。

图 5-81　"排序"对话框

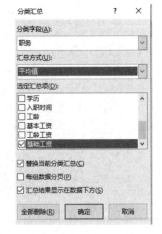

图 5-82　"分类汇总"对话框

（21）单击"确定"按钮，即可看到实际效果。

（22）单击"保存"按钮。

任务六 综合案例二

📖 学习目标

能够运用学到的 Excel 2016 相关知识，解决实际问题，提高分析问题和解决问题的能力。

📖 任务要求

小王在某公司担任行政助理，年底小王对该公司员工信息进行了分析和汇总。请根据该公司员工档案表，按照如下要求完成统计和分析工作。

（1）对员工档案表批量填充序列号。

（2）在"工号"列提示拒绝录入重复数据。

（3）按姓名笔画排序。

（4）对"姓名"列、"学历"列、"所在部门"列通过下拉列表选择要输入的数据。

（5）自动验证输入身份证号码的位数。

（6）从身份证号码中提取出生年月。

（7）自动计算员工年龄。

（8）自动提醒员工生日。

（9）自动产生学位。

（10）设置入职日期为当前日期。

（11）单条件计数和多条件计数。

完成结果如图 5-83 所示。

序号	工号	姓名	性别	民族	身份证号码	出生年月	年龄	生日提醒	学历	学位	所在部门	婚姻状况	入职时间
1	20170012	田水冬	女	汉族	512925197910232656	1979/10/23	43		博士研究生	博士	研发部	是	2015/9/4
2	20151402	滑恒浩	女	汉族	510108198907054051	1989/7/5	33	还有1天生日	本科	学士	研发部	否	2017/10/21
3	20100171	鲁寄富	男	汉族	430724197710278354	1977/10/27	45		本科	学士	技术支持部	是	2017/10/21
4	20100170	郎夏骝	女	汉族	451030199211217392	1992/11/21	30		高中	无	后勤部	否	2017/5/1
5	20160134	宦宏怛	男	汉族	451030199209267392	1992/9/26	30		大专	无	售后支持部	否	2014/8/5
6	20160153	钱明德	女	汉族	430100197710210486	1977/10/21	45		硕士研究生	硕士	研发部	是	2016/9/3
7	20170819	王明劢	男	汉族	430100197908210486	1979/8/21	43		本科	学士	研发部	是	2017/5/1
8	20161012	大山崧	男	汉族	451030199809267392	1998/9/26	24		博士研究生	博士	研发部	否	2016/8/1
9	20160908	张三凤	女	汉族	430100198712100486	1987/12/10	35		硕士研究生	硕士	研发部	否	2017/8/1
10	20170103	梅超	女	汉族	430100198906210486	1989/6/21	34		本科	学士	售后支持部	否	2014/4/1

图 5-83 完成结果

案例分析

本案例主要针对员工档案表，需要完成以下具体任务。

（1）打开"员工档案表.xlsx"工作簿，选择 Sheet1。

（2）对员工档案表中的文本格式、边框和底纹格式、行高及列宽等进行设置。

（3）从身份证号码中提取出生年月，计算员工年龄，并使用函数实现自动提醒员工生日。

（4）对身份证号码进行验证，对工号进行验证，避免录入重复工号。

（5）通过下拉列表选择要输入的性别、学历和所在部门。

（6）对单条件计数和对多条件计数。

实现步骤

1. 对员工档案表批量填充序列号

（1）选定作为填充基础的单元格。

（2）拖动填充柄，使其经过要填充的单元格进行自动填充，如图 5-84 所示。

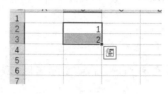

图 5-84　自动填充

（3）如果要更改选定区域的填充方式，那么可以单击"自动填充选项" 按钮，选择所需的填充方式。

2．在"工号"列提示拒绝录入重复数据

在录入数据时，可以通过数据验证，设置拒绝录入重复数据。

（1）选定不允许录入重复数据的列，这里选定"工号"列。

（2）单击"数据"选项卡的"数据工具"组中的"数据验证"下拉按钮，在弹出的下拉菜单中选择"数据验证"命令，如图 5-85 所示。

图 5-85　选择"数据验证"命令

（3）设置不允许重复。在"数据验证"对话框的"允许"下拉列表中选择"自定义"选项，在"公式"文本框中输入"=COUNTIF(B:B,B1)=1"，如图 5-86 所示。

图 5-86　设置不允许重复

（4）设置输入信息。选择"输入信息"选项卡，在"输入信息"文本框中输入"不允许重复"，如图 5-87 所示。

（5）设置出错警告信息。选择"出错警告"选项卡，在"样式"下拉列表中选择"警

告"选项，在"标题"文本框中输入"错误"，在"错误信息"文本框中输入"录入了重复值！请重新录入"，单击"确定"按钮，如图 5-88 所示。

图 5-87　设置输入信息　　　　　图 5-88　设置出错警告信息

按上述步骤设置完成后，当在"工号"列输入相同数据时，就会提示"录入了重复值！请重新录入"，如图 5-89 所示。此时，应单击"否"按钮，关闭提示对话框，输入正确的数据。

图 5-89　输入错误提示信息

3．按姓名笔画排序

选定需要排序的数据，选择"数据"→"排序和筛选"→"排序"命令，在弹出的"排序"对话框左侧的"排序依据"下拉列表中选择"姓名"选项，在中间的"排序依据"下拉列表中选择"单元格值"选项，在右侧的"次序"下拉列表中选择"升序"选项，单击"选项"按钮，在弹出的"排序选项"对话框的"方法"组中，选中"笔划排序"单选按钮，单击"确定"按钮，即可完成按姓名笔画排序，如图 5-90 所示。

图 5-90　按姓名笔画排序

4．对"姓名"列、"学历"列、"所在部门"列通过下拉列表选择要输入的数据

"性别"列、"学历"列、"所在部门"列有固定的范围，并且选项不多，为避免输入格式不规范，可以通过下拉列表进行选择。

（1）选定所需单元格，此处选定"性别"列所在单元格，单击"数据"选项卡的"数据工具"组中的"数据验证"下拉按钮，在弹出的下拉菜单中选择"数据验证"命令，弹出"数据验证"对话框。

（2）在"允许"下拉列表中选择"序列"选项，勾选"提供下拉箭头"复选框，在"来源"文本框中输入"男,女"，单击"确定"按钮，如图 5-91 所示。

用同样的方式，完成"学历"下拉列表和"所在部门"下拉列表的设置。设置"学历"下拉列表，如图 5-92 所示。

图 5-91　设置"性别"下拉列表　　　　图 5-92　设置"学历"下拉列表

5．自动验证输入身份证号码的位数

身份证号码的位数只能为 15 位或 18 位。为了确保输入正确，可以通过数据验证来实现自动验证身份证号码的位数。

（1）选定要设置身份证号码的位数所在单元格，此处选定 F3 单元格，单击"数据"选项卡的"数据工具"组中的"数据验证"下拉按钮，在弹出的下拉菜单中选择"数据验证"命令，弹出"数据验证"对话框。

（2）在"允许"下拉列表中选择"自定义"选项，在"公式"文本框中输入"OR(LEN(F3)=15,LEN(F3)=18"，如图 5-93 所示。

图 5-93　设置验证条件

（3）设置相应的输入信息和出错警告信息，单击"确定"按钮。

6. 从身份证号码中提取出生年月

在 G3 单元格中输入"=DATE(MID(F3,7,4),MID(F3,11,2),MID(F3,13,2))"可以从身份证号码中提取出生年月。

7. 自动计算员工年龄

在 H3 单元格中输入"=DATEDIF(G3,TODAY(),"Y")"来实现自动计算员工年龄。

8. 自动提醒员工生日

在 I3 单元格中输入"=TEXT(10-DATEDIF(G3-10,TODAY(),"YD"),"还有 0 天生日;;今天生日")"来实现自动提醒员工生日。

TEXT 函数用于将结果以文本形式显示出来。

9. 自动产生学位

在 K3 单元格中输入"=IF(J3="博士研究生","博士",IF(J3="硕士研究生","硕士",IF(J3="本科","学士","无")))"来实现自动产生学位。

10. 设置入职日期为当前日期

按组合键 Ctrl+分号，可以快速插入当前日期。

11. 单条件计数和多条件计数

1）单条件计数

使用 COUNTIF 函数可以实现单条件计数，下面统计每个部门的人数，方法如下。

（1）输入部门数据，按列录入。

（2）在"研发部"所在单元格后面的单元格中输入"=COUNTIF($L$3:$L$12,P3)"，表示将在绝对定位为 L3 到 L12 的范围内寻找"研发部"出现的次数。输入完成后按 Enter 键，即输出"研发部"出现的次数，如图 5-94 所示。

图 5-94　输出"研发部"出现的次数

（3）选定 Q3 单元格，拖动填充柄，向下填充。

2）多条件计数

使用 COUNTIFS 函数可以实现多条件计数，方法如下。

（1）在单元格中输入统计条件，如图 5-95 所示。

（2）在 U3 单元格中输入“=COUNTIFS(表 2[所在部门],S3,表 2[年龄],T3)”，按 Enter 键，即输出满足条件的人数，如图 5-96 所示。

S	T	U
所在部门	年龄	人数
研发部	>=30	
技术支持部	>=30	
后勤部	>=30	
售后支持部	>=30	

图 5-95　输入统计条件

S	T	U
所在部门	年龄	人数
研发部	>=30	5
技术支持部	>=30	1
后勤部	>=30	0
售后支持部	>=30	1

图 5-96　输出满足条件的人数

课程思政阅读材料

中国大型 Internet 企业

进入 Internet 时代，中国企业有了与全球企业竞争的历史机遇。目前，在企业排名靠前的全球大型 Internet 企业中，有 4 家是中国企业，即阿里巴巴、百度、腾讯、京东。

一、阿里巴巴

阿里巴巴由曾担任英语教师的马云与其他来自不同背景的合作伙伴共 18 人，于 1999 年在中国杭州市创立。从一开始，所有创始人就深信 Internet 能够创造出公平的竞争环境，让小企业通过创新与科技扩展业务，并在参与国内或全球市场竞争时处于更有利的位置。自推出让中国中小型企业接触全球买家的首个网站以来，阿里巴巴不断成长，成为网上及移动商务的全球领导者。阿里巴巴及其关联公司目前以批发和零售为主营业务，还涉及云计算、数字媒体和娱乐、创新业务。

2019 年，在浙江省国家高新技术企业创新能力百强榜单中，阿里巴巴排名第 17 位。2020 年 5 月 13 日，作为第一批倡议方，阿里巴巴与国家发展改革委等发起“数字化转型伙伴行动”倡议。2021 年 2 月 10 日，阿里巴巴被评为“全国脱贫攻坚先进集体”拟表彰对象。2021 年 9 月，阿里巴巴入选 2021 年中国民营企业 500 强榜单，排名第 5 位。

二、百度

百度于 2000 年 1 月 1 日在中关村创立，创始人李彦宏拥有超链分析技术专利，使中国成为继美国、俄罗斯和韩国之后，全球仅有的拥有搜索引擎核心技术的国家之一。百度每天响应来自 100 余个国家和地区的数十亿次搜索请求，是网民获取中文信息和服务的主要入口，服务于上亿 Internet 用户。

基于搜索引擎，百度演化出语音、图像、知识图谱、自然语言处理等技术。近些年来，百度在深度学习、对话式人工智能、自动驾驶、人工智能芯片等前沿领域投资，成为一个拥有强大 Internet 基础的领先人工智能公司。

百度一直秉承着“科技为更好”的社会责任理念，坚持运用创新技术，聚焦解决社会问题、履行企业公民的社会责任，为帮助全球用户创造更加美好的生活而不断努力。百度“AI 寻人”项目与中华人民共和国民政部合作，借助跨年龄人脸识别技术，已帮助多名走失者与家人团聚。目前，百度“共益计划”已收到多家公益组织机构的入驻申请，已帮助多家公益组织进行了免费推广，涵盖教育、环保、医疗、扶贫等广阔的社会议题。

三、腾讯

腾讯成立于 1998 年 11 月，是目前中国非常大的 Internet 综合服务提供商，也是目前中国用户非常多的 Internet 企业。多年来，腾讯主打的腾讯 QQ 早已深入人心。尽管 Internet 增长已趋成熟，国内经济增长逐渐放缓，但是腾讯在近几个季度仍保持着收入和盈利同比增长的趋势。2012 年第二季度，腾讯营业收入约上亿人民币，仅次于 Google 和 Amazon，超过百度。2012 年第二季度，腾讯即时通信服务月活跃账户达到上亿个。

四、京东

京东是中国自营式电商企业，在线销售计算机、手机与其他数码产品、家电、汽车配件、服装与鞋类、奢侈品、家具与家庭用品、化妆品与其他个人护理用品、食品与营养品、书籍与其他媒体产品、母婴用品与玩具、体育与健身器材。

2013 年 3 月 30 日，京东正式切换了域名，涉及金融、拍拍及海外业务，京东创始人刘强东担任京东集团 CEO。

2014 年 5 月 22 日，京东正式在纳斯达克挂牌。2014 年 6 月 1 日，京东股价为每股 25 美元，按此计算，当时京东市值约为 340 亿美元，成为仅次于阿里巴巴、腾讯、百度的中国第四大 Internet 上市公司。目前，京东早已从小小的电商平台，发展成包括金融、云生态、人工智能、房产、农牧在内的全领域电商企业。

习 题

一、单项选择题

1. 下列不属于 Excel 2016 基本功能的是（　　　）。
    A．文字处理　　　　　　　　　　B．计算
    C．表格制作　　　　　　　　　　D．丰富的图表和数据管理

2. 在 Excel 2016 中，工作表和工作簿的关系是（　　　）。
    A．工作表即工作簿　　　　　　　B．工作簿中包含多张工作表
    C．工作表中包含多个工作簿　　　D．二者无关

3. 在 Excel 2016 工作表中，给当前单元格输入数值型数据时，默认为（　　　）。
    A．居中　　　　B．左对齐　　　　C．右对齐　　　　D．随机对齐

4. 在 Excel 2016 工作表的单元格中，输入表达式（　　　）是错误的。
    A．=(I5−A1)/3　　　　　　　　　B．=A2/C1
    C．SUM(A2:A4)/2　　　　　　　　D．=A2+A3+A4

5. 在 Excel 2016 工作表中，不正确的单元格地址是（　　　）。
    A．C$10　　　　B．$C10　　　　C．C10$10　　　　D．$C$10

6. 在 Excel 2016 工作表中，当可以进行智能填充时，鼠标指针的形状为（　　　）。
    A．空心粗十字形　　　　　　　　B．向左上方箭头形
    C．实心细十字形　　　　　　　　D．向右上方箭头形

7. 为了区别数字与字符串，Excel 2016 要求在输入项前添加（　　　）符号来确认。
    A．"　　　　　　B．'　　　　　　C．#　　　　　　D．@

8．若在 B1 单元格中存储一个公式为 A$5，则当将其复制到 D1 单元格中后，公式会变成（　　）。

A．A$5　　B．D$5　　C．C$5　　D．D$1

9．若在 A1 单元格中显示 1，则当在 B1 单元格中输入“=IF(A1>0,"Yes","No")”时，B1 单元格中会显示（　　）。

A．Yes　　B．No　　C．不确定　　D．空白

10．当单元格右上角出现一个红色三角形时，意味着该单元格（　　）。

A．被插入批注　　B．被选中　　C．被保护　　D．被关联

二、操作题

1．在 Excel 2016 中创建名为“教材销售情况统计表”的工作簿，并在 Sheet1 中创建如图 5-97 所示的教材销售情况统计表，按如下要求完成操作。

	A	B	C	D	E	F
1	教材销售情况统计表（单位：册）					
2	教材名称	一季度	二季度	三季度	四季度	销售统计
3	信息处理	550	1543	1679	2011	5783
4	微机原理	256	785	342	873	2256
5	计算机应用	1043	763	1567	1273	4646
6	计算机组成原理	105	800	456	324	1685

教材销售情况统计表 / 教材销售情况统计表 (2) / Sheet2 / Sheet3

图 5-97　教材销售情况统计表

（1）将 Sheet1 重命名为“教材销售情况统计表”。

（2）将所有单元格的行高、列宽设置为合适的高度和宽度，表格要有可视的红色外边框和黑虚线内边框。

（3）内容水平居中。

（4）使用公式计算每种教材销售统计结果。

（5）根据教材销售情况统计表制作一季度、二季度、三季度、四季度名为“教材销售统计图”的三维簇状柱形图。

（6）三维簇状柱形图中要有图例，分类轴标题为“季度”，数值轴标题为“册”。

（7）复制教材销售情况统计表，并在教材销售统计表中筛选出三季度销售量大于 400 册的数据。

（8）保存文件。

2．在 Excel 2016 中创建名为“师资情况统计表”的工作簿，并在 Sheet1 中创建如图 5-98 所示的师资情况统计表，按如下要求完成操作。

A	B	C	D	E
师资情况统计表				
职称	人数（人）	各职称人数占总人数比例	具有博士学位人数（人）	具有博士学位人数占各职称人数比例
教授	234		109	
副教授	456		237	
讲师	256		198	
助教	168		160	

图 5-98　师资情况统计表

（1）将 Sheet1 中的 A1:E1 单元格区域合并为一个单元格，水平居中。

（2）适当加大师资情况统计表的行高与列宽，设置对齐方式，并为数据区域增加边框线。

（3）调整字体、字号，给标题行填充底纹，使师资情况统计表更加美观。

（4）计算各职称人数占总人数比例（数值型数据，保留两位小数）和具有博士学位人数占各职称人数比例（百分比型数据，保留两位小数）。

（5）选定 A2:B6 和 D2:D6 单元格区域数据制作簇状圆柱图（系列产品在"列"），在图表上方插入标题"师资情况统计图"，设置图例靠上，图表区的填充颜色为红色，将师资情况统计图插入师资情况统计表的 A8:E23 单元格区域。

（6）将 Sheet1 重命名为"师资情况统计表"，保存文件。

3．在 Excel 2016 中创建名为"图书销售情况统计表"的工作簿，并在 Sheet1 中创建如图 5-99 所示的图书销售情况统计表，按如下要求完成操作。

	A	B	C	D	E	F
1			图书销售情况统计表			
2	经销部门	图书名称	季度	数量(本)	单价(元)	销售额(元)
3	第3分店	计算机导论	3	111	32.80	
4	第3分店	计算机导论	2	119	32.80	
5	第1分店	程序设计基础	2	123	26.90	
6	第2分店	计算机应用基础	2	145	23.50	
7	第2分店	计算机应用基础	1	167	23.50	
8	第3分店	程序设计基础	4	168	26.90	
9	第1分店	程序设计基础	4	178	26.90	
10	第3分店	计算机应用基础	4	180	23.50	
11	第2分店	计算机应用基础	4	189	23.50	
12	第2分店	程序设计基础	1	190	26.90	
13	第2分店	程序设计基础	4	196	26.90	
14	第2分店	程序设计基础	3	205	26.90	
15	第2分店	计算机应用基础	1	206	23.50	
16	第2分店	程序设计基础	2	211	26.90	
17	第3分店	程序设计基础	3	218	26.90	
18	第2分店	计算机导论	1	221	32.80	
19	第3分店	计算机导论	4	230	32.80	
20	第1分店	程序设计基础	3	232	26.90	
21	第1分店	计算机应用基础	3	234	23.50	
22	第1分店	计算机导论	4	236	32.80	
23	第3分店	程序设计基础	2	242	26.90	

图 5-99　图书销售情况统计表

（1）适当加大图书销售情况统计表的行高与列宽，设置对齐方式，并为数据区域增加边框线。

（2）调整字体、字号，给标题行填充底纹，使表格更加美观。

（3）使用公式计算销售额，并将其设置为货币型数据。

（4）将 Sheet1 重命名为"图书销售情况统计表"。

（5）对图书销售情况统计表中的数据，按主要关键字"图书名称"的升序次序和次要关键字"单价"的降序次序进行排序。

（6）对图书销售情况统计表中的数据进行分类汇总。依次选择"数据"→"分级显示"→"分类汇总"命令，弹出"分类汇总"对话框，选择"分类字段"下拉列表中的"图书名称"选项，"汇总方式"下拉列表中的"平均值"选项，并勾选"选定汇总项"列表框中的"单价"复选框，汇总结果显示在数据下方。

（7）保存文件。

项目六

PowerPoint 2016 演示文稿

📖 项目描述

PowerPoint 2016 是微软开发的演示文稿制作软件。它使用文档、表格图片、音频、视频和动画等多种元素制作专题报告、授课文稿、企业宣传、产品推介等演示文稿，既可以通过计算机屏幕或投影机等将制作的演示文稿播放出来，又可以将演示文稿打印出来，制成胶片、杂志等。PowerPoint 2016 不仅可以用于制作演示文稿，而且可以用于通过 Internet 召开的面对面会议、远程会议，还可以用于远程授课等。PowerPoint 2016 提供了简单且易于操作的工作界面和操作模式，同时提供了丰富的图形、音频、视频等编辑工具，使得制作的演示文稿具有图文并茂、声形兼具、效果生动等特点，得到广大用户的喜爱。本项目主要介绍演示文稿的创建与编辑、演示文稿外观设置、幻灯片动画设计、幻灯片超链接和放映方式等设置。

📖 知识导图

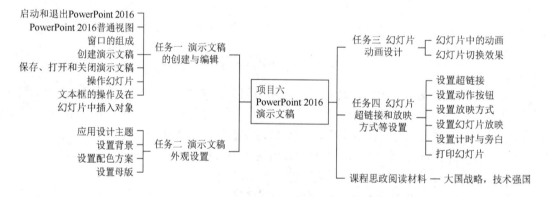

任务一 演示文稿的创建与编辑

📖 学习目标

掌握启动和退出 PowerPoint 2016 的方法；了解 PowerPoint 2016 普通视图窗口的组成；掌握创建、保存、打开和关闭演示文稿的方法；掌握操作幻灯片的方法；掌握在幻灯片中插入对象的方法。

📖 任务要求

以"西安欢迎您"为主题制作 PowerPoint 2016 演示文稿，根据主题内容进行初步规划，插入 10 张幻灯片，并按以下要求设置好各张幻灯片。

第 1 张幻灯片的版式为"标题幻灯片"，正标题为"西安欢迎您"，副标题为"——历史与现代文化的呈现"。第 2 张幻灯片的版式为"标题和内容"，标题"西安主要景点"，以项目符号列表的形式依次添加内容作为目录幻灯片。第 3 张幻灯片的版式为"标题和内容"，标题为"秦始皇兵马俑博物馆"，内容为景点说明。第 4 张幻灯片的版式为"标题和内容"，标题 为"西安城墙"，内容为景点说明，需插入形状。第 5 张幻灯片的版式为"标题和内容"，标题为"华清宫"，内容为景点说明，需插入表格。第 6 张幻灯片的版式为"两栏内容"，标题为"陕西历史博物馆"，左侧内容为景点说明，右侧内容为景点图片。第 7～9 张幻灯片中需插入图片、视频和音频。第 10 张幻灯片中需插入艺术字"陕西欢迎您！西安欢迎您！"

📖 相关知识

一、启动和退出 PowerPoint 2016

PowerPoint 2016 是一个标准的 Microsoft Office 2016 组件。启动和退出该软件遵循 Microsoft Office 2016 的操作规范。针对不同的情况，可以使用不同的启动和退出 PowerPoint 2016 的方法。

1. 启动 PowerPoint 2016

启动 PowerPoint 2016 主要有以下几种方法。

（1）在"开始"菜单中，选择"所有程序"→"Microsoft Office 2016"→"PowerPoint 2016"命令。

（2）双击桌面快捷方式图标 。

（3）双击任意一个已经存在的 PowerPoint 2016 文件，在打开文件的同时启动 PowerPoint 2016。

2. 退出 PowerPoint 2016

退出 PowerPoint 2016 主要有以下几种方法。

（1）单击当前演示文稿右上角的"关闭"按钮。

（2）选择"文件"→"关闭"命令。

（3）按组合键 Alt + F4。

（4）右击标题栏，在弹出的快捷菜单中选择"关闭"命令，如图 6-1 所示。

图 6-1　选择"关闭"命令

二、PowerPoint 2016 普通视图窗口的组成

PowerPoint 普通视图窗口包括标题栏、选项卡、功能区、工作区、状态栏等，如图 6-2 所示。

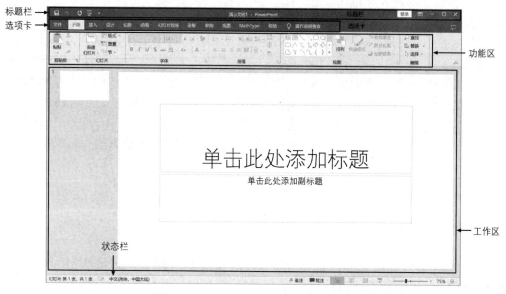

图 6-2　PowerPoint 2016 普通视图窗口

1. "文件"菜单

使用"文件"菜单可以执行新建、打开、保存、打印和关闭等操作，还可以对幻灯片进行相应的设置等，如图 6-3 所示。

图 6-3　"文件"菜单

2. "开始"选项卡的功能区

"开始"选项卡的功能区如图 6-4 所示。

图 6-4　"开始"选项卡的功能区

下面对"开始"选项卡的功能区中包含的组进行简单说明。

（1）剪贴板：对幻灯片编辑区的内容进行剪切、复制、粘贴操作。

（2）幻灯片：新建幻灯片，对幻灯片版式进行设置等。

（3）字体：对幻灯片文本的字符格式进行设置。其中，字符格式包括字体、字形、字号、颜色等。在设置字符格式前，应先选择要设置格式的文本，再单击"开始"选项卡的"字体"组右下角的"展开"按钮，在打开的"字体"对话框中进行设置。

（4）段落：对幻灯片文本的段落格式进行设置，包括段落对齐方式、行距、项目符号与编号等。在设置段落格式前，应先选择要设置格式的段落（若只对一个段落进行设置，则将鼠标指针定位到该段落即可），再单击"开始"选项卡的"段落"组右下角的"展开"按钮，在打开的"段落"对话框中进行设置。

（5）绘图：要在幻灯片中绘图，应先将基本图形插入幻灯片编辑区，再对基本图形进行排列组合、样式、边框颜色、线型、填充等设置。

（6）编辑：选择"开始"→"编辑"→"查找"或"替换"命令，可以在弹出的对话框中进行相应的设置。选择"开始"→"编辑"→"选择"→"选择窗格"命令，选择的对象会在窗格中显示。

3．"插入"选项卡

"插入"选项卡主要用于插入表格、图像、插图、链接、文本、符号、媒体等对象。在后续操作中会详细介绍，此处不再赘述。

4．"设计"选项卡

"设计"选项卡主要用于对幻灯片的主题、变体（颜色、字体、效果和背景）等进行设置。"设计"选项卡的功能区如图 6-5 所示。

图 6-5　"设计"选项卡的功能区

下面对"设计"选项卡的功能区中包含的组进行简单说明。

（1）主题：选用某种主题应用于演示文稿。

（2）变体：对幻灯片背景的颜色、字体、效果和背景进行设置，包括纯色填充、渐变填充和选择图片图案填充等。

（3）自定义：对幻灯片的纵向、横向、高度、宽度、起始页码等进行设置。

5. "切换"选项卡

"切换"选项卡主要用于对幻灯片换片时的切换效果及切换时间进行设置。"切换"选项卡的功能区如图 6-6 所示。

图 6-6　"切换"选项卡的功能区

下面对"切换"选项卡的功能区中包含的组进行简单说明。

（1）切换到此幻灯片：用于对幻灯片切换方式进行设置。

（2）计时：用于对幻灯片切换时间进行设置。

6. "动画"选项卡

"动画"选项卡主要用于对对象进行动画设置。"动画"选项卡的功能区中有"动画""高级动画""计时""预览" 4 个组，如图 6-7 所示。

图 6-7　"动画"选项卡的功能区

下面对"动画""高级动画""计时" 3 个组进行简单说明。

（1）动画：对对象进行各种动画设置。

（2）高级动画：添加动画，对对象进行更多更精细的各种动画设置；动画窗格，设置动画效果。

（3）计时：设置播放声音、播放时间、播放顺序和播放方式。

7. "幻灯片放映"选项卡

"幻灯片放映"选项卡的功能区中有"开始放映幻灯片""设置""监视器" 3 个组，主要用于放映幻灯片、播放旁白、设置幻灯片的放映类型、隐藏幻灯片等。

8. "审阅"选项卡

"审阅"选项卡主要用于拼写检查、中文简繁转换和建立批注等。

9. "视图"选项卡

"视图"选项卡的功能区中有"演示文稿视图""母版视图""显示""缩放""颜色/灰度""窗口""宏" 7 个组，主要用于查看幻灯片母版、浏览幻灯片，以及打开或关闭标尺、网格和参考线等，如图 6-8 所示。

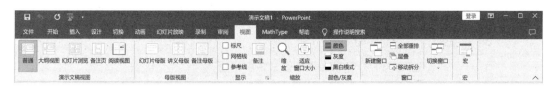

图 6-8 "视图"选项卡的功能区

下面对"演示文稿视图""母版视图"两个组进行简单说明。

（1）演示文稿视图：用于切换普通视图、大纲视图、幻灯片浏览视图、备注页视图和阅读视图。其中，普通视图是默认视图，也是主要编辑视图，主要用于撰写和设计演示文稿。在普通视图中，工作区被分为 3 个部分，即视图区、幻灯片编辑区和备注编辑区。幻灯片浏览视图主要用于查看幻灯片总体外观，在幻灯片浏览视图中可以同时观察多张幻灯片，也可以重新排列幻灯片的顺序，加入新幻灯片，对幻灯片进行移动、复制、删除等，以及设置幻灯片之间的切换效果。备注页视图主要用于查看和编辑幻灯片的备注信息。阅读视图主要用于查看演示文稿，而非放映演示文稿。

（2）母版视图：包括幻灯片母版、讲义母版和备注母版。它们主要用于存储有关演示文稿的信息，包括背景、颜色、字体、效果，以及占位符大小和位置等。在幻灯片母版、备注母版或讲义母版中，可以对演示文稿关联的幻灯片、备注页或讲义的样式进行全局的更改。

三、创建演示文稿

1. 启动 PowerPoint 2016 创建演示文稿

启动 PowerPoint 2016，会自动创建一张幻灯片，如图 6-9 所示。该幻灯片有两个占位符（占位符是指一种带有虚线的框，大部分幻灯片中都有这种框。在这种框中可以放置标题和正文），一个用于添加标题，另一个用于添加副标题。也可以选择"文件"→"新建"命令，选择"空白演示文稿"选项，或直接按组合键 Ctrl + N 创建演示文稿。

图 6-9 启动 PowerPoint 创建演示文稿

2. 通过开始屏幕创建演示文稿

（1）在 PowerPoint 2016 中，选择"文件"→"选项"命令，打开"PowerPoint 选项"对话框。

（2）在"常规"选项卡中，取消勾选"此应用程序启动时显示开始屏幕"复选框。

（3）单击"确定"按钮，如图 6-10 所示。

图 6-10 "PowerPoint 选项"对话框

（4）重新启动 PowerPoint 2016，可以看到打开的开始屏幕，如图 6-11 所示。在"开始"选项卡或"新建"选项卡中选择"空白演示文稿"选项，都可以创建演示文稿。

（a）"开始"选项卡

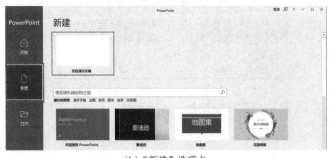

（b）"新建"选项卡

图 6-11 开始屏幕

3. 使用模板创建演示文稿

PowerPoint 2016 模板就是指具有一定预定格式的演示文稿，PowerPoint 2016 已经随软件附带了许多模板。在创建演示文稿时，可以在附带模板中选择。

（1）在 PowerPoint 2016 中，选择"文件"→"新建"命令，弹出模板类型界面。

（2）选择一个要新建的模板类型，如"画廊"选项，即可创建演示文稿，如图 6-12 所示。

图 6-12　选择"画廊"选项

四、保存、打开和关闭演示文稿

1．保存演示文稿

保存演示文稿有以下几种方法。

（1）选择"文件"→"保存"命令。

（2）在快速访问工具栏中单击"保存"按钮 。

（3）按组合键 Ctrl + S。

PowerPoint 2016 保存的演示文稿的默认扩展名为.pptx，若想保存为其他类型，则可以选择"文件"→"另存为"命令，在弹出的"另存为"对话框的"保存类型"下拉列表中进行选择。

2．打开演示文稿

打开演示文稿有以下几种方法。

（1）先选择"文件"→"打开"命令，或按组合键 Ctrl + O，再选择路径及要打开的文件。

（2）双击要打开的演示文稿图标。

（3）右击要打开的演示文稿图标，在弹出的快捷菜单中选择"打开"命令。

3．关闭演示文稿

关闭演示文稿有以下几种方法。

（1）按组合键 Ctrl + W。

（2）选择"文件"→"关闭"命令。

（3）单击"关闭"按钮 。若当前仅打开一个演示文稿，则会关闭该文件并退出当前演示文稿。

五、操作幻灯片

1．选择幻灯片

在进行许多操作前都要求先选择幻灯片。对幻灯片的选择包括单选（选择一张幻灯片）、多选（同时选择多张幻灯片）和全选，其中多选又包括连续多选（选择相邻的多张幻灯片）和非连续多选（选择不相邻的多张幻灯片）。

（1）单选：单击需要选择的幻灯片的缩略图，该幻灯片被称为当前幻灯片。

（2）连续多选：先单击相邻的多张幻灯片的第 1 张幻灯片的缩略图，然后按住 Shift 键的同时单击相邻的多张幻灯片的最后一张幻灯片的缩略图。

（3）非连续多选：先单击一张需要选择的幻灯片的缩略图，然后按住 Ctrl 键的同时单击其他需要选择的幻灯片的缩略图。

（4）全选：按组合键 Ctrl + A。

2．插入幻灯片

在设计过程中幻灯片不够用时，需要插入幻灯片。插入幻灯片有以下 3 种方法。

（1）先选择某张幻灯片的缩略图，然后选择"开始"→"幻灯片"→"新建幻灯片"命令，此时会在该幻灯片后添加一张新幻灯片。

（2）右击某张幻灯片的缩略图，在弹出的快捷菜单中选择"新建幻灯片"命令，此时会在该幻灯片后添加一张新幻灯片。

（3）先选择某张幻灯片的缩略图，然后按 Enter 键，此时会在该幻灯片后添加一张新幻灯片。

3．删除幻灯片

若某张幻灯片不再有用，则需要删除该张幻灯片。删除幻灯片有以下两种方法。

（1）选择需要删除的幻灯片的缩略图（可以单选，也可以多选），按 Delete 键，此时该幻灯片会被删除。

（2）右击需要删除的幻灯片的缩略图（可以单选，也可以多选），在弹出的快捷菜单中选择"删除幻灯片"命令，此时该幻灯片会被删除。

4．移动幻灯片

在制作演示文稿时会发现某些幻灯片的顺序不太符合逻辑，这时就需要对其位置进行调整。移动幻灯片有以下两种方法。

（1）右击需要移动的幻灯片的缩略图，在弹出的快捷菜单中选择"剪切"命令，右击需要移动到的位置，在弹出的快捷菜单中选择"保留源格式"命令，此时即可移动该幻灯片。

（2）选择需要移动的幻灯片的缩略图，按住鼠标左键并拖动鼠标至合适的位置，松开鼠标左键，此时即可移动该幻灯片。

5．复制幻灯片

当需要大量相同的幻灯片时，可以复制幻灯片。复制幻灯片的方法如下。

右击需要复制的幻灯片的缩略图，在弹出的快捷菜单中选择"复制幻灯片"命令，右击需要复制到的位置，在弹出的快捷菜单中选择"粘贴"命令，或使用组合键 Ctrl + C 与组合键 Ctrl + V，此时即可复制该幻灯片。

六、文本框的操作及在幻灯片中插入对象

一张幻灯片中可以插入多个对象，幻灯片就像舞台，而对象就像演员。PowerPoint 2016 支持的对象种类丰富，包括文本框、表格、图像、插图、艺术字、媒体等。正是由于拥有种类丰富的对象，使得 PowerPoint 2016 拥有了诱人的魅力，成为人们日常工作和学习中不可缺少的软件。

1．文本框的操作

通常情况下，在幻灯片中添加文字时，需要通过插入文本框来实现。

1）插入文本框

（1）单击"插入"选项卡的"文本"组中的"文本框"下拉按钮，在弹出的下拉菜单中选择"横排文本框"或"竖排文本框"命令，在幻灯片中拖拉出一个文本框，如图 6-13（a）所示。

（2）选择"插入"→"插图"→"形状"→"基本形状"→"文本框"命令，如图 6-13（b）所示。

（a）

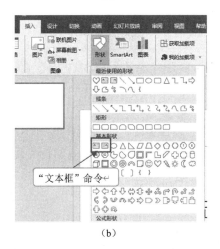

（b）

图 6-13　插入文本框

2）在文本框中输入内容的方法

单行文本框的文字只占一行，随着输入文字的增多，文本框会向右变长，或可以通过

拖动来绘制所需大小的文本框。文本框有两种状态：编辑状态和选定状态。编辑状态为虚线外框，框内有光标闪动，可以添加和删除文字；选定状态为点实线外框，框内无光标闪动，可以对文本框进行整体操作。例如，移动或删除整个文本框。

在文本框中单击，可以转换为编辑状态。在文本框上单击，可以转换为选定状态，如图 6-14 所示。

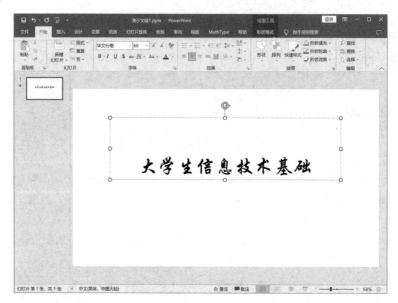

图 6-14 选定状态

3）复制文本框

先选择要复制的对象，并选择"开始"→"剪贴板"→"复制"命令，再选择要粘贴到的位置，并选择"开始"→"剪贴板"→"粘贴"命令，也可以使用组合键 Ctrl＋C 和组合键 Ctrl＋V。"剪贴板"组如图 6-15 所示。

图 6-15 "剪贴板"组

4）删除文本框

选择需要删除的文本框，按 Delete 键。

2．插入表格

在 PowerPoint 2016 中也可以插入表格。插入表格的方法如下。

在"插入"选项卡的"表格"下拉菜单（见图 6-16）中选择要插入表格的行数和列数，或选择"插入表格"命令。在弹出的"插入表格"对话框中输入列数和行数，单击"确定"按钮。

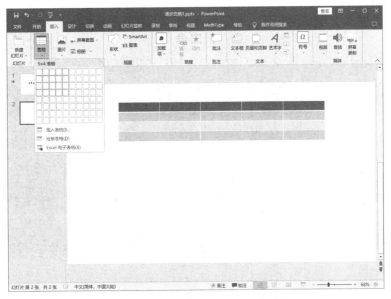

图 6-16　"表格"下拉菜单

在"表格工具/表设计"选项卡的功能区中，可以对表格样式选项、表格样式、艺术字样式和绘图边框进行设置，如图 6-17 所示。

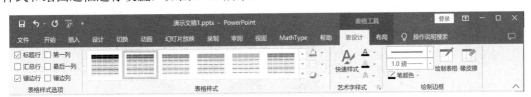

图 6-17　"表格工具/表设计"选项卡的功能区

在"表格工具/布局"选项卡的功能区中，可以对表、行和列、合并、单元格大小、对齐方式、表格尺寸和排列进行设置，如图 6-18 所示。

图 6-18　"表格工具/布局"选项卡的功能区

3．插入图像

在"插入"选项卡的"图像"组中，可以选择插入的对象（图片、屏幕截图和相册），如图 6-19 所示。

图 6-19　"图像"组

1）对插入的图片进行美化和编辑

对插入的图片进行美化和编辑的方法如下。

（1）选择"插入"→"图像"→"图片"命令，如图 6-20 所示。

图 6-20　选择"图片"命令

（2）选择"此设备"命令，在弹出的"插入图片"对话框中选择图片，单击"插入"按钮，如图 6-21 所示。

图 6-21　"插入图片"对话框

（3）插入图片的效果如图 6-22 所示。

图 6-22　插入图片的效果

2）设置图片格式

"图片工具/图片格式"选项卡的功能区如图 6-23 所示。

图 6-23　"图片工具/图片格式"选项卡的功能区

下面对"调整""排列""大小"3 个组进行简单说明。

（1）调整：对图片的背景颜色和对比度等进行设置，如图 6-24 所示。

图 6-24　"调整"组

（2）排列：对图片的显示顺序、对齐方式、组合方式、旋转角度等进行设置，如图 6-25 所示。

图 6-25　"排列"组

（3）大小：对图片的宽度和高度进行设置，也可以对图片进行裁剪。"裁剪"下拉菜单如图 6-26 所示。

图 6-26　"裁剪"下拉菜单

4．插入插图

在"插入"选项卡的"插图"组中，可以插入形状、SmartArt 图形和图表，如图 6-27 所示。

图 6-27　"插图"组

1）插入形状

（1）选择"插入"→"插图"→"形状"命令，弹出"形状"下拉菜单，如图 6-28 所示。

（2）在"形状"下拉菜单中选择合适的形状，在幻灯片编辑区绘制形状。

（3）选择绘制的形状，在"绘图工具/形状格式"选项卡中，进行相应的操作，如图 6-29 所示。

图 6-28　"形状"下拉菜单

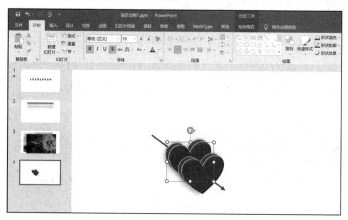

图 6-29　"绘图工具/形状格式"选项卡

2）插入 SmartArt 图形

选择"插入"→"插图"→"SmartArt"命令，打开"选择 SmartArt 图形"对话框，如图 6-30 所示。

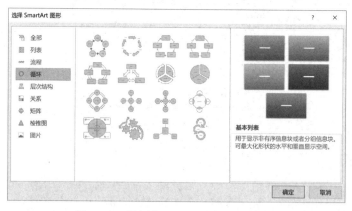

图 6-30　"选择 SmartArt 图形"对话框

在 SmartArt 图形处于被选定状态时，会出现用于设置 SmartArt 图形的两个选项卡，即 "SmartArt 工具/SmartArt 设计"选项卡和"SmartArt 工具/格式"选项卡，如图 6-31 所示。

3）插入图表

图表是用直观的彩图来表示数据关系的一种图形，经常用于表示行数和列数较少的二维表。常用的图表有柱形图、条形图、饼图等。选择"插入"→"插图"→"图表"命令，打开"插入图表"对话框，如图 6-32 所示。

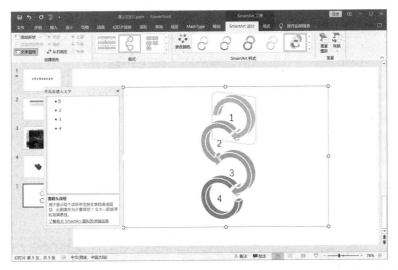

图 6-31 "SmartArt 工具/SmartArt 设计"选项卡和"SmartArt 工具/格式"选项卡

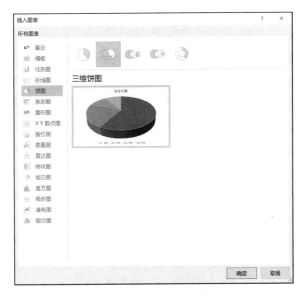

图 6-32 "插入图表"对话框

"图表工具/图表设计"选项卡的功能区如图 6-33 所示。

图 6-33 "图表工具/图表设计"选项卡的功能区

下面对"图表工具/图表设计"选项卡的功能区中包含的组进行简单说明。

（1）类型：用于更改图表类型，如图 6-34 所示。

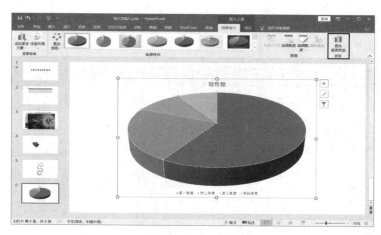

图 6-34   "类型"组

（2）数据：用于切换行/列，以及选择数据、编辑数据和刷新数据，如图 6-35 所示。

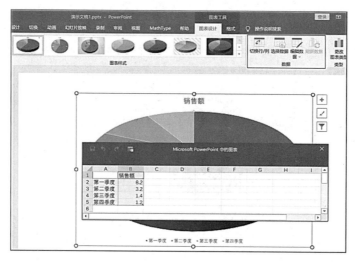

图 6-35   "数据"组

（3）图表布局：用于添加图表元素和快速布局。图表元素有图表标题、数据标签、图例等。"图表布局"组的"添加图表元素"下拉菜单和"快速布局"下拉菜单分别如图 6-36 和图 6-37 所示。

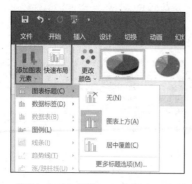

图 6-36   "图表布局"组的"添加图表元素"下拉菜单   图 6-37   "图表布局"组的"快速布局"下拉菜单

（4）图表样式：用于快速设置图表样式，如图 6-38 所示。

图 6-38　"图表样式"组

5．插入艺术字

由于使用文本框输入的文字在颜色和形状上都缺乏变化，因此 PowerPoint 2016 又创造了艺术字，用于制作丰富多彩的文字。选择"插入"→"文本"→"艺术字"命令，在弹出的下拉菜单中可以选择自己需要的艺术字样式。

"绘图工具/形状格式"选项卡的功能区如图 6-39 所示。

图 6-39　"绘图工具/形状格式"选项卡的功能区

下面对"形状样式""艺术字样式""排列""大小"4 个组进行简单说明。

（1）形状样式：对艺术字的形状样式进行设置，可以直接使用 PowerPoint 2016 自带的形状样式，也可以通过"形状填充""形状轮廓""形状效果"命令自行设置。

（2）艺术字样式：对艺术字样式进行设置，可以直接使用 PowerPoint 2016 自带的艺术字样式，也可以通过"文本填充""文本轮廓""文本效果"命令自行设置。

（3）排列：对艺术字进行排列、对齐、组合、旋转。

（4）大小：对艺术字的宽度和高度进行设置。

另外，单击"形状样式"组右下角的"展开"按钮，在弹出的"设置形状格式"对话框中，可以对艺术字的形状进行各种设置，包括水平方向和垂直方向的设置等。单击"艺术字样式"组右下角的"展开"按钮，在弹出的"设置文本效果格式"对话框中，可以对艺术字本身进行各种设置。艺术字样式组如图 6-40 所示。

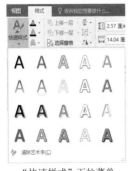

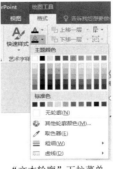
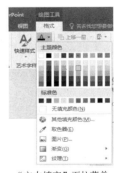

"快速样式"下拉菜单　　"文本效果"下拉菜单　　"文本轮廓"下拉菜单　　"文本填充"下拉菜单

图 6-40　"艺术字样式"组

6．插入媒体

在"插入"选项卡的"媒体"组中，可以选择插入对象，如图 6-41 所示。

图 6-41 "媒体"组

当插入对象处于被选定状态时，会出现用于设置音频文件的两个选项卡，即"音频工具/音频格式"选项卡和"音频工具/播放"选项卡，如图 6-42 所示。

图 6-42 "音频工具/音频格式"选项卡和"音频工具/播放"选项卡

📖 任务实施

1．启动 PowerPoint 2016

在"开始"菜单中，选择"所有程序"→"Microsoft Office 2016"→"PowerPoint 2016"命令。

2．创建演示文稿

在 PowerPoint 2016 中，选择"文件"→"新建"命令，选择"空白演示文稿"选项，即可创建演示文稿，如图 6-43 所示。

图 6-43 创建演示文稿

3．插入幻灯片

选择"开始"→"幻灯片"→"新建幻灯片"命令或按组合键 Ctrl＋M，依次添加第 2～10 张幻灯片，如图 6-44 所示。

图 6-44　插入幻灯片

4．设置幻灯片版式

选择"开始"→"幻灯片"→"版式"命令，把第 1 张幻灯片的版式设置为"标题幻灯片"，第 2～5 张幻灯片的版式设置为"标题和内容"，第 6 张幻灯片的版式设置为"两栏内容"，第 7 张幻灯片的版式设置为"比较"，第 8～9 张幻灯片的版式设置为"仅标题"，第 10 张幻灯片的版式设置为"空白"。

5．设置第 1 张幻灯片

（1）在标题文本框中输入"西安欢迎您"，设置字体为"华文宋体"，字号为"72"，颜色为"黑色"，对齐方式为"居中"。

（2）在副标题文本框中输入"——历史与现代文化的呈现"，设置字体为"华文行楷"，字号为"36"，颜色为"黑色"，对齐方式为"右对齐"。第 1 张幻灯片的设置效果如图 6-45 所示。

图 6-45　第 1 张幻灯片的设置效果

6. 设置第 2 张幻灯片

（1）在标题文本框中输入"西安主要景点"，设置字体为"楷书"，字号为"44"，添加文字阴影，并设置对齐方式为"居中"。

（2）将光标定位到正文文本框中，单击"开始"选项卡的"段落"组中的"项目符号"或"编号"下拉按钮，在弹出的下拉菜单中选择合适的项目符号或编号。

（3）在正文文本框中输入文字，设置字体为"楷书"，字号为"28"，对齐方式为"左对齐"。第 2 张幻灯片的设置效果如图 6-46 所示。

图 6-46　第 2 张幻灯片的设置效果

7. 设置第 3 张幻灯片

（1）在标题文本框中输入"秦始皇兵马俑博物馆"，设置字体为"楷体"，字号为"44"，在正文文本框中输入景点说明，设置字体为"楷体"，字号为"24"。

（2）在第 3 张幻灯片中只需要注意文本字体的设置和段落对齐方式的设置。第 3 张幻灯片的设置效果如图 6-47 所示。

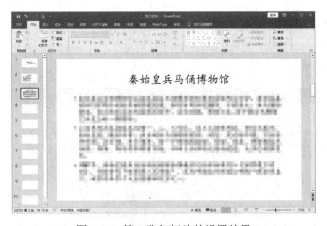

图 6-47　第 3 张幻灯片的设置效果

8. 设置第 4 张幻灯片

（1）选择"插入"→"插图"→"形状"命令，在弹出的下拉菜单中选择要绘制的形状，在幻灯片空白处绘制即可。

（2）绘制好形状之后，可以选择需要组合的形状并右击，在弹出的快捷菜单中选择"组合"→"组合"命令将其组合在一起。要想修改已组合的形状，右击已组合的形状，在弹出的快捷菜单中选择"组合"→"取消组合"命令即可。

（3）若需要在形状中输入文字，则右击形状，在弹出的快捷菜单中选择"编辑文字"命令，输入文字即可。

（4）这里在标题文本框中输入"西安城墙"，设置字体为"楷体"，字号为"44"，对齐方式为"居中"。将形状中文字的字体设置为"华文楷体"，字号设置为"18"。第 4 张幻灯片的设置效果如图 6-48 所示。

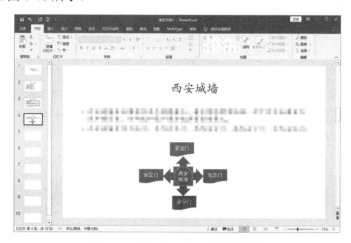

图 6-48　第 4 张幻灯片的设置效果

9．设置第 5 张幻灯片

（1）在标题文本框中输入"华清宫"，设置字体为"楷体"，字号为"44"，对齐方式为"居中"。

（2）在正文文本框中输入景区简介，将光标定位到幻灯片空白处，选择"插入"→"表格"→"表格"命令，插入一个 9 行 3 列的表格，在表格中输入文字，设置字体为"华文楷体"，字号为"18"。第 5 张幻灯片的设置效果如图 6-49 所示。

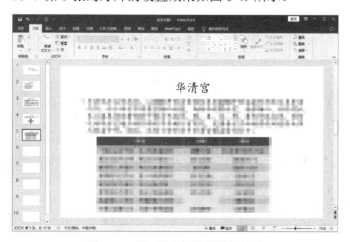

图 6-49　第 5 张幻灯片的设置效果

10．设置第 6 张幻灯片

（1）选择"开始"→"版式"→"两栏内容"命令，在标题文本框中输入"陕西历史博物馆"，设置字体与前 5 张幻灯片中标题的字体一样。

（2）在左侧文本框中输入文本信息，设置字体为"楷体"，字号为"24"。

（3）将光标定位到幻灯片空白处，选择"插入"→"图像"→"图片"命令，如图 6-50 所示。

图 6-50　选择"图片"命令

（4）选择要插的入图片（若要一次插入多张图片，如同时插入两张图片，则应在单击图片的同时应按住 Ctrl 键），把图片样式分别设置为"映像圆角矩形"和"融化边缘椭圆"。用户可以根据需求调整图片的大小和方向。第 6 张幻灯片的设置效果如图 6-51 所示。

图 6-51　第 6 张幻灯片的设置效果

11．设置第 7～9 张幻灯片

（1）在第 7 张幻灯片的标题文本框中输入"大雁塔"，插入图片，为所有图片调整好大小和位置，全选需要组合的图片并右击，在弹出的快捷菜单中选择"组合"→"组合"命令，将"图片样式"分别设置为"旋转,白色""棱台左透视,白色"。

（2）在第 8 张幻灯片的标题文本框中输入"回民街"，选择"插入"→"媒体"→"视频"→"此设备"命令，在弹出的"插入视频"对话框中，选择"回民街.mp4"文件，单击"插入"按钮即可。

（3）在第 9 张幻灯片的标题文本框中输入"大唐芙蓉园——带你回到大唐盛世"，选择"插入"→"媒体"→"视频"→"此设备"命令，在弹出的"插入视频"对话框中，选择"大唐芙蓉园.mp4"文件，单击"插入"按钮即可。选择"插入"→"媒体"→"音频"→"PC 机上的音频"命令，在弹出的"插入音频"对话框中，选择"花之魅.mp3"文件，单击"插入"按钮即可。

第 7～9 张幻灯片的设置效果如图 6-52 所示。

图 6-52　第 7～9 张幻灯片的设置效果

12. 设置第 10 张幻灯片

（1）选择"插入"→"文本"→"艺术字"命令，在弹出的下拉菜单中，选择第 1 行第 3 列的样式，输入"陕西欢迎您！西安欢迎您！"，设置字号为"96"，对齐方式为"居中"。

（2）选定艺术字，选择"绘图工具/形状格式"→"艺术字样式"→"文本效果"命令，在弹出的下拉菜单中选择"转换"→"弯曲"→"槽形上,山形"命令和"发光"→"发光变体"→"橙色,主题 2"命令。

（3）选择"插入"→"媒体"→"音频"→"PC 机上的音频"命令，在弹出的"插入音频"对话框中，选择"主题曲.mp3"文件，勾选"放映时隐藏"复选框和"播放完毕返回开头"复选框即可。第 10 张幻灯片的设置效果如图 6-53 所示。

图 6-53　第 10 张幻灯片的设置效果

13. 保存演示文稿

选择"文件"→"保存"或"另存为"命令，在弹出的"另存为"对话框中的"文件名"文本框输入"西安欢迎您.pptx"，单击"保存"按钮。

任务二　演示文稿外观设置

📖 **学习目标**

掌握如何在演示文稿中应用设计主题及设置背景；掌握如何设置配色方案和如何设置母版。

为了使制作的演示文稿中的内容更生动、美观，需要对演示文稿的外观进行排版、美化，使之更吸引人。首先，需要对背景进行设置。其次，为了使人感觉演示文稿色调一致、整体协调，还需要对配色方案和母版进行设置，使演示文稿中的内容与设计风格统一。

📖 **任务要求**

打开"西安欢迎您.pptx"文件，设置所有幻灯片的主题均为"剪切"；为第2张幻灯片设置背景；美化字体；插入页码、页眉和页脚；设置幻灯片母版。

📖 **相关知识**

一、应用设计主题

除了可以使用"背景"对话框设置背景，还可以应用设计主题作为背景。设计主题是PowerPoint 2016中的一种文件，规定了背景图像和各级标题的字体、字号，可供用户直接使用。用户既可以使用PowerPoint 2016内置的设计主题，又可以自己制作设计主题供以后使用。设计主题如图6-54所示。

图 6-54　设计主题

二、设置背景

1. 打开方法

通过"设置背景格式"窗格，可以设置幻灯片的各种背景。打开"设置背景格式"窗格有以下两种方法。

（1）选择"设计"→"自定义"→"设置背景格式"命令，在右侧弹出"设置背景格式"窗格。

（2）右击幻灯片空白处，在弹出的快捷菜单中，选择"设置背景格式"命令，在右侧弹出"设置背景格式"窗格。

从"设置背景格式"窗格可以看出，背景的设置有纯色填充、渐变填充、图片或纹理填充、图案填充4种方式，如图6-55所示。用户可以根据不同的需求来对幻灯片的背景进行不同的设置。

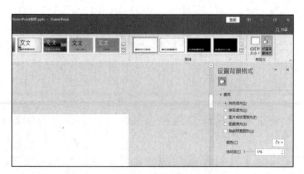

图 6-55　"设置背景格式"窗格

2．纯色填充

纯色是指背景使用单一的颜色。在"设置背景格式"窗格中，单击"颜色"选项右侧的下拉按钮，在弹出的下拉列表中选择"其他颜色"选项，弹出"颜色"对话框。"颜色"对话框中有"标准"选项卡和"自定义"选项卡，如图 6-56 所示。

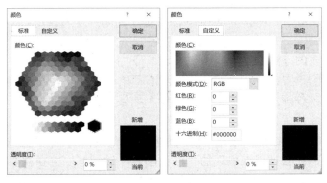

图 6-56　"颜色"对话框

下面对"标准"选项卡和"自定义"选项卡进行简单说明。

（1）"标准"选项卡：提供了 256 种标准色和 16 种由白色到黑色的灰度色，选择想要设置的颜色，单击"确定"按钮，即可完成设置。

（2）"自定义"选项卡：在中间的调色盘中选择一种基本色，通过上下拖动右侧滑块调整亮度，单击"确定"按钮，即可完成设置；直接输入红色、绿色、蓝色的颜色值，也可完成设置。

3．渐变填充

渐变是指由一种颜色逐渐过渡到另一种颜色，使用渐变色会给人一种炫目的感觉。渐变填充的相关选项如图 6-57 所示。

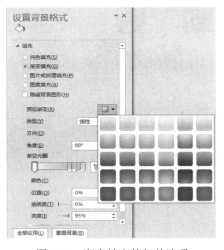

图 6-57　渐变填充的相关选项

渐变填充的方法如下。

在"预设渐变"选项中有多种颜色可供选择。通过"类型""方向""角度""渐变光圈""颜色""位置""透明度""亮度"这些选项可以对颜色进行各种设置，使颜色产生多种渐变效果。

4. 图片或纹理填充

图片或纹理填充用于对幻灯片的背景进行填充，图片填充是指可以采用外部图片文件作为背景；纹理填充是指 PowerPoint 2016 预设了一些图片作为背景。图片或纹理填充的相关选项如图 6-58 所示。

图片或纹理填充的方法如下。

（1）纹理背景的设置：单击"纹理"选项右侧的下拉按钮，在弹出的下拉列表中选择某个纹理，便可将该纹理用作当前幻灯片背景。如果单击"全部应用"按钮，那么可以将该纹理用作全部幻灯片背景。

（2）图片背景的设置：可以设置"插入图片来自"为"文件""剪贴板""联机"。如果单击"文件"按钮，那么可以在出现的"插入图片"对话框中选择需要的图片，单击"打开"按钮，或直接双击需要的图片，即可将其用作当前幻灯片背景。如果单击"全部应用"按钮，那么可以将该图片用作全部幻灯片背景。

5. 图案填充

图案是指以某种颜色作为背景，以前景色作为线条色构成的图案。图案填充的相关选项如图 6-59 所示。

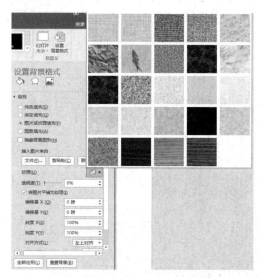

图 6-58　图片或纹理填充的相关选项

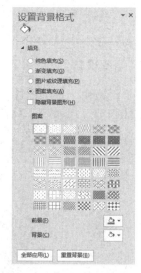

图 6-59　图案填充的相关选项

图案填充的方法如下。

在"图案"选项组中，选择某个图案，并选择前景色和背景色，即可将该图案用作当前幻灯片背景。如果单击"全部应用"按钮，那么可以将该图案用作全部幻灯片背景。

三、设置配色方案

在 PowerPoint 2016 中，配色方案可以为文本、背景、填充、强调文字及线条等对象定义颜色，根据不同的颜色，可以直接将其应用于幻灯片中，从而达到快速修改各对象颜色的目的。

PowerPoint 2016 提供了一套标准配色方案，在对色彩没有特殊要求的情况下，可以直接使用这些标准配色方案来美化幻灯片。

设置配色方案的方法如下。

（1）应用标准配色方案。单击"设计"选项卡的"变体"组右下角"展开"按钮，在弹出的下拉菜单中选择"颜色"命令，在展开的下拉菜单中选择一种标准配色方案，如图 6-60 所示。

（2）若选择底部的"自定义颜色"命令，将弹出如图 6-61 所示的"新建主题颜色"对话框。

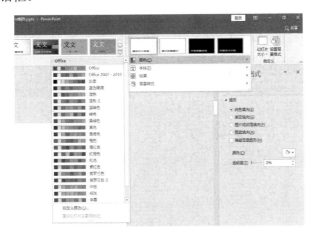

图 6-60　标准配色方案

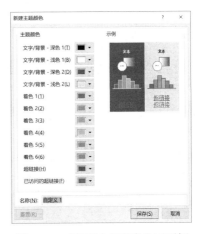

图 6-61　"新建主题颜色"对话框

（3）选择"主题颜色"选项组中各选项右侧的下拉按钮，在弹出的下拉列表中可以指定一个新颜色。

设置完成后，在"名称"文本框中输入新名称，单击"保存"按钮，可以将当前配色方案保存为一个标准配色方案，以便以后在其他幻灯片中使用。

（4）若要删除配色方案，则可以在步骤（3）中弹出的下拉列表中，右击要删除的配色方案，在弹出的快捷菜单中选择"删除"命令即可，如图 6-62 所示。

图 6-62　删除配色方案

四、设置母版

母版是一种特殊的幻灯片。它的作用是让演示文稿有统一的外观。母版控制了幻灯片的字体、字号、颜色、阴影和项目符号样式等，可以使若干张幻灯片具有统一的风格。

PowerPoint 2016 为用户提供了 3 种类型的母版，包括幻灯片母版、讲义母版和备注母版。幻灯片母版用于控制所有使用该母版的幻灯片中标题与文本的格式和类型。讲义母版用于控制讲义的外观，对讲义母版的修改只在打印讲义时才会体现出来。备注母版用于控制备注页的版式和文本格式。下面介绍如何建立幻灯片母版和插入图片。

1. 建立幻灯片母版

幻灯片母版通常用来统一演示文稿中的幻灯片格式，一旦修改了幻灯片母版，所有采用该母版建立的幻灯片格式都会发生改变，快速统一演示文稿的格式。

建立幻灯片母版的方法如下。

（1）选择"视图"→"母版视图"→"幻灯片母版"命令，进入幻灯片母版视图，同时打开"幻灯片母版视图"工具栏。幻灯片母版视图如图 6-63 所示。

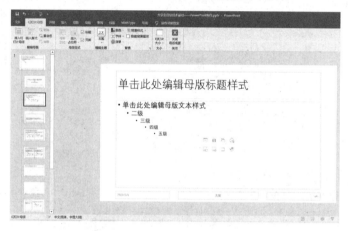

图 6-63　幻灯片母版视图

（2）右击文字"单击此处编辑母版标题样式"，在弹出的快捷菜单中，选择"字体"命令，弹出"字体"对话框，如图 6-64 所示。设置好相应的选项后，单击"确定"按钮即可返回。

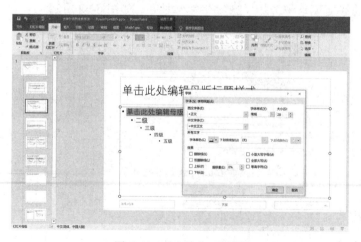

图 6-64　"字体"对话框

（3）分别右击"二级""三级"等文字，按照上一步骤的操作设置相关格式。

（4）选择"插入"→"文本"→"页眉和页脚"命令，在弹出的"页眉和页脚"对话框中，勾选"日期和时间"复选框，并选中"自动更新"单选按钮，分别勾选"幻灯片编号"复选框和"页脚"复选框，如图 6-65 所示。

图 6-65   "页眉和页脚"对话框

2. 插入图片

插入图片的方法如下。

选择"插入"→"图像"→"图片"命令，打开"插入图片"对话框，选择要插入的图片，单击"插入"按钮即可插入图片。

📖 任务实施

（1）打开"西安欢迎您.pptx"文件。

（2）选择"设计"→"主题"→"剪切"命令，此时所有幻灯片都应用了"剪切"主题。应用设计主题的效果如图 6-66 所示。

图 6-66   应用设计主题的效果

（3）为第 2 张幻灯片设置背景。对于宣传类的课件来说，背景要简单一些，不要太花哨。选择"设计"→"自定义"→"设置背景格式"命令，在右侧弹出的"设置背景格式"窗格中，选中"渐变填充"单选按钮，将"类型"设置为"射线"，"方向"设置为"从中心"。设置背景的效果如图 6-67 所示。

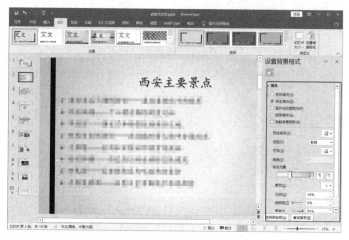

图 6-67　设置背景的效果

（4）美化字体，主要美化标题、关键句等。美化字体有以下两种方法。

① 插入艺术字。选择"插入"→"文本"→"艺术字"命令，在弹出的下拉菜单中选择需要插入艺术字的样式，输入文字。

② 改变文字类型、大小、颜色、下画线等。这种方法比较简单，在功能区选择艺术字样式，并选择要改变艺术字的命令即可。

（5）插入页码、页眉和页脚。选择"插入"→"文本"→"页眉和页脚"命令，在弹出的"页眉和页脚"对话框中，勾选"日期和时间""幻灯片编号""页脚"3 个复选框，并选中"自动更新"单选按钮。

在页脚中输入"西安欢迎您"，单击"全部应用"按钮，如图 6-68 所示。这时每张幻灯片都插入了页码，以及相同的页眉和页脚。

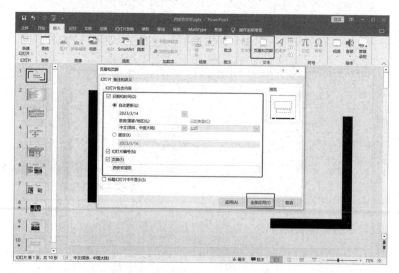

图 6-68　"页眉和页脚"对话框

可以发现插入的页脚的字体和位置都不是很合适，这时需要对它们进行设置，此时需要用到母版。

（6）设置幻灯片母版。

① 选择"视图"→"母版视图"→"幻灯片母版"命令，进入幻灯片母版视图，选择幻灯片母版，把页脚的字号全部设置为"18"（见图 6-69），同时把页脚的对齐方式设置为"左对齐"。选择标题幻灯片，同样将其页脚的字号全部设置为"18"。

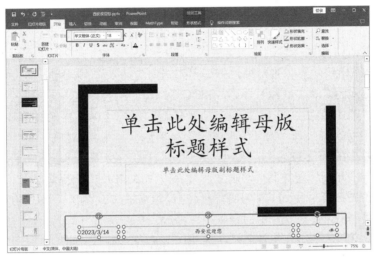

图 6-69　设置字体

② 选择"插入"→"图像"→"联机图片"命令，在弹出对话框的搜索框中输入"石榴花"，按 Enter 键，选择"石榴花"图片，将"石榴花"图片插入幻灯片母版。

③ 将"石榴花"图片的"图片样式"设置为"柔化边缘椭圆"，并将"石榴花"图片移动到右上角，选择"幻灯片母版"→"关闭"→"关闭母版视图"命令，退出幻灯片母版视图，此时每张幻灯片右上角都贴上了"石榴花"图片。最终效果如图 6-70 所示。

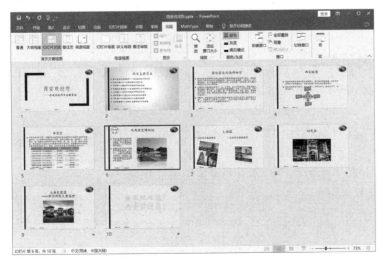

图 6-70　最终效果

（7）保存文件。

任务三　幻灯片动画设计

📖 **学习目标**

掌握为幻灯片中的对象添加动画的方法；掌握设置动画效果的方法；掌握设置幻灯片切换效果的方法。

📖 **任务要求**

设置第 1 张幻灯片主标题的进入方式为"随机线条"，"方向"为"水平"，副标题的进入方式为"色彩脉冲"；第 2 张幻灯片的进入方式为"切入"；第 3 张幻灯片的"声音"为"风声"，换片方式为"单击鼠标时"；第 4 张幻灯片组合图框的进入方式为"浮入"，"方向"为"自底部"，"开始"为"上一动画之后"，"延迟"为"01.00"，"期间"为"中速（2s）"；第 5 张幻灯片的切换方式为"揭开"，"声音"为"激光"，"持续时间"为"05.00"；第 6 张和第 7 张幻灯片中的图片的进入方式为"轮子"，"开始"为"上一动画之后"，文本的进入方式为"浮入"，"开始"为"上一动画之后"，在 6 张幻灯片中选择第 2 个动画将其移动到第 1 个动画的位置；第 8 张幻灯片中的视频的开始播放方式为"从头开始"，结束播放方式为"单击时"；第 9 张幻灯片中的音频一直播放，直到单击鼠标为止，"开始"为"与上一动画同时"；第 10 张幻灯片中艺术字的动作路径为"圆形扩展"，"方向"为"缩小"，"开始"为"单击时"。

📖 **相关知识**

一、幻灯片中的动画

在制作幻灯片时，可以将幻灯片中的文本、图片、插图等对象制作成动画（动画用于给对象添加特殊视觉或声音效果，如可以使文本逐字从左侧飞入，或在显示图片时播放掌声等），控制它们的进入、退出、大小、颜色变化，甚至是移动等视觉效果。

1. 对象的动画类型

PowerPoint 2016 有以下 4 种动画类型。
（1）"进入"：可以使对象慢慢出现，逐渐成为焦点等。
（2）"强调"：可以使对象加粗闪烁，成为焦点等。
（3）"退出"：可以使对象慢慢变淡，逐渐消失等。
（4）"动作路径"：可以使对象沿着设定的路径移动。
4 种动画类型如图 6-71 所示。

2. 为对象添加动画

（1）选择要添加动画的对象。
（2）在"动画"选项卡的"动画"组中，选择需要的动画效果，如图 6-72 所示。

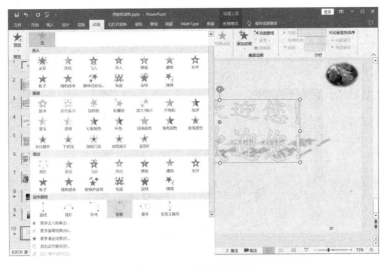

图 6-71　4 种动画类型

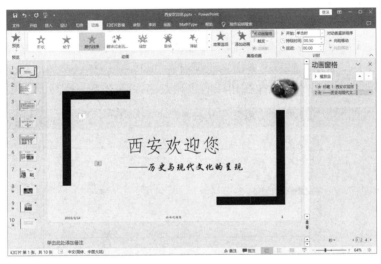

图 6-72　"动画"组

如果需要设置持续时间，那么可以在"计时"组中进行。在"计时"组中还可以设置延迟时间和什么时候应播放动画，如图 6-73 所示。

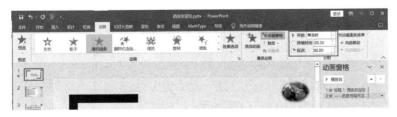

图 6-73　"计时"组

（3）为单个对象添加多个动画。可以同时为单个对象添加多个动画，先选择要添加动画的对象，再选择"动画"→"高级动画"→"添加动画"命令，在弹出的下拉菜单中选择自己所需的动画效果即可。图 6-74 所示的效果就是为单个对象添加两种动画的效果。

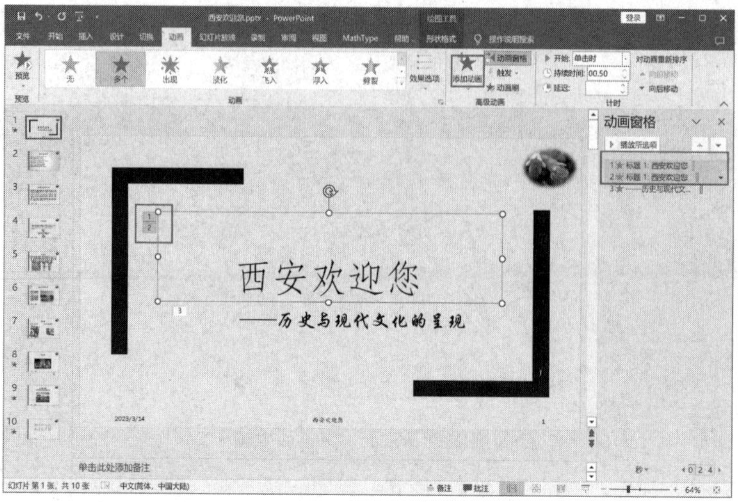

图 6-74　为单个对象添加两种动画的效果

3. 设置动画效果

对于已添加动画的对象，同样可以对添加的动画进行设置。选择"动画"→"高级动画"→"动画窗格"命令，在右侧弹出"动画窗格"窗格，选择已添加的动画，在"动画窗格"窗格中单击动画名右侧的下拉按钮或右击动画名，弹出如图 6-75 所示的快捷菜单。

图 6-75　弹出的快捷菜单

选择"效果选项"命令，在弹出的对话框中可以设置对象的动画效果，包括声音、动画播放后是否变暗、动画播放后是否隐藏、什么时候应播放动画、时间和是否重复播放等。动画效果的相关设置选项如图 6-76 所示。

对在"计时"组中的"开始"命令与"动画窗格"窗格中出现的命令说明如下。

（1）单击时（单击开始）：单击后播放。

（2）上一动画之后（从上一项之后开始）：在前一个对象播放完之后播放。

（3）与上一动画同时（从上一项开始）：与前一个对象同时播放。

图 6-76　动画效果的相关设置选项

二、幻灯片切换效果

幻灯片切换效果是在演示期间从一张幻灯片移动到下一张幻灯片时，在幻灯片放映视图中出现的动画效果。可以控制切换效果的速度，添加声音，还可以对切换效果的属性进行自定义。

1. 设置切换方式

先选择要更换切换方式的幻灯片，再在"切换"选项卡的"切换到此幻灯片"组中选择要应用于该幻灯片的切换方式，如图 6-77 所示。若要查看更多切换方式，则可以单击"切换到此幻灯片"组列表框右下角的"展开"按钮，会弹出如图 6-78 所示的下拉菜单。单击"预览"按钮，可以预览切换效果。每选择一个切换方式后，会自动预览一次。

图 6-77　"切换到此幻灯片"组

图 6-78　弹出的下拉菜单

2．设置切换效果

使用"切换"选项卡的"计时"组，可以设置幻灯片切换的声音、持续时间和换片方式等，如图 6-79 所示。

（1）声音：用于设置幻灯片切换的声音。

（2）持续时间：用于设置幻灯片切换所用的时间。其单位为"秒"，通常默认值为"01.00"，即 1s，用户可以根据自己的需要进行修改。

（3）应用到全部：将当前幻灯片的切换效果应用于演示文稿中的其他幻灯片。

（4）换片方式：用于设置幻灯片切换的触发条件。勾选"单击鼠标时"复选框后，只有在单击鼠标时，幻灯片才会切换。勾选"设置自动换片时间"复选框并在其后面设置时间后，会自动按照设置的时间进行切换。

图 6-79 "切换"选项卡的"计时"组

📖 任务实施

1．幻灯片中的动画设计

（1）打开"西安欢迎您.pptx"文件。

（2）先选择第 1 张幻灯片中的主标题，再单击"动画"选项卡的"动画"组列表框右下角的"展开"按钮，在展开的下拉菜单中选择"进入"→"随机线条"命令，如图 6-80 所示。

图 6-80 动画效果设置 1

先选择第 1 张幻灯片中的副标题，再单击"动画"选项卡的"动画"组列表框右下角的"展开"按钮，在展开的下拉菜单中选择"强调"→"彩色脉冲"命令。选择"动画"→

"高级动画"→"动画窗格"命令，在右侧出现的"动画窗格"窗格中，右击"标题1：西安欢迎您"选项，在弹出的快捷菜单中选择"效果选项"命令，在弹出的"随机线条"对话框的"效果"选项卡的"设置"选项组中，设置"方向"为"水平"，在"增强"选项组中设置"声音"为"打字机"，单击"确定"按钮，如图6-81所示。

图 6-81 "随机线条"对话框

（3）先选择第2张幻灯片，再选择"动画"选项卡的"动画"组列表框右下角的"展开"按钮，在展开的下拉菜单中选择"更多进入效果"命令，在弹出的对话框中选择"切入"选项，如图6-82所示。

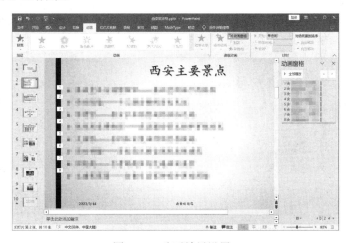

图 6-82 动画效果设置2

（4）先选择第4张幻灯片中的组合框图，再单击"动画"选项卡的"动画"组列表框右下角的"展开"按钮，在展开的下拉菜单中选择"进入"→"浮入"命令。设置"方向"为"自底部"，并在"上浮"对话框的"计时"选项卡中设置"开始"为"上一动画之后"，"延迟"为"01.00"，"期间"为"中速（2s）"，单击"确定"按钮，如图6-83所示。

（5）先选择第6张、第7张幻灯片中的图片，再单击"动画"选项卡的"动画"组列表框右下角的"展开"按钮，在展开的下拉菜单中选择"进入"→"轮子"命令。在"计时"选项卡中设置"开始"为"上一动画之后"，如图6-84所示。使用同样的方法，设置文本的进入方式为"浮入"，"开始"为"上一动画之后"。

图 6-83 "上浮"对话框

图 6-84 "轮子"对话框

（6）选择第 8 张幻灯片，选择"动画"→"高级动画"→"动画窗格"命令，在右侧出现的"动画窗格"窗格中，右击"回民街"选项，在弹出的快捷菜单中选择"效果选项"命令，在弹出的"播放视频"对话框的"效果"选项卡的"开始播放"选项组中选中"从头开始"单选按钮，在"停止播放"选项组中选中"单击时"单选按钮；选择第 9 张幻灯片，选择"动画"→"高级动画"→"动画窗格"命令，在右侧出现的"动画窗格"窗格中，右击"花之魅"选项，在弹出的快捷菜单中选择"效果选项"命令，在弹出的"播放音频"对话框中进行如图 6-85 右图所示的设置，此时音频会一直播放，直到单击鼠标为止。在"计时"选项卡中，将"开始"设置为"与上一动画同时"。

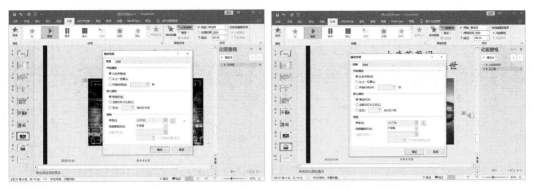

图 6-85　"播放视频"对话框和"播放音频"对话框

（7）在第 10 张幻灯片中选择艺术字，单击"动画"选项卡的"动画"组列表框右下角的"展开"按钮，在展开的下拉菜单中选择"其他动作路径"命令，在"更改动作路径"对话框中选择"圆形扩展"选项（见图 6-86），设置"方向"为"缩小"，"开始"为"单击时"。

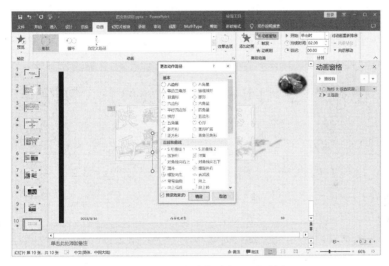

图 6-86　"更改动作路径"对话框

（8）更改动画播放顺序。选择第 6 张幻灯片，在"动画窗格"窗格中选择第 2 个动画，按住鼠标左键把它移动到第 1 个动画的位置，当第 1 个动画的位置出现一条水平线时，松开鼠标左键，此时第 2 个动画就移动到了第 1 个动画的位置，而第 1 个动画则被移动到了原来第 2 个动画的位置，如图 6-87 所示。

图 6-87　更改动画播放顺序

2．设置切换效果

（1）先选择第 3 张幻灯片，再选择"切换"→"切换到此幻灯片"→"框"命令。

（2）在"切换"选项卡的"计时"组中，设置"声音"为"风声"，并勾选"单击鼠标时"复选框，如图 6-88 所示。

图 6-88　设置切换效果 1

（3）选择第 5 张幻灯片，使用同样的方法，选择"揭开"命令，设置"声音"为"激光"，"持续时间"为"05.00"，如图 6-89 所示。

图 6-89　设置切换效果 2

（4）保存文件。

任务四　幻灯片超链接和放映方式等设置

📖 学习目标

掌握演示文稿中超链接的创建、编辑和删除的方法；掌握幻灯片放映方式、打印等设置。

📖 任务要求

演示文稿制作完成后，为了使幻灯片放映时能从当前幻灯片跳转到指定幻灯片进行讲解说明，改变幻灯片播放顺序，还需要为幻灯片创建超链接。

设置当单击"秦始皇兵马俑博物馆"时，跳转到第 3 张幻灯片；当单击"西安城墙"时，跳转到第 4 张幻灯片；当单击"华清宫"时，跳转到第 5 张幻灯片；当单击"陕西历史博物馆"时，跳转到第 6 张幻灯片；当单击"大雁塔"时，跳转到第 7 张幻灯片；当单击"回民街"时，跳转到第 8 张幻灯片；当单击"大唐芙蓉园"时，跳转到第 9 张幻灯片。

📖 相关知识

一、设置超链接

有时，为了满足演示效果，需要调用各种文件，甚至需要调用幻灯片指定页，这时就需要用到超链接。演示文稿一般按照顺序依次放映，但有时需要改变这种顺序，在放映到某处时，单击超链接可以从一张幻灯片跳转到同一演示文稿中的另一张幻灯片，也可以从一张幻灯片跳转到不同演示文稿中的另一张幻灯片、电子邮件地址、网页、文件等。

1. 创建超级链接

在 PowerPoint 2016 中，可以为文字、图形等对象创建超链接。创建超级链接的方法有两种，一种是链接，另一种是动作。

1）链接

创建链接有以下几种方法。

（1）选择"插入"→"链接"→"超链接"命令。

（2）按组合键 Ctrl + K。

（3）右击幻灯片需要创建链接的对象，在弹出的快捷菜单中选择"超链接"命令。

通过上述 3 种方法中的任何一种，都会弹出"插入超链接"对话框，在该对话框中选择要链接的对象，单击"确定"按钮即可，如图 6-90 所示。

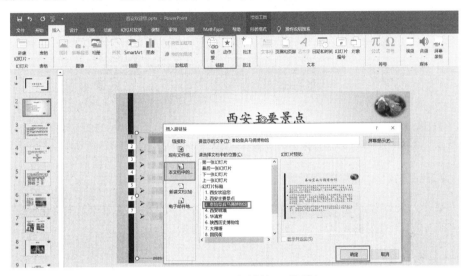

图 6-90　"插入超链接"对话框

"插入超链接"对话框左侧的 4 个选项的解释如下。

① 现有文件或网页：可以浏览要链接的文件，或直接在"地址"文本框中输入地址，可以是本地地址也可以是网络上的地址。可以选择"浏览过的网页"选项进行查找。单击"屏幕提示"按钮，在弹出的对话框中可以输入当鼠标指针置于超链接上时自动显示的文字，若不设置，则显示链接地址。若选择文件支持书签，则单击"书签"按钮后，在弹出的对话框中会显示该文件中包含的书签，选择某个书签后，在单击超链接打开此文件时，会自动跳转至书签所在的位置。

② 本文档中的位置：可以单击超链接跳转到当前演示文稿中的某个位置。在中间区域，可以选择要跳转到的目标幻灯片。同时可以预览此页面中的内容，以便用户确定和选择。

③ 新建文档：可以直接设置新文档要保存的位置及名称，也可以单击"更改"按钮，在弹出的对话框中选择新文档要保存的位置。若选中"以后再编辑新文档"单选按钮，则单击"确定"按钮即可完成超链接的设置。若选中"开始编辑新文档"单选按钮，则单击"确定"按钮，将立刻创建并打开新文档，此时可以编辑新文档中的内容。

④ 电子邮件地址：用于为超链接设置一个目标电子邮件地址。

2）动作

通过动作可以创建超链接，方法如下。

选择"插入"→"链接"→"动作"命令，在弹出的"操作设置"对话框的"单击鼠标"选项卡的"单击鼠标时的动作"选项组中，选中"超链接到"单选按钮，选择所需链接的对象，如图6-91所示。

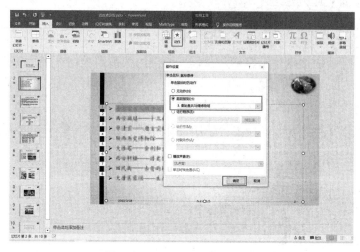

图6-91　选择所需链接的对象

2．编辑超链接

要为某个对象编辑超链接，可以右击该对象，在弹出的快捷菜单中选择"编辑超链接"命令，在弹出的"编辑超链接"对话框中修改链接参数即可。

3．删除超链接

（1）先选择要删除超链接的对象，再选择"插入"→"链接"→"超链接"命令，在弹出的"编辑超链接"对话框中单击"删除链接"按钮。

（2）右击要删除超链接的对象，在弹出的快捷菜单中选择"取消超链接"命令。

二、设置动作按钮

PowerPoint 2016在制作时需要用到很多东西，这样演示文稿的效果才能看起来丰富多彩，有时会用到一些动作按钮来演示幻灯片中的一些动画效果。

1．创建动作按钮

（1）打开演示文稿，选择"插入"→"插图"→"形状"命令。

（2）在"形状"下拉菜单中有很多形状命令，且在底部有一排动作按钮命令，如图6-92所示。

（3）选择其中一个动作按钮命令，这里选择"前进或下一项"命令，在幻灯片编辑区按住鼠标左键并拖动鼠标画出一个动作按钮，松开鼠标左键，此时会弹出"操作设置"对话框，如图6-93所示。

图 6-92　"形状"下拉菜单

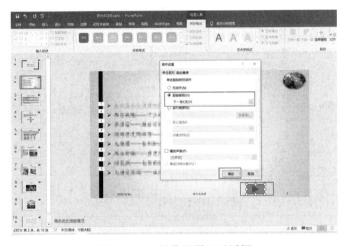

图 6-93　"操作设置"对话框

（4）在"操作设置"对话框的"超链接到"单选按钮下方的下拉列表中选择"下一张幻灯片"选项，单击"确定"按钮。在播放幻灯片时，进入到该幻灯片所在页面后，单击▶按钮，就可以看到进入了下一张幻灯片所在页面。

2．编辑动作按钮

（1）右击▶按钮，在弹出的快捷菜单中选择"编辑超链接"命令，在打开的"操作设置"对话框中选择想要超链接到的位置，单击"确定"按钮。

（2）在播放幻灯片时，进入到该幻灯片所在页面后，单击▶按钮，就可以看到进入了修改后想要超链接到的幻灯片所在页面。

三、设置放映方式

为了满足不同的放映需求，可以在放映前对放映参数进行设置。PowerPoint 2016 的"幻灯片放映"选项卡的功能区如图 6-94 所示。

图 6-94　"幻灯片放映"选项卡的功能区

要设置放映方式，可以选择"幻灯片放映"→"设置"→"设置幻灯片放映"命令，此时将弹出如图 6-95 所示的"设置放映方式"对话框。

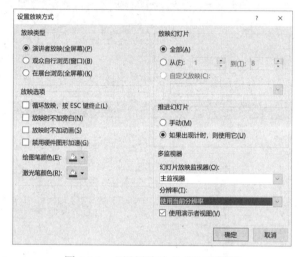

图 6-95　"设置放映方式"对话框

下面对"设置放映方式"对话框中的主要参数进行详细介绍。

1．放映类型

"放映类型"选项组中有"演讲者放映（全屏幕）""观众自行浏览（窗口）""在展台浏览（全屏幕）"3 个单选按钮。

（1）演讲者放映：默认选项，是一种便于演讲者自行浏览的放映方式，也是一种既正式又灵活的放映方式。演讲者放映是在全屏幕上实现的，鼠标指针会在屏幕上出现，放映过程中允许通过右击激活控制菜单，进行勾画、跳转页面等操作。

（2）观众自行浏览：一种观众使用窗口自行观看幻灯片的放映方式。使用这种放映类型可以进行翻页、打印和浏览操作，不能通过单击进行放映，只能自动放映或使用滚动条进行放映。

（3）在展台浏览：3 种放映类型中最简单的放映类型。在放映过程中，除了保留鼠标指针用于选择屏幕对象进行放映的功能，其他功能全部失效，终止放映只能使用 Esc 键。使用这种放映类型时，一般要设计每张幻灯片的放映时间（采用"排练计时"命令可以实现）。

2．放映幻灯片

在"放映幻灯片"选项组中可以设置幻灯片放映的范围。
（1）全部：所有幻灯片都参加放映。
（2）从××到××：在数值框内输入开始和结束幻灯片的编号，在其间的所有幻灯片都将参加放映。

（3）自定义放映：允许用户从所有幻灯片中自行挑选需要参与放映的幻灯片。当然，此选项必须在已经定义了自定义放映方式的情况下才有效。

3．放映选项

在"放映选项"选项组中可以设置幻灯片在放映时的一些选项。

（1）循环放映，按 ESC 键终止：用于设置幻灯片循环播放，直到按 Esc 键为止。若未勾选此复选框，则放映至最后一张幻灯片后自动停止。

（2）放映时不加旁白：对于加入了旁白的幻灯片，勾选此复选框后将不放映旁白。

（3）放映时不加动画：勾选此复选框后将不会播放幻灯片中的动画。

（4）绘图笔颜色：设置在幻灯片上涂抹以添加标记时的标记颜色。

（5）激光笔颜色：设置用于指示的激光笔颜色。

4．推进换灯片

在"推进幻灯片"选项组中有"手动"和"如果出现计时，则使用它"两个单选按钮。

（1）手动：在放映时需要使用鼠标或键盘进行切换。

（2）如果出现计时，则使用它：选择按排练放映，在排练放映计时时，通过人工控制确定每张幻灯片的播放时间及换片时间，由计算机自动记录时间，而后用它来控制播放。

四、设置幻灯片放映

"幻灯片放映"选项卡的"开始放映幻灯片"组如图 6-96 所示。

图 6-96　"幻灯片放映"选项卡的"开始放映幻灯片"组

（1）选择"从头开始"命令，或按 F5 键，会从第一页开始放映。

（2）选择"从当前幻灯片开始"命令，或按组合键 Shift+F5，会从当前选择的幻灯片开始放映。开始放映之后，同时按"上"和"左"方向键，或右击，在弹出的快捷菜单中选择"上一页"命令会跳转到上一页。同时按"下"和"右"方向键，或按 Enter 键、空格键，或右击，在弹出的快捷菜单中选择"下一页"命令，会跳转到下一页。按 Esc 键可以退出放映。

（3）选择"自定义幻灯片放映"的命令，会弹出"自定义放映"对话框，如图 6-97 所示。

在"自定义放映"对话框中，单击"新建"按钮，打开"定义自定义放映"对话框，如图 6-98 所示。

在"在演示文稿中的幻灯片"列表框中，选择需要放映的幻灯片，单击"添加"按钮，就可以将其添加到"在自定义放映中的幻灯片"列表框中。单击"确定"按钮，返回"自定义放映"对话框，单击"放映"按钮，此时放映时就会只放映已选择的幻灯片。

图 6-97　"自定义放映"对话框

图 6-98　"定义自定义放映"对话框

五、设置计时与旁白

1．排练计时

在设置无人工干涉的幻灯片时，幻灯片的放映速度会极大地影响观众的反应。若放映速度太快，则可能观众还没有看完当前幻灯片，下一张幻灯片已经自动播放了；若放映速度太慢，则可能让观众逐渐失去观看耐心。因此，建议在正式放映幻灯片之前，对幻灯片放映进行排练计时，以掌握理想的放映速度。

幻灯片的排练计时可以分为自动与人工两种方法。下面介绍自动排练计时的设置方法。

要自动排练计时，可以选择"幻灯片放映"→"设置"→"排练计时"命令，将进入幻灯片放映状态，并显示"录制"对话框，如图 6-99 所示。

图 6-99　"录制"对话框

此时，可以浏览幻灯片中的内容，当浏览完成后，单击"下一项"按钮 ➡ 即可。如果放映时间不够，那么可以单击"重复"按钮 ↺ 重复放映，直至幻灯片放映完毕。

在每次单击"下一项"按钮 ➡ 切换至下一张幻灯片时，PowerPoint 2016 都会自动记录时间，当放映完毕，按 Esc 键退出预演模式，在弹出的对话框中，单击"是"按钮，即可将刚刚预演的时间保存至幻灯片中。

2．录制旁白

有时在幻灯片放映过程中，希望向幻灯片中添加旁白，PowerPoint 2016 提供了放映幻灯片的同时播放解说词的功能。录制旁白的方法如下。

选择"幻灯片放映"→"设置"→"录制"→"从头开始"命令或"从当前幻灯片开始"命令，在弹出的"录制幻灯片演示"对话框中，勾选"旁白、墨迹和激光笔"复选框，单击"开始录制"按钮即可录制旁白。"录制幻灯片演示"对话框如图 6-100 所示。

图 6-100　"录制幻灯片演示"对话框

3．删除计时和旁白

选择"幻灯片放映"→"设置"→"录制"→"清除"命令，选择需要清除的计时和旁白即可删除计时和旁白。

六、打印幻灯片

1．设置幻灯片大小、页面方向和起始幻灯片编号

（1）选择"设计"→"自定义"→"幻灯片大小"命令。

（2）在"幻灯片大小"下拉菜单中，选择要打印的纸张大小。

（3）要为幻灯片设置页面方向，可以选择"设计"→"自定义"→"幻灯片大小"→"自定义幻灯片大小"命令，在弹出的"幻灯片大小"对话框的"方向"选项组中进行选择。

（4）在"幻灯片编号起始值"数值框中，输入要在第一张幻灯片上打印的编号，随后的幻灯片编号会在此编号上递增。"幻灯片大小"对话框如图 6-101 所示。

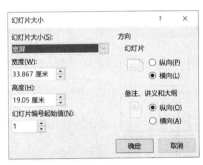

图 6-101　"幻灯片大小"对话框

2．设置打印选项，打印幻灯片

（1）选择"文件"→"打印"命令。

（2）在"打印"窗格的"份数"数值框中，输入要打印的份数。

（3）选择要使用的打印机。

（4）若要打印所有幻灯片，则选择"打印全部幻灯片"选项。若打印所选的一张或多张幻灯片，则选择"打印所选幻灯片"选项。若仅打印当前显示的幻灯片，则选择"打印当前幻灯片"选项。若要按编号打印特定幻灯片，则选择"自定义范围"选项，并在"幻灯片"文本框中输入幻灯片的范围，使用无空格的逗号将各个编号隔开。

（5）根据需要选择其他相应的选项进行操作，单击"打印"按钮。

"打印"窗格如图 6-102 所示。

图 6-102　"打印"窗格

📖 **任务实施**

（1）打开"西安欢迎您.pptx"文件。

（2）选择第 2 张幻灯片，右击文字"秦始皇兵马俑博物馆"，在弹出的快捷菜单栏中选择"超链接"命令，在弹出的"插入超链接"对话框中，选择"本文档中的位置"选项，并选择"请选择文档中的位置"列表框中的"3.秦始皇兵马俑博物馆"选项，单击"确定"按钮，如图 6-103 所示。使用同样的方法，依次超链接到第 9 张幻灯片。

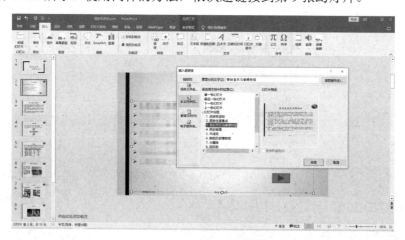

图 6-103　插入超链接

（3）选择"插入"→"链接"→"动作"命令，在弹出的"操作设置"对话框中的"单击鼠标"选项卡的"单击鼠标时的动作"选项组中，选中"超链接到"单选按钮，选择"下一张幻灯片"选项，单击"确定"按钮，如图 6-104 所示。

（4）选择"幻灯片放映"→"设置"→"设置幻灯片放映"命令，在弹出的"设置放映方式"对话框的"放映类型"选项组中选中"演讲者放映（全屏幕）"单选按钮，在"放映幻灯片"选项组中选中"全部"单选按钮，在"推进幻灯片"选项组中选中"如果出现计时，则使用它"单选按钮，单击"确定"按钮，如图 6-105 所示。

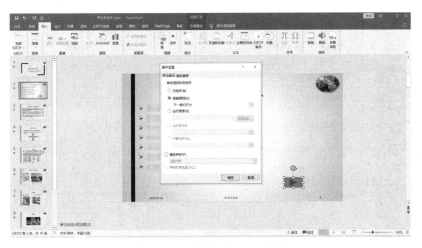

图 6-104　"操作设置"对话框

图 6-105　"设置放映方式"对话框

（5）最终效果如图 6-106 所示。

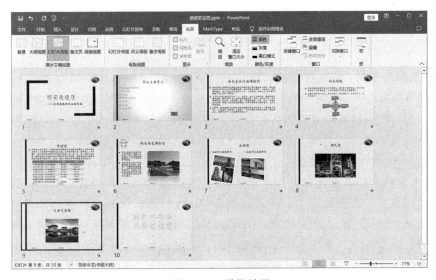

图 6-106　最终效果

　　（6）选择"文件"→"打印"命令，在打开的"打印"窗格中，选择"打印全部幻灯片"选项，并选择"6张水平放置的幻灯片"选项。打印效果如图6-107所示。

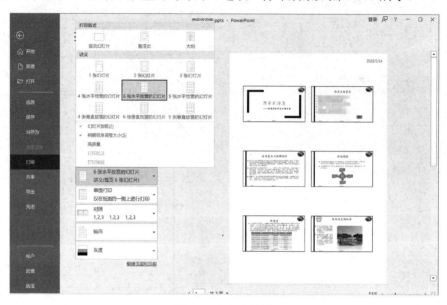

图 6-107　打印效果

课程思政阅读材料

大国战略，技术强国

　　2012—2022年，中国的发展进入新时代，从高速增长迈向高质量发展，科技是国家强盛之基，创新是民族进步之魂。核心技术是高质量发展的重要内涵，是强国的必由之路。新时代科技强国建设是一个贯通历史、现实、未来的系统演进过程，具有鲜明的时代性。进入新时代，我国内外发展环境的复杂性、不确定性加剧，面临新的机遇、风险与挑战。因此，必须坚持"全球视野、历史眼光、立足当前、谋划长远"，准确识变、科学应变、主动求变，在社会主义现代化强国建设全局中系统推进科技强国建设，努力实现高水平科技自立自强。

　　"科技立则民族立，科技强则国家强。"无数历史经验表明，综合国力竞争是国家科技、经济"硬实力"和文化、治理"软实力"的系统竞争，是国家战略思维、战略判断、战略谋划、战略决策和战略执行能力的体系化较量。那些重视科学、崇尚创新、敢于创造的国家，能够及时抓住战略机遇，引领科技革命和产业变革，率先实现经济实力、国防实力、综合国力的快速提升，成为现代化强国。

　　"教育是基础，科技是关键，人才是根本"，为新时代中国加快建设教育强国、科技强国、人才强国指明了前进的方向，是大国战略和技术强国的根基。教育是立国之本、强国之基，更是功在当代、利在千秋的德政工程。冯夏庭认为，深入实施人才强国战略，要坚持尊重劳动、尊重知识、尊重人才、尊重创造，实施更加积极、更加开放、更加有效的人才政策，加快建设世界重要人才中心和创新高地。要坚持"四个面向"，有效配置科技力量和创新资源，扎根中国大地培养一流人才，产出一流成果，提升高校科技自立自强能力。

　　载人航天、嫦娥探月、天问访火、人造太阳、北斗导航、量子技术（见图 6-108）、火星探测器（见图 6-109）、万米海试等，我国科技创新取得举世瞩目的成就，科技自立自强取得了重大进展。这些为我国科技创新发展奠定了坚实的基础。"桐花万里丹山路，雏凤清于老凤声。"我国不再亦步亦趋，而是一展清声。让大国重器掌握在自己手上，正逐步成为现实。"雄关漫道真如铁，而今迈步从头越。"科技强国的征途上，我们千锤百炼，永不言弃。

图 6-108　量子技术　　　　　　　　　　图 6-109　火星探测器

习　题

一、单项选择题

1. PowerPoint 2016 是一个（　　）软件。
　　A．文字处理　　　　　　　　　　B．表格处理
　　C．文稿演示　　　　　　　　　　D．图形处理

2. 在 PowerPoint 2016 中，下列不能用于新建演示文稿的是（　　）。
　　A．"新建演示文稿"窗格　　　　　B．"开始工作"窗格
　　C．新建文件　　　　　　　　　　D．打包

3. 在 PowerPoint 2016 中，要将一张幻灯片中多个已选中的自选图形组合成一个复合图形，应使用（　　）菜单。
　　A．编辑　　　　　　　　　　　　B．快捷
　　C．格式　　　　　　　　　　　　D．工具

4. 在使用 PowerPoint 2016 时，要选择不连续的多张幻灯片，应借助（　　）键。
　　A．Shift　　　　　　　　　　　　B．Ctrl
　　C．Tab　　　　　　　　　　　　D．Alt

5. PowerPoint 2016 中没有的对齐方式是（　　）。
　　A．两端对齐　　　　　　　　　　B．分散对齐
　　C．右对齐　　　　　　　　　　　D．向上对齐

6. PowerPoint 2016 演示文稿中的每一张演示的单页被称为（　　），它是演示文稿的核心。
　　A．版式　　　　　　　　　　　　B．幻灯片
　　C．母版　　　　　　　　　　　　D．模板

7. 下列不能退出 PowerPoint 2016 的操作是（　　）。

A．选择"文件"→"关闭"命令

B．选择"文件"→"退出"命令

C．按组合键 Alt+F4

D．单击 PowerPoint 2016 普通视图窗口中的"控制菜单"图标

8．在 PowerPoint 2016 中，供演讲者查阅及播放演示文稿时对幻灯片加以说明的是（　　）。

A．备注页视图　　　　　　　　　　B．大纲视图

C．阅读视图　　　　　　　　　　　D．幻灯片浏览视图

9．在使用 PowerPoint 2016 时，当想要为幻灯片中的文本添加光晕效果时，可以（　　）。

A．选择"艺术字样式"→"文本效果"命令

B．选择"绘图"→"快速样式"命令

C．选择"图案样式"→"图案效果"命令

D．选择"绘图"→"图案"命令

10．在 PowerPoint 2016 中，下列不能在绘制的形状上添加文本的操作是（　　）。

A．右击形状，在弹出的快捷菜单中选择"编辑文字"命令

B．选择"插入"→"文本"→"文本框"命令

C．只在形状上单击

D．单击形状，按 Enter 键

11．在 PowerPoint 2016 中，绘制一个自选图形，在"设置形状格式"对话框中，不能改变绘制的自选图形的（　　）。

A．透明度　　　　　　　　　　　　B．大小

C．颜色　　　　　　　　　　　　　D．形状

12．在 PowerPoint 2016 中，选择一个椭圆工具，在绘制图形时按（　　）键，可以绘制一个圆。

A．Shift　　　　　　　　　　　　　B．Alt

C．Ctrl　　　　　　　　　　　　　D．Enter

13．在 PowerPoint 2016 普通视图窗口中，用于显示幻灯片具体内容的是（　　）。

A．视图区　　　　　　　　　　　　B．状态栏

C．功能区　　　　　　　　　　　　D．幻灯片编辑区

14．PowerPoint 2016 的幻灯片超链接可以链接到（　　）。

A．文档中的任意位置　　　　　　　B．电子邮件地址

C．WWW　　　　　　　　　　　　D．以上都可以

15．在 PowerPoint 2016 中，要想给幻灯片中的某段文字或某张图片添加动画效果，可以使用"动画"选项卡中的（　　）命令。

A．添加动画　　　　　　　　　　　B．预览

C．触发　　　　　　　　　　　　　D．动画窗格

二、判断题

1．PowerPoint 2016 中包含新建、打开、保存、打印等命令的选项卡是"文件"选项卡。（　　）

2．在 PowerPoint 2016 中，"剪切"命令是将选择的内容复制到剪贴板中。（　　　）

3．在 PowerPoint 2016 中，幻灯片的背景颜色是可以调换的，可以通过右击，使用弹出的快捷菜单中的"颜色"命令实现。（　　　）

4．在 PowerPoint 2016 中用于放映幻灯片的快捷键是 F5 键。（　　　）

5．PowerPoint 2016 文件的默认扩展名是.ppt。（　　　）

6．可以直接将自己的声音加入 PowerPoint 2016 演示文稿的操作是录制旁白。（　　　）

7．在 PowerPoint 2016 中，可以通过添加动作按钮改变幻灯片的播放顺序。（　　　）

8．在 PowerPoint 2016 中放映幻灯片时，只能从第一张幻灯片开始。（　　　）

9．在 PowerPoint 2016 中，幻灯片中的文本、形状、声音、图像等均可以设置动画。（　　　）

10．在 PowerPoint 2016 中，用于全选一张幻灯片中的内容的组合键是 Ctrl+A。（　　　）

三、简答题

1．简述在 PowerPoint 2016 中创建演示文稿的方法有哪些。

2．PowerPoint 2016 视图有哪些？如何切换？

3．什么是 PowerPoint 2016 母版？使用母版有什么作用？

项目七

计算机网络

📖 项目描述

　　随着信息技术的不断发展，计算机网络应用成为重要的计算机应用。计算机网络将计算机连入网络，共享网络中的资源并进行信息传输。Internet 是一个全球性的网络，将全世界的计算机联系在一起，用以实现资源共享和信息传递等多种功能。本项目主要介绍计算机网络相关知识。

📖 知识导图

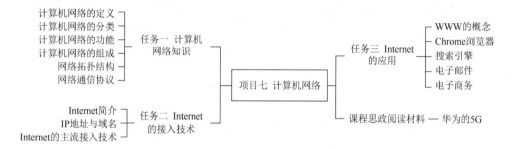

任务一　计算机网络知识

📖 学习目标

　　了解计算机网络的定义、计算机网络的功能及网络通信协议；掌握计算机网络的分类；熟悉计算机网络的组成和网络拓扑结构。

📖 相关知识

一、计算机网络的定义

　　计算机网络是指将地理位置不同的具有独立功能的多台计算机及其外部设备，通过通信信道连接起来，在网络操作系统、网络管理软件及网络通信协议的管理下，实现资源共享和信息传递的计算机系统。

在理解计算机网络的定义时，要注意两点。第一，计算机之间没有主从关系，所有计算机都是平等独立的；第二，计算机之间由通信信道相连，并且相互之间能够交换信息。

计算机网络是计算机技术和通信技术紧密结合的产物，涉及计算机与通信两个领域。它的诞生使计算机体系结构发生了巨大的变化，在当今社会经济中起着非常重要的作用，对人类社会的进步做出了巨大的贡献。

二、计算机网络的分类

1．按网络覆盖范围分类

根据网络覆盖范围，可以将计算机网络分为局域网、城域网和广域网 3 种。

1）局域网

局域网（Local Area Network，LAN）是指一个办公室、一栋楼、一个楼群、一个校园或一个企业的计算机网络。局域网是将网络覆盖范围较小的计算机及其控制的外部设备，通过通信设备和信道连接起来，在网络操作系统的控制下，按照通信协议进行信息交换，实现资源共享的系统化的计算机网络。

2）城域网

城域网（Metropolitan Area Network，MAN）是指在一个城市范围内建立的计算机网络。局域网通常是为某个单位或系统服务的，而城域网则是为整个城市而不是为某个特定的部门服务的。其覆盖范围介于广域网与局域网之间，覆盖范围较大。

3）广域网

广域网（Wide Area Network，WAN）是指覆盖范围非常大，能连接多个城市或国家，或横跨几个洲，并能提供远距离通信，形成的国际性的远程网络。其覆盖范围比局域网和城域网都广。Internet 是世界范围内最大的广域网。

4）3 种网络的比较

局域网、城域网与广域网的比较如表 7-1 所示。

表 7-1　局域网、城域网与广域网的比较

网络类型	覆 盖 范 围	传 输 速 率	成 本
局域网	2 km 以内（理论上）	快	便宜
城域网	2 km～10 km（理论上）	中等	稍贵
广域网	10 km 以上（理论上）	慢	昂贵

2．按使用范围分类

1）根据使用范围，可以将计算机网络分为公用网和专用网两种。

公用网（Public Network）是指由电信部门或其他提供通信服务的经营部门组建、管理和控制，且网络内的传输装置可供任何部门和个人使用的网络。

2）专用网（Private Network）是指由某个单位或公司组建，专门为自己服务的网络，如银行系统建设的金融专用网等。

三、计算机网络的功能

1. 数据通信

数据通信是指在计算机之间、计算机与终端之间，以及终端与终端之间传送用于表示字符、数字、语音、图像的二进制代码 0、1 比特序列的过程。

2. 资源共享

资源是指网络中的所有软件、硬件和数据资源；共享则是指网络中的用户都能够部分或全部地享用这些资源。通过资源共享，可以大大提高系统资源的利用率。

3. 提高计算机系统的可靠性

在计算机网络中，各台计算机彼此可以互为后备机，每种资源都可以在两台或两台以上计算机上进行备份。当某台计算机、某个部件或某个程序出现故障时，其任务就可以由其他计算机或其他备份的资源代替，以避免系统瘫痪，提高计算机系统的可靠性。

4. 分布式处理

分布式处理是指把同一任务分配到网络中地理上分布的节点机上协同完成。一方面，对于复杂的、综合性的大型任务，可以采用合适的算法，将任务分散到网络中不同的计算机上去执行。另一方面，当网络中某台计算机、某个部件或某个程序负担过重时，通过网络操作系统的合理调度，可以将其中的一部分任务转交给其他较为空闲的计算机或其他备份的资源完成。

四、计算机网络的组成

计算机网络是一个非常复杂的系统，网络硬件及通信设备是它组成的物质基础，而要将这些网络硬件及通信设备有效地使用和运作还需要配以网络软件。下面介绍网络硬件和网络软件。

1. 网络软件

网络软件可以分为网络系统软件和网络应用软件两大类。

1）网络系统软件

网络操作系统是网络系统软件，是用户与计算机网络之间的接口，是管理网络软件和网络硬件的灵魂。网络操作系统除了具有一般操作系统的进程管理、存储管理、设备管理、作业管理和文件管理的功能，还具有网络通信、网络服务（远程作业、文件传输、电子邮件、远程打印等）功能。目前，广泛使用的计算机网络操作系统有 UNIX、NetWare、Windows Server 及 Linux 等。

2）网络应用软件

网络应用软件是指为了提供网络服务和网络连接，而在服务器上运行的软件和为了获得网络服务而在客户端运行的软件，如 QQ、PPTV、迅雷等。

2. 网络硬件

1）通信设备

（1）网络适配器。

网络适配器（Network Adapter）是一个关键的网络硬件，用于把计算机连接到电缆上，传输从计算机到电缆或从电缆到计算机的数据，负责计算机与传输介质之间的电气连接、数据流的传输和网络地址的确认。

（2）集线器。集线器（Hub）的主要功能是对接收的信号进行再生整形放大，以扩大网络传输范围，同时把多个传输介质集中到以它为中心的节点上。集线器属于网络底层设备。集线器在向某个节点发送数据时，会把数据包发送到与集线器相连的所有节点上。智能集线器可以集成网络管理、路径选择等功能。

（3）路由器。

路由器（Router）的主要功能是为经过路由器的每个数据包寻找一条最佳传输路径，并将该数据有效地传送到目的站点。作为不同网络之间互相连接的枢纽，路由器构成了基于 TCP/IP 的 Internet 主体脉络，可以说，路由器构成了 Internet 的骨架。

（4）交换机。

交换机（Switch）是一种用于电信号转发的网络设备。它可以为接入的任意两个网络节点提供独享的电信号通路。

2）服务器和客户端

（1）服务器。

服务器（Server）是一台高性能计算机，用于管理网络、运行应用程序和处理各网络工作站成员的信息请示等，并连接一些外部设备。根据作用的不同，服务器可以分为文件服务器、应用程序服务器和数据库服务器等。用户的文件通常存储于服务器中。

（2）客户端。

客户端（Client）用于执行用户程序并直接与用户进行交互。它依靠服务器进行登录、验证及存储文件。

五、网络拓扑结构

网络拓扑结构是指网络中连接网络设备的物理线缆铺排的几何排列形状，用以表示网络的整体结构外貌和各个模块之间的结构关系。其中，点表示网络设备，线表示通信信道。目前，常见的网络拓扑结构主要有总线型、环形和星形等。

1. 总线型

总线型是指将各个节点连接到一条公共总线上。任意一个节点发送的数据都通过总线进行传播，并能够由连接在通信信道上的所有设备感知。总线型如图 7-1 所示。总线型的优点是布线简单，成本低，便于维护和扩充。在局域网中，使用最多的网络拓扑结构是总线型。

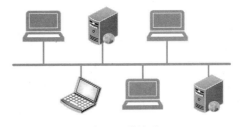

图 7-1 总线型

2．环形

环形是指由网络中若干节点通过点到点的链路首尾相连形成一个闭合的环，数据按单一方向逐个节点环绕传送。环形如图 7-2 所示。环形的优点是节点之间无主从关系且结构简单，缺点是任意一个节点出现问题都会影响整个网络。

3．星形

星形是指网络中的工作节点通过一个网络集中设备（中心节点）连接到一起，各节点成星形分布。中心节点可以与其他节点直接通信，其他任何两个节点之间要进行通信都必须通过中心节点控制。星形如图 7-3 所示。星形突出的优点是通信协议简单且外部节点出现故障时容易检测与隔离，缺点是一旦出现故障就会影响整个网络。

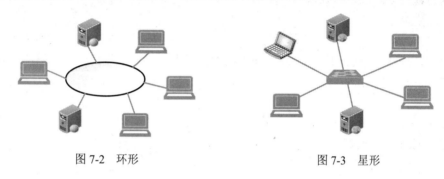

图 7-2　环形　　　　　　　　　　　图 7-3　星形

六、网络通信协议

网络中的不同节点之间要进行通信，必须遵守一定的约定。网络通信协议可以为连接不同操作系统和不同硬件体系结构的 Internet 提供通信支持，是一种网络通用语言。下面介绍 OSI 参考模型和 TCP/IP 两个网络通信协议。

1．OSI 参考模型

为了解决不同网络之间的连接问题，国际标准化组织于 1984 年提出了著名的开放系统互连参考模型（Open Systems Interconnection Reference Model，OSI-RM），简称 OSI 参考模型。

OSI 参考模型定义了网络互联的 7 层框架，即物理层（Physical Layer）、数据链路层（Data Link Layer）、网络层（Network Layer）、传输层（Transport Layer）、会话层（Session Layer）、表示层（Presentation Layer）、应用层（Application Layer），如图 7-4 所示。

第 7 层	应用层
第 6 层	表示层
第 5 层	会话层
第 4 层	传输层
第 3 层	网络层
第 2 层	数据链路层
第 1 层	物理层

图 7-4　OSI 参考模型

在传输数据时是由上层往下层传输的，每层软件在传输前应先将数据加上相关信息产生新数据包，再将其向下一层传输。重复这些步骤即可将数据传输到底层。数据由底层往上传输时，需要在每层进行拆装。

1）物理层

物理层处于 OSI 参考模型的底层，利用物理传输介质为数据链路层提供物理连接。其主要任务是在通信信道上传输二进制数的电信号。

2）数据链路层

在物理层提供二进制数的基础上，数据链路层负责建立相邻节点之间的数据链路，提供两个节点之间的可靠数据传输。它除了用于将接收的数据封装成数据包（Packed）传送，还用于检测帧的传送是否正确。

3）网络层

网络层通过 IP 寻址来建立两个节点之间的连接，为源端的运输层送来分组，选择合适的路由和交换节点，将数据正确无误地按照地址传送给目的端的传输层。

4）传输层

传输层建立了端到端的链接。传输层的作用是为上层协议提供端到端的可靠和透明的数据传输服务。

5）会话层

会话层就是负责建立、管理和终止表示层实体之间的通信会话。会话层的通信由不同设备中的应用程序之间的服务请求和响应组成。

6）表示层

表示层提供各种用于应用层数据的编码和转换功能，确保一个系统应用层发送的数据能被另一个系统应用层识别。

7）应用层

应用层是 OSI 参考模型中最靠近用户的一层，可以为用户提供应用接口，并为用户直接提供各种网络服务。应用层的常见网络服务协议有 HTTP、HTTPS、FTP、POP3、SMTP 等。

2．TCP/IP

TCP/IP 是 Internet 使用的一组协议集的统称，能够在不同网络之间实现信息传输。其不仅包括 TCP（Transmission Control Protocol，传输控制协议）与 IP（Internet Protocol，网际协议），还包括 FTP、UDP、HTTP 等协议。

TCP 与 IP 是基本的，也是十分重要的两个协议。TCP 是信息在网络中正确传输的重要保证，具有解决数据报丢失、损坏、重复等异常情况的能力；IP 负责将信息从一个地方传输到另一个地方。

TCP/IP 作为一种基本协议，对 Internet 中各类进行通信的标准和方法进行了规定，可以有效保证网络中的数据及时且完整地传输。TCP/IP 按层次可以分为 4 层，即应用层、传输层、网络层和数据链路层，如图 7-5 所示。

1）数据链路层

数据链路层负责接收 IP 数据包并通过网络发送，或从网络上接收物理帧，抽出 IP 数据包，交给网络层。

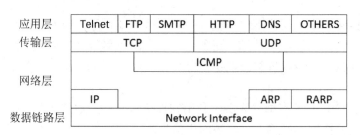

图 7-5　TCP/IP 的组成

2）网络层

网络层负责点到点的传输（这里的"点"指主机或路由器），主要定义了 IP 地址的格式，使得不同应用类型的数据在 Internet 中传输。网络层提供基本的数据包传送功能，让每个数据包都能够到达目的主机。

3）传输层

传输层提供端到端的传输。传输层提供了节点之间的数据传送服务，如 TCP、UDP 等，TCP 和 UDP 给数据包加入传输数据并把它传输到下一层。传输层负责传送数据，并确定数据已被送达和接收。

4）应用层

应用层是用于应用程序之间沟通的层。

任务二　Internet 的接入技术

📖 学习目标

了解 Internet 的发展过程；掌握 IP 地址和域名；了解 Internet 的主流接入技术。

📖 相关知识

一、Internet 简介

Internet，也称因特网、互联网、国际 Internet，是全世界最大、连接能力最强，且由遍布全世界的众多大大小小的网络连接成的计算机网络。Internet 主要采用 TCP/IP，使网络上各个计算机可以相互交换信息。Internet 为全世界范围内提供了极为丰富的信息资源。一旦连接到 Web 节点，就意味着该计算机已经进入 Internet。

Internet 最早来源于美国国防部高级研究计划署在 1969 年建立的 ARPANET，为了使在地域上相互分离的军事研究机构和大学之间能够共享数据。1986 年，美国国家科学基金会建立了 NSFNET，并与 ARPANET 合并。1991 年，IBM 等联合组成了一个非营利性公司，并建立了 ANSNET。此后，IBM 用其生产的计算机组成了 BITNET，并将其与 ANSNET 连接，从而形成了今天的 Internet 雏形。

我国于 1994 年 4 月正式介入 Internet，中国科学院高能物理研究所和北京化工大学合作开通了到美国的 Internet 专线。今天，Internet 已经渗入人们生活的方方面面。

二、IP 地址与域名

为了实现 Internet 中不同计算机之间的通信，除了使用相同 TCP/IP，每台计算机都必须有唯一的地址，相当于通信时给每台计算机赋予唯一的名字，就像每个人对应一个名字或一个身份证一样。Internet 地址包括 IP 地址和域名，它们是 Internet 地址的两种表达方式。

1. IP 地址

连接在 Internet 中的每台主机都有在全世界范围内唯一的 IP 地址。一个 IP 地址由 4 字节组成，通常用圆点分隔，其中每字节可以用一个十进制数来表示。例如，192.168.1.15 就是一个 IP 地址。IP 地址通常可以分成两个部分：第一个部分是网络号；第二个部分是主机号。Internet 的 IP 地址可以分为 A、B、C、D 和 E 这 5 类。其中，0～127 为 A 类地址；128～191 为 B 类地址；192～223 为 C 类地址；D 类地址留给 Internet 体系结构委员会使用；E 类地址保留在今后使用。也就是说，每字节由 0～255 中的数字组成，大于或小于该数字的 IP 地址都不正确，通过数字所在的区域可以判断该 IP 地址的类别。例如，IP 地址为 18.181.0.21，表示一个 A 类地址；IP 地址为 166.111.8.168，表示一个 B 类地址；IP 地址为 202.112.0.36，表示一个 C 类地址。

2. 域名

Internet 域名系统的设立，使人们能够采用具有直观意义的字符串表示既不形象又难记忆的数字 IP 地址，如采用 xync.edu.cn 表示咸阳师范学院的具体 IP 地址。这种英文字母书写的字符串被称为域名。

域名系统采用层次结构，按地理域或机构域进行分层。在书写字符串时采用圆点将各个层次域隔开，分成层次字段。从右到左依次为顶级域名、二级域名等，最左侧的一个字段为主机名。例如，www.pku.edu.cn 的顶级域名为 cn 表示中国大陆，二级域名为 edu 表示教育机构，三级域名为 pku 表示北京大学，www 表示主机名。

顶级域名分为两大类，即机构性域名和地理性域名。为了表示主机所属机构的性质，Internet 管理机构给出了若干顶级域名。常见的机构性域名和地理性域名如表 7-2 所示。国际域名由国际互联网信息中心（InterNIC）统一管理。

地理性域名用于表示主机所在区域的国家或地区代码。例如，中国大陆的地理代码为 cn，在中国大陆的主机可以注册的顶级域名为 cn。

表 7-2 常见的机构性域名和地理性域名

机构性域名		地理性域名	
com	商业机构	cn	中国大陆
edu	教育机构	hk	中国香港
gov	政府机构	tw	中国台湾
org	非营利性组织	mo	中国澳门
net	网络支持中心	us	美国
int	国际组织	uk	英国
mil	军事机构	jp	日本

三、Internet 的主流接入技术

Internet 是一个集各部门、各领域的资源为一体的，供网络用户共享的信息来源网络。家庭用户或单位用户要接入 Internet，可以通过某种通信信道连接到 ISP（Internet Service Provider，Internet 服务提供商），由 ISP 提供 Internet 的入网连接和信息服务。下面介绍 Internet 的几种主流接入技术。

1. Modem

Modem 是数字信号和模拟信号之间的转换设备，主机通过调制解调器，连接普通电话线就可以上网，也就是将终端与现有的公共电话交换网直接进行数字连接。这是我国早期个人用户的 Internet 的接入技术，现在应经很少用了。

2. ISDN

ISDN（Integrated Service Digital Network，综合业务数字网），也称"一线通"。它采用数字传输技术和数字交换技术，将电话、传真、数据、图像等多种业务综合在一个统一的数字网中进行传输和处理，在电话线上使用 ISDN 可以同时开通两个通信信道，这样就可以打电话与上网两不误。

3. ADSL

ADSL（非对称数字用户线），是拨号上网的一种方式，是使用普通电话线传输高速数字信号的技术。国内采用的 ADSL 有两种方式，即专线上网方式和虚拟拨号方式。专线上网方式的费用采用包月方式，主要提供给单位用户使用；虚拟拨号方式采用按时间收费方式，主要提供给家庭用户和个人用户使用。

4. DDN

DDN（Digital Data Network，数字数据网）是利用光纤、数字微波、卫星等通信信道传输数据信号的数据网。DDN 将数字通信技术、计算机技术、光纤通信技术，以及数字交叉连接技术有机地结合在一起，提供了高传输速率、高质量的通信环境，可以向用户提供点对单点、点对多点透明传输的数据专线出租电路，为用户传输图像、声音等信息。

5. 无线接入

由于铺设光纤的费用很高，因此对于需要宽带接入的用户，一些城市提供无线接入。用户通过高频天线和 ISP 连接，距离在 10km 左右。采用无线接入的费用低廉，性能价格比很高，但是受地形和距离的限制，适合城市中距离 ISP 不远的用户。

任务三　Internet 的应用

📖 学习目标

了解 WWW 的概念；熟悉 Chrome 浏览器；掌握常见的搜索引擎；了解电子邮件工作

原理，掌握电子邮件收发流程；了解电子商务相关知识。

📖 相关知识

一、WWW 的概念

WWW（World Wide Web，万维网）是 Internet 的一种应用方式，通过访问 Internet，利用 Internet 传送超文本信息（图像、声音、视频等多媒体信息），信息之间可以利用超链接进行关联。WWW 的核心部分由 3 个标准构成：统一资源标识符（URI），即一个统一的为资源定位的系统；HTTP，规定客户端和服务器的连接方式；HTML，定义超文本文档的结构和格式。WWW 的出现使网站以指数的形式增长。据统计，到 1998 年，WWW 的通信量已经超过整个 Internet 的 75%。WWW 的出现是 Internet 发展中一个非常重要的里程碑。

二、Chrome 浏览器

在 WWW 中，当其他网络用户需要信息时，可以使用浏览器进行检索和查询。浏览器是一个客户端程序，通过 Web 站点的统一资源定位器（Uniform Resource Locater，URL），打开对应的 Web 主页。URL 是 Internet 中的 Web 服务器程序中提供访问的各类资源的地址，是 Web 浏览器寻找特定网页的必要条件。Internet 的每个网页都具有唯一的名称标识，URL 好比一个街道在城市地图中的地址，通过它可以访问对应的网页。

常用的 WWW 浏览器有 Mozilla 的 Firefox 浏览器、Google 的 Chrome 浏览器、腾讯的 QQ 浏览器、搜狗的 Sogou 浏览器等。下面使用 Google 的 Chrome 浏览器进行相关的操作。

1. 设置默认主页

在左侧的"设置"选项组中选择"外观"选项，启用右侧的"显示'主页'按钮"选项，输入默认主页网址，如"http://www.163.com/"，即将该网址设置为浏览器的默认主页，如图 7-6 所示。

图 7-6　设置默认主页

2. 收藏网页

假设已经打开了某个网页，将该网页添加为书签即可收藏该网页。选择"书签"→"为此标签页添加书签"命令，如图 7-7 所示。打开"修改书签"对话框，输入书签名称和网址，单击"保存"按钮，如图 7-8 所示。

图 7-7　添加书签 1

图 7-8　添加书签 2

三、搜索引擎

虽然 Internet 中的知识包罗万象，但如果要查找用户所需的特定信息，还需要经过一番周折，通常需要通过搜索引擎来实现。

搜索引擎的基本原理分为 3 个步骤。一是对网页进行抓取。搜索引擎蜘蛛通过抓取页面中的链接访问其他网页，将获得的 HTML 代码存入数据库。二是预处理。搜索引擎程序对抓取的页面中的数据进行文字提取、中文分词等处理，以为后面对程序排名时做准备。三是对搜索结果进行排名。用户输入关键字后，排名程序调用搜索引擎库中的数据，计算数据和关键字的相关性，并按照一定的格式生成搜索结果页面。

常见的搜索引擎有百度、搜狐等。在搜索引擎中可以搜索的内容包括网页、图片、新闻、软件等信息。下面列出了一些搜索的技巧。

1．使用""搜索

""表示完全匹配，结果中必须出现与搜索文本完全相同的内容。例如，如果想使搜索结果中完整且连续地出现"东南亚经济发展"，那么应输入"东南亚经济发展"。

2．使用"A -B"搜索

"A-B"表示包含 A 但不包含 B（A 后的空格不能省略）。例如，如果想搜索东南亚经济发展情况，但不想结果中包含"投资"，那么可以输入"东南亚经济发展 -投资"。

3．使用"filetype:"搜索

"filetype:"表示指定格式的文件。例如，如果想搜索包含主题为"东南亚经济发展报告"的.pdf 格式文件，那么可以输入"东南亚经济发展 filetype:pdf"。目前，Chrome 浏览器能检索.xls、.ppt、.doc、.rtf、.pdf 等格式文件。

四、电子邮件

1．电子邮件概述

电子邮件（E-mail）是一种应用计算机网络进行数据传递的现代化通信手段，是 Internet 应用非常广的一种服务。通过网络的电子邮件系统，用户可以使用非常低廉的价格、非常快速的方式与世界上任意一个角落的网络用户联系。电子邮件可以是文字、图像、声音等多种形式。电子邮件的存在极大地方便了人与人之间的沟通，促进了社会的发展。

使用电子邮件，每个用户都有自己独立且唯一的地址，并且地址的格式是固定的。通常，格式为"<用户名>@<域名>"。其中，用户名是邮箱的用户名，域名是邮件服务器的域名。例如，某个电子邮件地址为 myemail@163.com，标示了在域名为 163.com 的计算机上，用户名为 myemail 的一个电子邮件账户。常见的电子邮件协议有 SMTP、POP3、IMAP 等。

2．电子邮件工作原理

电子邮件的工作过程遵循客户端/服务器模式。首先要使用客户端应用程序编辑电子邮件，其次应将编辑好的电子邮件发送给 SMTP 服务器，SMTP 服务器负责与 POP 服务器进行联系，根据预先选择的路径，不断将要发送的电子邮件进行存储转发，直至最后发送给 POP 服务器。电子邮件工作原理如图 7-9 所示。

如果某个电子邮件由于地址错误或用户名错误等原因，在一段时间内无法递交，那么这个电子邮件仍然存储在 SMTP 服务器中，等到下一次用户收取电子邮件时，会自动将原电子邮件取回，并说明无法递交的原因。

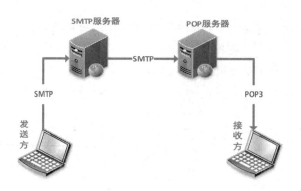

图 7-9　电子邮件工作原理

3. 申请免费邮箱

目前，许多 WWW 都提供免费的邮件服务，用户可以在这些 WWW 上申请免费的邮箱，并通过这些 WWW 收发自己的电子邮件。例如，"新浪网""网易"等都提供免费的邮件服务。163 网易免费邮箱是网易出品的电子邮箱，特点是容量大、附件大、速度快、运行稳定、安全性高。

在网易电子邮箱主页，单击"注册新账号"按钮，进入"注册网易免费邮箱"界面，如图 7-10 所示。

图 7-10　"注册网易免费邮箱"界面

输入邮箱地址、密码、手机号码，勾选"同意《服务条款》、《隐私政策》和《儿童隐私政策》"复选框，单击"立即注册"按钮，进行相关验证，验证完成后，单击"立即注册"按钮，邮箱注册完成。

4. 电子邮件收发

（1）在网易电子邮箱主页，输入用户名和密码并登录，进入 163 网页免费邮箱首页，如图 7-11 所示。

图 7-11　163 网易免费邮箱首页

（2）单击"写信"按钮，进入写信界面，如图 7-12 所示。输入收件人电子邮件地址，以及主题和正文，也可以添加附件，单击"发送"按钮，完成电子邮件的发送。

图 7-12　写信界面

（3）单击"收信"按钮，进入收信界面，如图 7-13 所示。收件箱中显示已收到的邮件。单击某个邮件主题即可打开此邮件，查看邮件内容。

图 7-13　收信界面

五、电子商务

电子商务是指以信息网络技术为手段，以产品交换为中心的商务活动，也可理解为在 Internet、企业内部网和增值网上以电子交易方式进行交易和相关服务的活动，是传统商业活动各环节的电子化、网络化、信息化。以 Internet 为媒介的商业行为均属于电子商务的范畴。

当前，常见的电子商务模式有企业对企业（Business to Business，B2B）、企业对客户（Business to Customer，B2C）、消费者对消费者（Consumer to Consumer，C2C）等。

1．B2B

B2B 是一种企业与企业之间通过专用网或 Internet，进行信息的交换、传递，开展交易活动的商业模式。它将企业内部网和企业的产品及服务，通过 B2B 网站或移动客户端与用户紧密结合起来，通过网络的快速反应，为用户提供更好的服务，从而促进企业的业务发展。其代表有阿里巴巴的电子商务模式。

2．B2C

B2C 的中文简称为"商对客"。"商对客"是一种企业与消费者之间的电子商务模式，也就是通常说的直接面向消费者销售产品和服务商业零售模式。其代表有 Amazon 的电子商务模式。

3．C2C

C2C 是一种消费者与消费者之间的电子商务模式。例如，一个消费者有一台计算机，通过网络交易把它出售给另一个消费者，这种交易模式就称 C2C。其代表有淘宝、拼多多等的电子商务模式。

课程思政阅读材料

华为的 5G

5G 是指第五代移动通信网络，是新一代蜂窝移动通信技术。其性能目标是提高数据传输速率、降低网络延迟、节省能源、降低成本、提高系统容量和连接大规模设备。而相比 4G 到 3G 的升级仅仅在传输速率提升上有所区别，5G 在传输速率和系统容量上都有着比 4G 更为强大的优势，不仅传输速率相比过去提升近百倍，而且网络延迟降低到百万分之一秒，同时 5G 覆盖性更强、更广。万物互联将会是常态，未来在各个领域我们都会看到以 5G 为基础的各项服务出现。世界各国都投入了相当多的人力和资金进行 5G 的研究，5G 在很大程度上会影响一个国家未来的通信发展实力。

中国的 5G 目前在国际上是领先的，华为的 5G 实力更是大家有目共睹的。欧洲电信标准组织（ETSI）官方网站的检索结果表明，截至 2018 年 6 月，由华为、爱立信、三星、夏普、Intel 等多家企业声明 5G 标准专利达 5401 项。其中，华为以声明 1481 项专利排名第一。在 5G 标准的 eMBB 场景上，以华为主导的 Polar 成为信道编码方案，成为 5G 标准的

eMBB 场景主要奉献者之一。

华为作为全球 5G 通信标准制定的核心成员，拥有使用 5G 网络、5G 芯片、5G 终端的端到端的传输能力。目前，华为已经利用 5G 开发出了自己的 5G 手机，并将 5G 手机推向了市场。基于一些政治因素，华为的 5G 在海外市场上受阻，但在强大的技术实力和技术壁垒下，越来越多的国家表态不禁止华为参与 5G 建设，华为的 5G 在国际上的影响力，由此可见一斑。

华为研发 5G 对中国的影响巨大，任意一个欧美国家独揽通信领域大权，对中国都不会是好事。华为的 5G 的领先象征着中国科技实力的巨大进步。

习　题

一、单项选择题

1. 北京大学和清华大学的网址分别为 www.pku.edu.cn 和 www.tsinghua.edu.cn，以下说法中不正确的是（　　）。

    A. 它们同属中国教育网

    B. 它们都提供 WWW 服务

    C. 它们分别属于两个学校的门户网站

    D. 它们使用同一个 IP 地址

2. 电子邮件不可以传递（　　）。

    A. 汇款　　　　　　　　　　B. 文字

    C. 图像　　　　　　　　　　D. 音频

3. 连接 Internet 的每台计算机都需要有确定的网络参数，这些参数不包括（　　）。

    A. IP 地址　　　　　　　　　B. MAC 地址

    C. 子网掩码　　　　　　　　D. 网关地址和 DNS 服务器地址

4. 电子邮件地址的一般格式为（　　）。

    A. IP 地址@域名　　　　　　B. 用户名@域名

    C. 域名@IP 地址　　　　　　D. 域名@用户名

5. 以下关于 Internet 的知识中不正确的是（　　）。

    A. 起源于美国军方的网络　　B. 可以进行网上购物

    C. 可以共享资源　　　　　　D. 消除了安全隐患

6. 下列关于 IP 的说法中正确的是（　　）。

    A. 是网民们签订的合同

    B. 简单地说就是为了网络信息传递应共同遵守的约定

    C. 只能用于 Internet，不能用于局域网

    D. 拨号网络对应的协议是 IPX/SPX

7. IPv6 地址由（　　）位二进制数组成。

    A. 16　　　　　　　　　　　B. 32

    C. 64　　　　　　　　　　　D. 128

8. 计算机网络的突出优点是（　　）。
    A．运算速度快
    B．联网的计算机能够共享资源
    C．计算精度高
    D．容量大

9. 关于 Internet，下列说法中不正确的是（　　）。
    A．全球性的国际网络
    B．起源于美国
    C．可以实现资源共享
    D．不存在网络安全问题

10. 计算机网络按使用范围分为（　　）。
    A．广域网和局域网
    B．专用网和公用网
    C．低速网和高速网
    D．部门网和公用网

11. 下列 IP 地址中，不合规的 IP 地址组合是（　　）。
    A．259.197.184.2 与 202.197.184.144
    B．127.0.0.1 与 192.168.0.21
    C．202.196.64.1 与 202.197.176.16
    D．255.255.255.0 与 10.10.3.1

12. 传输控制协议/网际协议即（　　），属工业标准协议，是 Internet 采用的主要协议。
    A．Telnet
    B．TCP/IP
    C．HTTP
    D．FTP

13. 配置 TCP/IP 参数的操作主要包括（　　）、指定网关、指定域名服务器地址。
    A．指定本地机的 IP 地址及子网掩码
    B．指定本地机的主机名
    C．指定代理服务器
    D．指定服务器的 IP 地址

14. Internet 是由（　　）发展而来的。
    A．局域网
    B．ARPANET
    C．标准网
    D．广域网

15. Internet 是全球最具影响力的计算机网络，也是世界范围内重要的（　　）。
    A．信息资源网络
    B．多媒体网络
    C．办公网络
    D．销售网络

16. IP 地址能唯一确定 Internet 中每台计算机与每个用户的（　　）。
    A．距离
    B．费用
    C．位置
    D．时间

17. www.zzu.edu.cn 中的 zzu 是在 Internet 中注册的（　　）。
    A．硬件编码
    B．密码
    C．软件编码
    D．域名

18. 将文件从 FTP 服务器传输到客户端的过程被称为（　　）。
    A．上载
    B．下载
    C．浏览
    D．计费

19. DNS 的主要功能为（　　）。
    A．通过请求及回答获取主机和网络相关信息
    B．查询主机的 MAC 地址
    C．为主机自动命名
    D．合理分配 IP 地址

20．下列选项中属于 Internet 专有特点的是（　　　）。

A．采用 TCP/IP

B．采用 OSI 参考模型

C．用户和应用程序不必了解硬件连接的细节

D．采用 IEEE 802

二、简答题

1．什么是计算机网络？它的功能有哪些？

2．什么是 IP 地址？简述它的结构。

3．计算机网络采用层级结构模型有什么好处？

三、判断题

1．IP 地址由一组 16 位的二进制数组成。（　　　）

2．域名的最高层均代表国家或地区。（　　　）

3．Internet 使用的协议是 TCP/IP。（　　　）

4．可以为一个主机的 IP 地址定义多个域名。（　　　）

5．Internet 是一个提供专门网络服务的国际性组织。（　　　）

6．一个完整的 URL 由协议名称和服务器名称组成。（　　　）

7．个人计算机接入局域网必须安装集线器和网络适配器。（　　　）

8．必须通过浏览器才可以使用 Internet 提供的服务。（　　　）

9．超链接是指从一个网页指向一个目标的链接关系。这个目标可以是另一个网页，也可以是相同网页上的不同位置。（　　　）

参 考 文 献

[1] 桂小林.大学计算机—计算思维与新一代信息技术[M]. 北京：人民邮电出版社，2022.

[2] 聂永萍，冯潇，张林，等. 计算机科学概论[M]. 2 版. 北京：人民邮电出版社，2018.

[3] 谢希仁. 计算机网络[M]. 7 版. 北京：电子工业出版社，2017.

[4] 沙行勉. 计算机科学导论——以 Python 为舟[M]. 2 版. 北京：清华大学出版社，2016.

[5] 宋华珠，钟珞. 计算机导论[M]. 北京：高等教育出版社，2013.

[6] 李凤霞，陈宇峰，史树敏，等. 大学计算机[M]. 北京：高等教育出版社，2014.

[7] 张伟，张小波. 计算机基础案例式教程[M]. 2 版. 西安：西北工业大学出版社，2021.

[8] 孙姜燕，谢勇. 信息处理技术员教程[M]. 北京：清华大学出版社，2018.

[9] 薛良玉，郭丽，李波. 多媒体应用技术[M]. 北京：电子工业出版社，2017.

[10] 蒋建春，文伟平，焦健. 信息安全工程师教程[M]. 北京：清华大学出版社，2020.

[11] 丁爱萍. Windows 10 应用基础[M]. 北京：电子工业出版社，2018.

反侵权盗版声明

电子工业出版社依法对本作品享有专有出版权。任何未经权利人书面许可，复制、销售或通过信息网络传播本作品的行为；歪曲、篡改、剽窃本作品的行为，均违反《中华人民共和国著作权法》，其行为人应承担相应的民事责任和行政责任，构成犯罪的，将被依法追究刑事责任。

为了维护市场秩序，保护权利人的合法权益，我社将依法查处和打击侵权盗版的单位和个人。欢迎社会各界人士积极举报侵权盗版行为，本社将奖励举报有功人员，并保证举报人的信息不被泄露。

举报电话：（010）88254396；（010）88258888

传　　真：（010）88254397

E-mail：　dbqq@phei.com.cn

通信地址：北京市万寿路 173 信箱

　　　　　电子工业出版社总编办公室

邮　　编：100036